U0225755

青藏高原湖泊科学考察报告

中国科学院南京地理与湖泊研究所 著

科学出版社

北京

内 容 简 介

《青藏高原湖泊科学考察报告》是在第二次青藏高原综合科学考察研究"湖泊演变及气候变化响应"专题资助下编写完成的一部青藏高原湖泊的综合集成报告。本书共分为两篇。第一篇是青藏高原湖泊总论,分章节论述了青藏高原湖泊近几十年水资源变化、湖泊水质空间分布格局和演变过程、湖泊生物的空间分布和多样性,以及湖泊沉积物理化特征的空间分布格局;第二篇是青藏高原湖泊分论,对青藏高原单个主要湖泊进行 2019~2023 年期间的概况、水质、生物和沉积物底质性质的介绍。

《青藏高原湖泊科学考察报告》系统地展示了第二次青藏高原综合科学考察和青藏高原湖泊的最新研究数据,对于推动青藏高原湖泊水量、水质和水生态研究具有重要意义,对"亚洲水塔"和青藏高原脆弱生态保护提供了关键科技支撑。

本书可供从事青藏高原湖泊、地理、生态和环保等专业的科研与工程技术人员、大专院校师生及政府相关管理人员阅读和参考。

审图号:GS 京(2024)2012 号

图书在版编目(CIP)数据

青藏高原湖泊科学考察报告 / 中国科学院南京地理与湖泊研究所著.
—北京:科学出版社,2025.3
ISBN 978-7-03-076655-7

Ⅰ.①青… Ⅱ.①中… Ⅲ.①青藏高原-湖泊-科学考察-考察报告
Ⅳ.①P931.7

中国国家版本馆 CIP 数据核字(2023)第 197288 号

责任编辑:黄 梅 沈 旭/责任校对:郝璐璐
责任印制:张 伟/封面设计:许 瑞

科 学 出 版 社 出版
北京东黄城根北街 16 号
邮政编码:100717
http://www.sciencep.com

北京汇瑞嘉合文化发展有限公司印刷
科学出版社发行 各地新华书店经销
*
2025 年 3 月第 一 版 开本:720×1000 1/16
2025 年 3 月第一次印刷 印张:17 1/4
字数:348 000
定价:249.00 元
(如有印装质量问题,我社负责调换)

前　　言

　　青藏高原被称为世界屋脊和"亚洲水塔"，承载着丰富而神秘的湖泊资源。这片地区的湖泊数量和面积位居全国前列，其水资源储量更是高达全国湖泊水资源的 70% 以上。湖泊作为地表水体的代表，不仅是青藏高原生态系统的关键组成部分，也是生态服务的重要提供者，涵盖蓄水、调节水资源等多个方面。近年来，在气候变化和人类活动的双重压力下，青藏高原湖泊的数量、面积、水质和生态系统均发生了显著变化，其直接关系地方生态安全和经济社会的可持续发展。因此，理解湖泊生态系统对气候变化的响应机制，揭示湖泊水循环及流域生态系统变化对气候变化的反馈，对于维护区域生态平衡、提高水资源利用效率至关重要。

　　过去几十年来，国家对青藏高原湖泊进行了广泛的调查和研究，以深入了解该地区的生态系统、气候变化和环境影响。首先，通过卫星遥感和地面观测手段，绘制了详细的湖泊分布图，研究了它们的大小、形状、深度等地理特征。同时，水文学参数如湖泊水位、水温、水质等也被广泛监测，以获取湖泊水体的基本信息。其次，针对青藏高原部分湖泊的生物多样性及它们对气候和环境变化的响应开展了系列调查。大量的数据和成果相继出版，如《中国湖泊志》和《中国湖泊调查报告》等，在认识青藏高原湖泊及其对人类活动与气候变化的响应等方面发挥了巨大的作用。

　　青藏高原湖泊对环境变化响应敏感。气候变化和人类活动导致近几十年来青藏高原湖泊的水资源、水质和水生态环境发生巨大变化。气温升高导致冰川和冻土融化加快，加之降水增加，从而增加了湖泊的水资源补给。然而，这也带来了一系列问题，如淹没草场、公共基础设施等，湖泊水位波动较大，影响了湖泊周边生态系统的稳定性。其次，社会经济、旅游业等的发展，部分湖泊水质污染风险加大，进而对当地的水资源安全和生物多样性构成威胁。因此，掌握青藏高原湖泊水资源、水质和生态系统状况，预测其对未来气候变化和人类活动的响应趋势，已经成为青藏高原水资源管控、生态系统安全的迫切而重大的需求。

　　针对这一需求，2019 年科技部将"湖泊演变及气候变化响应"列为第二次青藏高原综合科学考察研究项目的重要专题之一开展调查和研究。本次科考深入研究了湖泊水量、水质和生态系统的动态变化，旨在全面了解气候变化对湖泊的影响，特别是在青藏高原这一脆弱生态系统中的响应机制。科考团队围绕湖泊面积与水量变化动态分析、水质参数调查及遥感反演、湖泊生态系统调查及环境变化响应等方面展开工作，旨在为科学评价与合理利用青藏高原湖泊水资源提供全面的基础数据和科学评估依据。该项目起止年限为 2019 年 11 月 1 日～2024 年 10 月 31 日，历时 5 年，由中国科学院南京地理与湖泊研究所和中国科学院青藏高原研究所共同主持，首都师范大学、暨南大学、南通大学等单位共同承担。

该项目的具体研究内容包括开展详细的湖泊水量、水质和生态系统考察，以深入理解气候变化对湖泊变化的影响程度，从而准确评判未来气候变化条件下的湖泊变化趋势。通过大范围的湖泊水质参数调查与监测、生态系统群落及其影响要素调查，建立环境要素变化与湖泊水量、水质变化的关系，在丰富的遥感数据支持下，建立长时期、大范围、年际尺度的湖泊水量、水质变化序列，评价其对湖泊水生生态系统的影响，从而能够深入地定量分析研究湖泊变化对气候变化的响应程度与时空特征。基于本专题的科考和研究工作，将绘制与青藏高原湖泊脆弱性和生态安全密切相关的光、温、盐、碳、氮、磷、叶绿素、湖泊营养水平、湖泊生态系统结构与生物量分布图集，湖泊生态和水质遥感反演模型和图件，湖泊面积和水量变化图件，为青藏高原生态安全屏障建设提供重要背景资料。具体内容包括以下三个方面：

（1）青藏高原 20 世纪 80 年代以来的湖泊面积与水量变化动态分析

通过湖泊水深实测和湖盆地形分析，基于水上数字高程模型（DEM）的坡度拟合经验公式，建立湖泊面积-水位-水量变化之间的关系，在具有不同形态和湖盆地貌特点的湖泊流域中获得准确的湖泊面积-水位-水量变化之间的定量关系。

（2）青藏高原湖泊水质参数调查及遥感反演

开展青藏高原湖泊热力学过程变化特征及驱动机制考察，揭示湖泊热力学特征的季节变化及其影响因素。构建青藏高原湖泊生态及水质参数遥感反演模型并生产相关反演产品，生成面积大于 50 km^2 的湖泊的典型物理、化学、生物参数长时间序列时空动态演化遥感产品。

（3）青藏高原重点湖泊生态系统调查及环境变化响应

针对具有重要生态意义的水生和湿生动植物资源，进行湖泊水生生物资源调查和摸底。完成了 96 个湖泊的湖泊水生生物的野外调查和实验分析工作，揭示气候变化下青藏高原湖泊生态系统结构的分布模式、影响因素和规律，探讨湖泊生态系统对全球变化的响应的可能模式。

本书分为青藏高原湖泊水资源、水质、底质、生物资源总论和分论两部分。总论部分包括第 1～4 章，主要介绍青藏高原湖泊的分布、数量、面积、水质、浮游植物、浮游动物、底栖生物和湖泊沉积物理化性质的总体情况。其中第 1 章主要介绍青藏高原湖泊的数量、面积及水资源变化分布特点；第 2 章主要介绍实地调查得到的青藏高原水质空间分布格局、遥感反演水质的长期演变过程；第 3 章主要介绍浮游植物、浮游动物、底栖生物的空间分布、生物量和多样性；第 4 章主要介绍湖泊沉积物的化学特征、物理性质、粒度组成等。分论部分主要是分别介绍各个湖泊的水质、底质和湖泊生物具体情况。

全书提纲和统稿工作由项目负责人张恩楼和沈吉负责，孟先强等协助完成。参加编写的人员包括：第 1 章，宋春桥、詹鹏飞、刘凯、罗双晓、徐鹏举；第 2 章，施坤、周永强、张运林、孟先强；第 3 章，张民、唐红渠、李芸、韩武；第 4 章，张恩楼、孙伟伟、孟先强、宁栋梁、倪振宇；第 5 章，张恩楼、施坤、周永强、张民、唐红渠、李芸、孙伟伟、孟先强、宁栋梁、韩武。

本书主要依托第二次青藏高原科学考察研究项目湖泊科考的初步成果撰写完成。本书的出版要感谢各参与单位的支持和各位参加人员的辛勤工作。同时，感谢科学出版社各位编辑细致耐心的工作和辛勤劳动。书中只列出最主要的参考文献，如有遗漏，敬请谅解。书中其他不足、疏漏之处，也请读者批评指正。

总而言之，青藏高原湖泊科考项目的完成不是终点，而是一个新的起点。我们期待通过这次科考，为青藏高原湖泊生态系统的健康发展和可持续利用提供更多的科学支持，为地方生态安全屏障建设和生态文明建设做出更大的贡献。

参加调查工作的全体人员名单

湖泊水文：宋春桥、刘凯、詹鹏飞、徐鹏举、范晨雨、陈探、罗双晓、邓心远

湖泊水质：施坤、周永强、刘东、张毅博、关琦、庄奔、钱明睿、刘朝荣、朱俊羽

湖泊生物：唐红渠、李芸、张民、刘霞、朱睿、孟洋洋、郭金荣、李远、吴富勤

湖泊底质：张恩楼、沈吉、孟先强、孙伟伟、陈嵘、倪振宇、韩武、宁栋梁、纪明、杜晨亮、蒯祥

目　录

第一篇　青藏高原湖泊总论

第1章　青藏高原湖泊分布

1.1　青藏高原湖泊数量与面积

1.1.1　青藏高原湖泊数量和面积概况

基于 Sentinel-2 数据，共计提取得到 1331 个 1 km² 以上的湖泊，湖泊总面积为 50 749 km²。青藏高原湖泊空间分布如图 1-1 所示，湖泊分布存在显著的空间差异：湖泊集中分布在内流区，尤其是羌塘高原；而外流区湖泊较少且主要位于喷赤河流域及雅鲁藏布江流域（Lei et al., 2013; Ma et al., 2011; Wan et al., 2016; Zhang et al., 2014; 张闻松和宋春桥, 2022）。具体而言，内流区湖泊数量为 915 个，总面积为 43 465 km²，占整个青藏高原湖泊数量的 69%、湖泊总面积的 86%。其中，羌塘高原湖泊数量为 867 个（65%），总面积为 35 548 km²（70%）；柴达木盆地湖泊数量为 48 个（4%），总面积为 7917 km²（16%）。青藏高原外流区湖泊数量共计 416 个，总面积为 7284 km²，仅占整个青藏高原湖泊面积的 14%。此外，从图 1-1 能够看出，青藏高原大型湖泊主要分布在羌塘高原南部（如色林错、纳木错、扎日南木错等）和青藏高原北部（如阿雅克库木湖、西金乌兰湖等）。

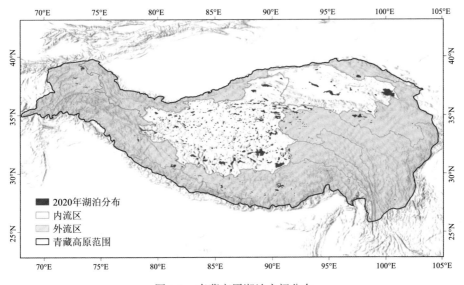

图 1-1　青藏高原湖泊空间分布

基于湖泊面积的分类统计结果（图1-2）显示，青藏高原中小型湖泊（1～10 km²）数量最多，共计891个，占总湖泊数量的67%，但是总面积只有2791 km²，面积贡献率仅为5%。相比而言，尽管面积在1000 km²以上的超大型湖泊只有6个（按照面积大小分别为青海湖4268 km²、色林错2401 km²、纳木错2025 km²、赤布张错-多尔索洞错1075 km²、阿雅克库木湖1035 km²、扎日南木错1017 km²），但是湖泊总面积达11 821 km²，占高原湖泊总面积的23%，在所有湖泊面积分级中总面积占比最高。

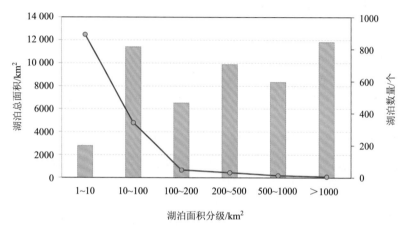

图1-2　不同面积等级的湖泊数量和总面积

1.1.2　2000～2020年青藏高原湖泊数量和面积变化

基于2000年和2020年两期湖泊提取结果的对比（图1-3）显示，在2000～2020年，青藏高原湖泊整体呈现扩张趋势，共有1189个湖泊面积有所增加，仅有142个湖泊面积减少，高原湖泊总面积累计增加9714 km²，相对2000年湖泊总面积扩张比例达24%。其中，内流区扩张湖泊有843个（占内流区湖泊总数的92%），萎缩湖泊只有72个，累计扩张面积约为9230 km²，贡献了全高原湖泊面积累计变化的95%。面积扩张超过100 km²的18个湖泊均位于内流区，累计面积增加接近4219 km²。外流区扩张湖泊有346个，累计扩张面积为484 km²。结合图1-4可以发现，羌塘高原湖泊扩张比例较大，有274个湖泊扩张超过一倍，该分布特征又以可可西里地区最为显著。

不同面积等级湖泊变化统计结果（表1-1）显示，不同面积等级湖泊的内流区扩张速度和比例均大于外流区，尤其是在100～200 km²区间，高原湖泊面积变化完全由内流区主导。从不同面积等级的湖泊累计变化来看，10～100 km²区间湖泊累计面积增长最大（2786 km²），其次是500～1000 km²区间的湖泊，1～10 km²

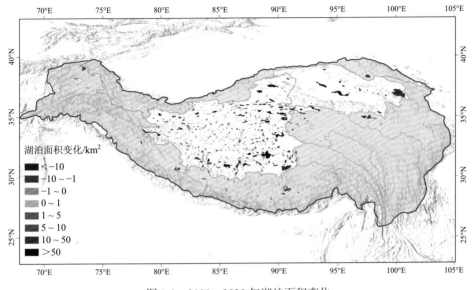

图 1-3　2000~2020 年湖泊面积变化

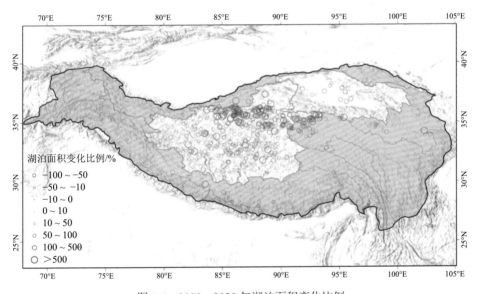

图 1-4　2000~2020 年湖泊面积变化比例

区间的中小型湖泊累计面积变化最小为 860 km²。湖泊平均累计面积变化比例大致随着湖泊面积增加而减小，1~10 km² 区间湖泊面积变化比例最大（103%），这表明中小型湖泊虽然累计面积增长贡献较低，但更容易受到气候变化的影响进而快速扩张（Pi et al., 2022; Woolway et al., 2020; Yao et al., 2022）。

表 1-1 2000～2020 年湖泊面积变化统计

依据湖泊面积大小分级/km²	湖泊内外流分区	累计面积变化/km²	平均累计面积变化比例/%
1～10	全高原	860	103
	内流区	647	133
	外流区	214	57
10～100	全高原	2786	92
	内流区	2608	98
	外流区	178	60
100～200	全高原	1080	30
	内流区	1082	31
	外流区	−2	−2
200～500	全高原	1690	32
	内流区	1650	40
	外流区	40	2
500～1000	全高原	2092	64
	内流区	2038	91
	外流区	54	2
>1000	全高原	1206	20
	内流区	1206	20
	外流区	0	0

1.2 青藏高原湖泊水位与水量变化

联合 ICESat 和 ICESat-2 测高卫星，在 2003～2020 年能直接观测到青藏高原 232 个 1 km² 以上的湖泊（图 1-5）（Feng et al., 2022; Luo et al., 2021; Song et al., 2013; Xu et al., 2022; Zhang et al., 2019），湖泊的水位变化速率范围为–0.5～1 m/a，平均变化速率为（0.16±0.01）m/a。其中，有 196 个湖泊呈上升趋势，平均水位变化速率为（0.19±0.01）m/a；有 36 个湖泊呈下降趋势，平均水位变化速率为（–0.04±0.01）m/a。研究结果显示，135 个终端湖和 97 个过水湖的平均水位变化速率分别为（0.22±0.01）m/a 和（0.06±0.02）m/a，相差近 3 倍。此外，水位变化率超过 0.50 m/a 的湖泊有 14 个，其中近一半分布在可可西里流域，该流域湖泊平均水位变化速率为（0.31±0.01）m/a，是青藏高原水位上升最快的区域。水位上升速率超过 0.20 m/a 的湖泊有 80 个，湖泊面积占观测湖泊总面积的 56%。面积超过 100 km² 的湖泊有 65 个，平均变化速率为（0.21±0.01）m/a。青藏高原湖泊面积前三大的湖泊有青海湖、色林错和纳木错，水位变化速率分别为（0.23±

0.01）m/a、（0.32±0.01）m/a 和（0.03±0.01）m/a。

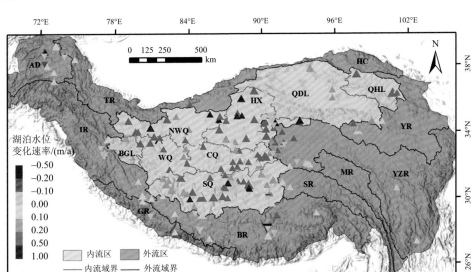

图 1-5　2003～2020 年青藏高原湖泊水位变化速率空间分布

内流区包含 8 个区域，分别是青海湖流域（QHL）、柴达木湖流域（QDL）、羌塘高原西部（WQ）、羌塘高原西北部（NWQ）、班公湖流域（BGL）、羌塘高原中部（CQ）、羌塘高原南部（SQ）及可可西里流域（HX）；外流区包含 10 个子区，分别是喷赤河子区（AD）、河西走廊子区（HC）、恒河子区（GR）、塔里木河子区（TR）、黄河子区（YR）、长江子区（YZR）、澜沧江子区（MR）、怒江子区（SR）、雅鲁藏布江子区（BR）和狮泉河子区（IR）

　　青藏高原内流区湖泊分布最为密集，且在 2003～2020 年水位上升最快。为了进一步分析观测湖泊水位的时空变化特征，比较了 2003～2009 年 ICESat 观测时段和 2003～2020 年联合任务期间青藏高原内流区湖泊的水位变化（图 1-6）。在联合任务期间，有 82 个湖泊同时被两代卫星监测到，这些湖泊在 ICESat 时期至少有 5 年的观测记录。研究发现，82 个湖泊的水位变化率从 2003～2009 年的（0.25±0.06）m/a 略微下降到 2003～2020 年的（0.22±0.01）m/a。虽然观测湖泊的平均水位变化速率数值在两个时期大体具有可比性，但其变化的空间特征存在较大差异。可可西里地区的水位变化速率由 2003～2009 年的（0.27±0.05）m/a 增加到 2003～2020 年的（0.40±0.01）m/a，是水位上升最快的子区，从图 1-6（d）也能清晰地看出 2003～2020 年青藏高原内流区北部水位变化速率增大，南部水位变化速率减小。

　　结合 232 个湖泊在 2003～2020 年历年面积的均值，利用式（1-1）计算得到 232 个湖泊在观测期间的总水量变化速率为（6.77±0.26）Gt/a。水量变化速率最大的 10 个湖泊在观测期间总水量变化达到（3.61±0.06）Gt/a，占总水量变化的 53%。青海湖、色林错和阿雅克库木湖的水量变化位列前三，分别为（0.97±0.01）

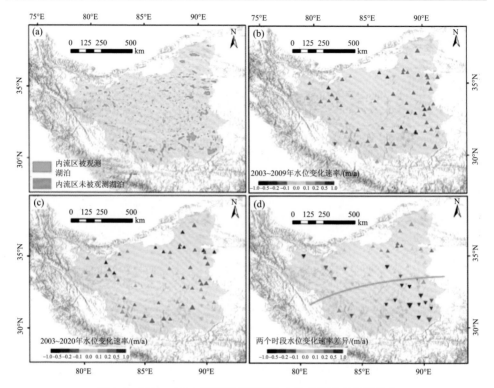

图 1-6　2003～2020 年青藏高原湖泊水位变化速率空间分布

（a）表示青藏高原内流区被观测湖泊空间分布；（b）表示 2003～2009 年水位变化速率空间分布；（c）表示 2003～
2020 年水位变化速率空间分布；（d）表示两个时段水位变化速率差异

Gt/a、（0.70±0.01）Gt/a 和（0.36±0.01）Gt/a。纳木错和扎日南木错均为面积超过 1000 km^2 的大湖，水量变化速率分别为（0.06±0.01）Gt/a 和（0.28±0.01）Gt/a。为了估算青藏高原所有面积大于 1 km^2 湖泊的水量变化速率，将被卫星直接观测到的湖泊面积加权后的平均水位变化速率赋给同一流域同类型（终端湖或过水湖）未被监测的湖泊，最终推算得到 1600 个 1 km^2 以上湖泊在 2003～2020 年的总水量变化速率为（9.74±0.38）Gt/a，其中过水湖和终端湖的水量变化分别为（1.01±0.12）Gt/a 和（8.73±0.26）Gt/a。图 1-7 展示了不同子区的水量变化空间分异情况，可可西里流域、羌塘高原南部及青海湖流域水量变化速率较快，分别为（3.18±0.06）Gt/a、（2.68±0.11）Gt/a 和（1.20±0.02）Gt/a。三个流域湖泊水量变化总和约占内流区总水量变化的 72%。在监测时段内，整个青藏高原外流区的总水量变化速率仅为（0.13±0.07）Gt/a。

$$\Delta V = A_{\mathrm{mean}} \times \Delta H \tag{1-1}$$

式中，ΔV 为水量变化（Gt/a）；水体密度假设为 1 t/m^3；A_{mean} 为在观测时间段内湖泊的面积年均值（km^2）；ΔH 为稳健拟合方法得到的水位变化速率（10^{-3} km/a）。

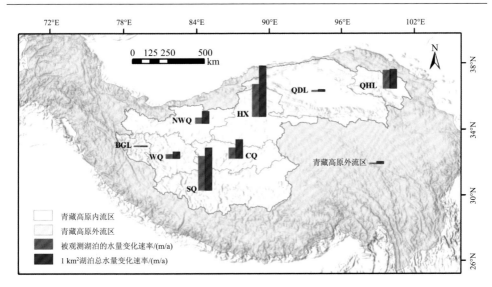

图 1-7 2003～2020 年青藏高原湖泊内流区不同流域水量变化速率空间差异

内流区包含 8 个区域，分别是青海湖流域（QHL）、柴达木湖流域（QDL）、羌塘高原西部（WQ）、羌塘高原西北部（NWQ）、班公湖流域（BGL）、羌塘高原中部（CQ）、羌塘高原南部（SQ）及可可西里流域（HX）；红色柱表示子区域内直接被卫星观测到的湖泊总水量变化速率，蓝色柱表示子区域所有湖泊总水量变化速率

第 2 章　青藏高原湖泊水质

2.1　主要水质参数的测试及遥感反演方法

2.1.1　基本水质参数

湖泊基本水质参数包括叶绿素 a、总悬浮颗粒物、漫射衰减系数、水体透明度、总氮、溶解性总氮、总磷、溶解性总磷、高锰酸盐指数、溶解性无机碳、溶解性有机碳、化学需氧量和颗粒有机碳，其英文名称缩写及单位如表 2-1 所示。

表 2-1　基本水质参数术语表

参数名称	英文名称及缩写	单位
叶绿素 a	chlorophyll-a, Chl-a	μg/L
总悬浮颗粒物	total suspended solid, TSS	mg/L
漫射衰减系数	diffuse attenuation coefficient, K_d	m^{-1}
水体透明度	Secchi disk depth, SDD	m
总氮	total nitrogen, TN	mg/L
溶解性总氮	dissolved total nitrogen, DTN	mg/L
总磷	total phosphorus, TP	mg/L
溶解性总磷	dissolved total phosphorus, DTP	mg/L
高锰酸盐指数	permanganate index, COD_{Mn}	mg/L
溶解性无机碳	dissolved inorganic carbon, DIC	mg/L
溶解性有机碳	dissolved organic carbon, DOC	mg/L
化学需氧量	chemical oxygen demand, COD	mg/L
颗粒有机碳	particulate organic carbon, POC	mg/L

TSS、K_d（PAR）和 SDD 的测量步骤如下：

利用平均孔径为 0.45 μm 的 CN-NA 滤膜过滤实地采集的湖泊表层水样；将滤膜在 550℃下燃烧 4 h 消除有机物残留，待其冷却后进行称重并保存在培养皿中；再将过滤和冲洗之后的滤膜在 105℃环境下干燥 4 h，并重新称重。两次称重的差值即为 TSS 的质量，将其除以过滤后的水样体积得到 TSS 浓度数据。

对于 K_d（PAR）的测量，首先使用未经水面光合有效辐射（photosynthetically active radiation，PAR）强度校正的 Li-Cor 192SA 水下光子传感器，对观测船亮面一侧水面下 0.2 m、0.5 m、0.75 m、1.0 m、1.5 m 及 2.0 m 深度处的光合有效辐射进行瞬时观测。在每个观测深度，Li-Cor 192SA 的瞬时模式均会以 1 min 间隔记录 3 个光合有效辐射值，计算其平均值作为此深度的光合有效辐射。最终，通过水下辐照度曲线的非线性回归确定 K_d（PAR）。

为了保证 SDD 测量的精度，我们的测量实验在北京时间 9:00～16:00 开展。在测量过程中，将直径为 30 cm 的黑白相间圆盘放入观测船阴面的湖水中，并使其深度不断增加直至圆盘从视野中消失，记录此刻圆盘深度作为 SDD 的值。

2.1.2　营养参数

样品采集后立即进行过滤，取部分原水样，冷冻，用于总氮（TN）、总磷（TP）的测定；滤后样品则用于溶解性总氮（DTN）、溶解性总磷（DTP）、氨氮（NH_4^+-N）、硝态氮（NO_3^--N）、亚硝态氮（NO_2^--N）、磷酸根磷（PO_4^{3-}-P）等指标的测定。样品带回实验室后立即进行各指标的测定。

实验室分析的水质指标包括叶绿素 a（Chl-a）浓度、总悬浮颗粒物（TSS）、总氮（TN）、总磷（TP）、高锰酸盐指数（COD_{Mn}）、溶解性总氮（DTN）和溶解性总磷（DTP）等。

叶绿素 a 浓度采用分光光度法进行测定。首先，利用 GF/C 滤膜过滤水样，将滤膜置于冰箱中冷冻 48 h 以上，取出后用 90% 的热乙醇萃取，然后在岛津 UV2401 分光光度计上测定 665 nm 和 750 nm 处的吸光度，之后加 1 滴 1% 的稀盐酸到样品中，再进行一次测试，最终完成酸化之前和酸化之后的测试，进而计算得到叶绿素 a 浓度。

总悬浮颗粒物浓度采用《水质　悬浮物的测定　重量法》（GB 11901—1989）中烘干称重法进行测定。首先量取混合均匀的式样 100 mL 抽吸过滤，使水分全部通过滤膜。再以每次 10 mL 蒸馏水连续洗涤三次，继续吸滤以除去痕量水分。停止吸滤后，仔细取出载有悬浮物的滤膜放在原恒重的称量瓶里，移入烘箱中，于 103～105℃ 下烘干一小时后移入干燥器中，冷却到室温，称其重量。反复烘干、冷却、称量，直至两次称量的质量差≤0.4 mg 为止，利用总悬浮物质量除以水样体积，即可得到总悬浮物浓度；然后，用 550℃ 高温对滤膜进行烧膜处理，其目的是去除膜上原来附着的有机质，之后冷却到室温，称其质量。反复烘干、冷却、称量，得到无机悬浮物的质量；利用总悬浮物质量减去无机悬浮物质量即可得到有机悬浮物质量，最后根据水样体积计算其浓度。

营养盐含量测定方法主要依据《水和废水监测分析方法（第四版）》，其中 TN、TP 的测定分别采用过硫酸钾消解紫外分光光度法及钼锑抗分光光度法，DTN、DTP 则分别对水样过 GF/F 滤膜（Whatman 公司）后，再按照 TN、TP 的测定方法测定，NH_4^+-N 及 PO_4^{3-}-P 则是将样品过滤后直接用 Skalar 流动分析法测定。

2.1.3　主量阳、阴离子测试

阳离子测试步骤如下：首先配制标准溶液，用 Na、K、Ca、Mg 离子的标准溶液按照 50 g/L、20 g/L、10 g/L、5 g/L、1 g/L、0.1 g/L 的浓度梯度配制成混合标准溶液，每份溶液用 50 mL 容量瓶定容。将采集的水样用孔径 0.45 μm 的滤头过滤后，稀释至标液的浓度梯度内。将稀释后的溶液用二次亚沸蒸馏过的硝酸按照体积分数 2%酸化后，取约 5 mL 溶液在赛默飞公司的 iCAP 7200 型电感耦合等离子体发射光谱仪上进行测试。

阴离子测试步骤如下：首先配制标准溶液，用 SO_4^{2-}、Cl^-、NO_3^-、F^- 的标准溶液配制混合标准溶液，每份溶液用 50 mL 容量瓶定容。将采集的水样用孔径 0.45 μm 的滤头过滤后，稀释至标液的浓度梯度内，用赛默飞公司的 ICS-600 型离子色谱仪进行测试。

2.1.4　颗粒碳和溶解碳

样品颗粒有机碳（POC）浓度通过沃特曼（Whatman）GF/F（0.7 μm 孔径，25 mm 直径）滤膜过滤一定量体积（100～500 mL）的水样，采用 1 mol/L 的实验室纯级 HCl 熏蒸滤膜 8 h，而后烘干并剪碎滤膜，采用锡箔纸包裹滤膜并置于元素分析仪上测定。

溶解性有机碳（DOC）浓度则通过将滤后液置于岛津 TOC-L 仪上，在 680℃ 的高温下灼烧后以 NPOC 模式完成测定。

使用德国默克（Merck）公司生产的碱度测定盒，通过滴定方法定量湖水溶解性无机碳含量。

2.1.5　遥感反演方法

1. TSS 浓度遥感反演模型构建

我们根据 TSS 浓度的测量时间和经纬度信息对 Landsat 遥感影像进行匹配，获取遥感同步观测数据集用于构建 TSS 浓度遥感反演模型。考虑到 Landsat 系列卫星 16 天的重访周期，选择与 TSS 浓度测量时间差在 3 天以内的遥感影像作为卫星同步观测数据，并提取 TSS 浓度对应的地表反射率光谱数据（Li et al., 2019）。最终，将得到的星地同步观测数据集随机划分为训练和测试数据集，数据占比分别为 80%和 20%。

针对湖泊 TSS 浓度与遥感反射率光谱之间的复杂响应关系，多层感知器神经网络（multi-layer perceptron neural network, MLPNN）被用于构建青藏高原湖泊 TSS 浓度遥感反演模型。MLPNN 模型，作为一种全连接前馈人工神经网络，由输入层、隐藏层和输出层组成，通过隐藏层的激活函数引入非线性运算，使网络逼近非线性函数，使之能够将反射率光谱信息非线性映射至湖泊总悬浮颗粒物浓度，实现 TSS 浓度的精确反演。本书中，以 Landsat 影像的标准化波段反射率（即先进行对数变换，再经过 z 分数标准化操作）为输入数据，以 TSS 浓度为输出数据，设置 MLPNN 模型深度为 3 层，宽度为 45 个神经元，损失函数为平均绝对误差（mean absolute error, MAE），学习率为 0.001，激活函数为 Rectified Linear Unit（ReLU）函数，通过 Adam 优化器最小化损失函数。另外，我们利用 3 个误差评价指标，即 MAE、均方根误差（root mean square error, RMSE）和决定系数（R^2），综合评价模型的训练和测试精度。误差评价指标的计算公式如下：

$$MAE = \frac{1}{n}\sum_{i=1}^{n}|y_i - \hat{y}_i| \tag{2-1}$$

$$RMSE = \frac{\sqrt{\frac{1}{n}\sum_{i=1}^{n}(y_i - \hat{y}_i)^2}}{\frac{1}{n}\sum_{i=1}^{n}y_i} \tag{2-2}$$

$$R^2 = \frac{n\sum_{i=1}^{n}\hat{y}_i \cdot y_i - \sum_{i=1}^{n}\hat{y}_i \cdot \sum_{i=1}^{n}y_i}{\sqrt{\left[n\sum_{i=1}^{n}\hat{y}_i^{\,2} - \left(\sum_{i=1}^{n}\hat{y}_i\right)^2\right] \cdot \left[n\sum_{i=1}^{n}y_i^{\,2} - \left(\sum_{i=1}^{n}y_i\right)^2\right]}} \tag{2-3}$$

式中，y_i 和 $\hat{y}_i$ 分别为预测值和实测值；n 为样本数量。

结果表明，MLPNN 模型具有较高的训练和测试精度，即 R^2 均超过 0.75，MAE 接近 0.5 mg/L，RMSE≤0.75 mg/L（图 2-1），能够满足湖泊 TSS 浓度精确反演的要求。此外，我们还对比了线性回归（linear regression, LR）、随机森林（random forest, RF）、支持向量机（support

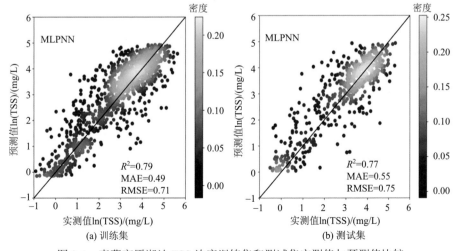

图 2-1　青藏高原湖泊 TSS 浓度训练集和测试集实测值与预测值比较

vector machine, SVM）和 MLPNN 模型之间的预测精度，发现 MLPNN 与 RF 模型测试精度接近，明显优于 LR 和 SVM 模型（图 2-2）。

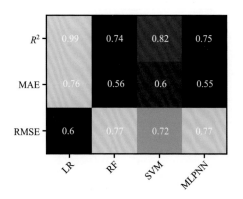

图 2-2　各模型预测 TSS 浓度的性能比较

LR 为线性回归；RF 为随机森林；SVM 为支持向量机；MLPNN 为多层感知器神经网络

2. K_d（PAR）遥感反演模型构建

基于随机划分的 K_d（PAR）训练和测试数据集，本书采用了残差神经网络（residual network, ResNet）构建青藏高原湖泊 K_d（PAR）遥感反演模型。针对 K_d（PAR）的原位观测数据，本书采用的 ResNet 模型由密度块（dense block）和识别块（identity block）组成，模型输入和输出数据分别为 Landsat 蓝、绿、红和近红外波段的同步观测地表反射率和 K_d（PAR）。与 TSS 浓度反演模型一致，输入数据也经过了对数变换和 z 分数标准化操作。此外，模型宽度设置为 512，损失函数为均方根误差，学习率为 0.001，激活函数为 ReLU 函数，最小化损失函数也通过 Adam 优化器实现，模型训练遵循 Early Stopping 策略。除了比较 LR、RF 和 SVM 模型以外，我们还对比了 MLPNN 和深度交叉网络（deep cross network, DCN）与 ResNet 模型的测试精度。此外，我们使用了平均绝对百分比误差（mean absolute percentage error, MAPE）评价 K_d（PAR）的预测精度，其计算公式如下：

$$\text{MAPE} = \frac{100}{n} \sum_{i=1}^{n} \frac{y_i - \hat{y}_i}{y_i} \tag{2-4}$$

式中，y_i 和 $\hat{y}_i$ 分别为预测值和实测值；n 为样本量。本书发现 ResNet 模型在 K_d（PAR）的训练和测试过程中均取得了极高的精度，其实测和预测数据分布在 1∶1 线两侧，未出现明显偏差（图 2-3）。训练和测试数据集的 R^2 分别达到了 0.95 和 0.88，MAE 降低至 0.19 m^{-1} 和 0.30 m^{-1}，RMSE 降低至 0.27 m^{-1} 和 0.40 m^{-1}。另外，对比其他模型发现，ResNet 模型精度最高（图 2-4），说明了具备跃层连接的 ResNet 模型能够更好地捕捉有限样本之间的非线性关系。

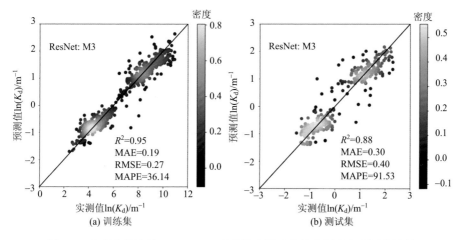

图 2-3　青藏高原湖泊 K_d（PAR）训练集和测试集的实测值与预测值比较

其中散点颜色表示点密度

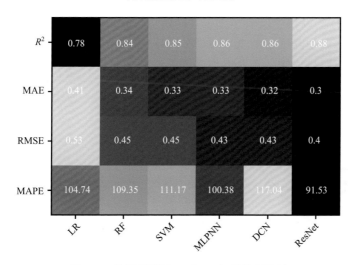

图 2-4　各模型预测 K_d（PAR）的性能比较

LR 为线性回归；RF 为随机森林；SVM 为支持向量机；MLPNN 为多层感知器神经网络；DCN 为深度交叉网络；
ResNet 为残差神经网络

3. SDD 遥感反演模型构建

采用与 TSS 浓度反演模型一致的数据匹配和筛选原则，获取星地同步观测数据集；随机选取其中 80% 的数据作为训练集，其余 20% 作为测试集进行 SDD 反演模型构建。为了建立稳健且精确的遥感反演模型，我们构建了一个新型的混合深度门控循环网络（deep gated recurrent network, DGRN）模型用于估算青藏高原湖泊 SDD 时间序列。此模型通过结合传统神经网络模型的全连接层和循环神经网络模型的门循环层，具备了预测非线性长时间序列数据的能力。

　　DGRN 模型的基本单元是由两个重复块构成的，每个单元都堆积了两个门循环层、一个全连接层和三个批量标准化层。Landsat 地表反射率数据和实测 SDD 分别为 DGRN 模型的输入和输出，模型深度为 6 层，宽度为 512 个神经元，损失函数为均方根误差（RMSE），学习率为 0.005，激活函数为 ReLU 函数，通过均方根传递（root mean square propagation, RMSprop）优化算法最小化损失函数，DGRN 模型训练遵循 Early Stopping 策略。与 TSS 浓度和 K_d（PAR）反演模型构建类似，我们另外测试了 7 个不同模型的性能，即线性回归（LR）、随机森林（RF）、支持向量机（SVM）、高斯过程回归（Gaussian process regression, GPR）、人工神经网络（artificial neural network, ANN）、多层感知器神经网络（MLPNN）和残差神经网络（ResNet），进一步说明 DGRN 模型在 SDD 反演问题中的优势。

　　DGRN 模型的训练和测试精度优异，其测试数据 R^2 接近 0.85，MAE 和 RMSE 均低于 1 m，MAPE 低于 50（图 2-5），表明 DGRN 模型很好地结合时序信息实现了湖泊 SDD 的高精度反演。对比其他模型，DGRN 呈现出最高的模型精度，MAPE 比其他模型降低了至少 8%（图 2-6），说明了 DGRN 模型在反演湖泊水质参数方面的明显优势，以及此方法在湖泊环境参数长时间序列信息重建领域的巨大潜力。

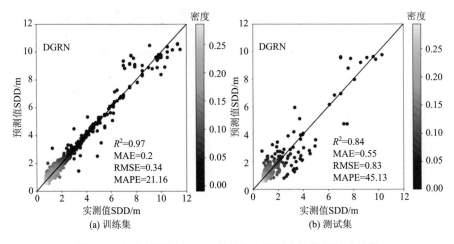

图 2-5　青藏高原湖泊 SDD 训练集和测试集的模型精度比较

4. Landsat 卫星地表温度产品及反演算法

　　由于传统的原位监测方法难以获取长时间序列的水温变化数据，我们充分利用了卫星遥感技术可以实现长时序监测大范围陆表过程的优势，获取了美国地质

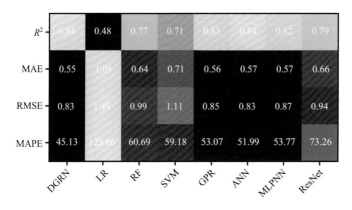

图 2-6　青藏高原湖泊不同模型之间的 SDD 预测精度比较

LR 为线性回归；RF 为随机森林；SVM 为支持向量机；GPR 为高斯过程回归；ANN 为人工神经网络；MLPNN 为多层感知器神经网络；ResNet 为残差神经网络；DGRN 为深度门控循环网络

调查局（United States Geological Survey, USGS）提供的 Landsat 系列卫星，即 Landsat 5、Landsat 7、Landsat 8 的地表温度产品作为卫星观测湖泊表层水温（lake surface water temperature, LSWT）数据。Landsat 系列卫星自 1982 年以来持续获取 60～120 m 空间分辨率的热红外影像，时间分辨率为 16～18 d，结合校准的传感器和数据存档，使 Landsat 地表温度产品在中等空间分辨率和长时间序列的相关研究中被广泛应用。

目前，全球地表温度（land surface temperature, LST）产品是针对 Landsat 传感器提出的地表温度算法生成的（Malakar et al., 2018），且可从 Landsat collection 2 Level 2 数据集获取。该算法包括三个步骤：①大气校正，即使用辐射传输模型和再分析数据对传感器观测的热辐射进行大气校正；②发射率获取，即基于 ASTER GEDv3 数据集的反射率进行光谱调整，结合 Landsat 可见光、短波红外数据进行修正，以解决植被物候和积雪造成的影响；③温度检索，即采用查找表对大气校正和反射率校正后的 Landsat 辐射数据进行 LST 检索。

在 Landsat LST 产品反演过程中，首先利用反射率、大气参数和 Landsat 热红外波段的辐射数据计算地表辐射（L_s），其计算公式如下：

$$L_s = B(T_s) = \frac{\dfrac{L - L\uparrow}{\tau} - (1-\varepsilon)L\downarrow}{\varepsilon} \tag{2-5}$$

式中，L 为 Landsat 热红外波段经过辐射定标得到的辐射值；$L\uparrow$ 和 $L\downarrow$ 分别为上行辐射和下行辐射；τ 为大气透过率；ε 为热红外波段（TIR 10）的反射率；$B(T_s)$ 为普朗克辐射函数；T_s 为地表温度。理论上，T_s 可以根据如下公式计算得到：

$$T_s = \frac{C_2}{\lambda \ln\left(1 + \dfrac{C_1 \lambda^{-5}}{L_s}\right)} \tag{2-6}$$

式中，λ 为热红外波段的有效波长；$C_1 = 1.191\,04 \times 10^8$ W·μm^4/（m^2·sr）；$C_2 = 14\,387.7$ μm·K。然而，式（2-6）对于偏离狄拉克 δ 函数的传感器光谱响应会变得不准确。为了解决这个问题，首先对地面所有可能的温度（通常为 150～380 K）进行模拟，再计算出 Landsat 传感器的预期光谱响应辐射，并生成 Landsat 传感器接收的辐射值与相应温度值之间的映射关系作为查找表（lookup table, LUT），用于计算准确的 LST。

对于 Landsat collection 2 Level 2 中的 Landsat LST 产品而言，温度的观测值和实际值之间的关系可以通过如下公式计算得到：

$$LST(K) = 0.003\,418\,02 \times Observed + 149.0 \tag{2-7}$$

式中，Observed 为温度的观测值；K 为热力学温度。此前的研究表明，该产品可以实现对 LSWT 的精确反演，与现场测量值之间的平均偏差约为–0.3℃，均方根误差为 1.1℃。此外，该产品的长时间覆盖范围使其被广泛地应用于各个领域。

5. 湖泊表层水温的 Air Water 模型模拟

针对遥感影像的时间和空间分辨率对 LSWT 相关研究带来的限制，研究人员（Piccolroaz et al., 2013）开发了一个仅需简单输入数据驱动的 AirWater 模型。此模型作为一个零维湖泊模型，在数学上简化了湖泊-大气界面的所有热通量成分，包括短波辐射、长波辐射和扩散项，得到一个简单的常微分方程，使 LSWT 的估算只依赖于表面空气温度观测值。此外，AirWater 模型能够正确模拟浅湖和深湖的表层水温，并准确捕捉 LSWT 的季节和年际波动特征。对比目前的 4 参数、6 参数和 8 参数模型的适用范围及性能，AirWater 8 参数模型能够适用于面积、深度和形态差异明显的全国尺度湖泊数据集。

我们选择了 HydroLAKES 数据集中水域面积超过 1 km^2 的湖泊作为研究区域。在 HydroLAKES 湖泊边界内，提取了 1984～2020 年地表水出现概率高于 95% 的水体作为研究区域湖泊的永久水体范围。为了消除陆地邻近效应的影响，将湖泊边界向内缓冲 150 m。最终，得到了 841 个湖泊作为青藏高原的研究区域。对于 LSWT 数据集，选取了 1985～2011 年的 Landsat 5、1999～2018 年的 Landsat 7 和 2013～2021 年的 Landsat 8 热红外数据，将每个数据集划分为 12 个月度数据集。为了剔除数据集中的异常值，将月度数据集中超过中位数三个标准差的数据作为离群值去除，并重复此操作两次以保证去除所有的异常值。

此外，本书还使用了日尺度 ERA5-Land 数据集中的 2 m 处空气温度（空间分辨率为 0.1°）作为 AirWater 模型的外部驱动数据，并以 Landsat LSWT 数据作为校准参考，利用迭代优化过程（粒子群优化算法）校准 AirWater 的 8 个模型参数。对于 Landsat 不同传感器之间的偏差，利用其重叠观测区间的 LSWT 数据作为校准参考，结合 AirWater 模型建立 3 个日尺度 LSWT 数据集。具体处理步骤为：以

了解其溶解性有机碳（DOC）的情况（图 2-10）。研究结果显示，青藏高原湖泊的平均 DOC 浓度为（13.3±15.1）mg/L。在空间分布上，呈现出"西北中南低、中部东北高"的趋势。具体而言，西北部、中南部湖泊的 DOC 浓度较低，而中部和东北部湖泊的 DOC 浓度较高。最高的 DOC 浓度出现在北部的察尔汗湖，达到了 100.8 mg/L，而最低的 DOC 浓度出现在南部的然乌湖，仅为 0.52 mg/L。

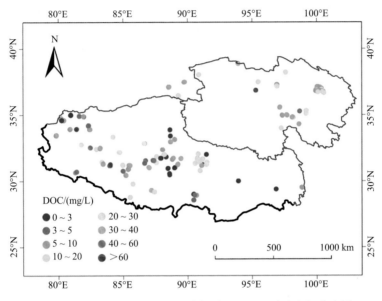

图 2-10　青藏高原湖泊溶解性有机碳（DOC）浓度空间分布图

在不同类型的湖泊中，淡水湖的平均 DOC 浓度为（99.3±11.77）mg/L，咸水湖的平均 DOC 浓度为（16.2±10.9）mg/L，盐湖的平均 DOC 浓度为（15.4±17.6）mg/L。这表明不同类型的湖泊在 DOC 浓度上存在显著差异，可能受到水体盐度等因素的影响。

2.3　青藏高原湖泊水环境参数时空动态变化

2.3.1　湖泊 TSS 浓度的时空变化格局

基于星地同步观测数据训练的 MLPNN 模型和 Landsat 遥感影像数据（Feng et al., 2019），我们估算了青藏高原 463 个湖泊在过去三十年内的 TSS 浓度，并分析了 TSS 浓度的长期变化趋势和空间分布格局。结果表明，青藏高原湖泊的 TSS 平均浓度在 1990～2020 年显著下降了 25.2%[从（23.66±24.06）mg/L 下降至（17.70±25.76）mg/L，$R^2 = 0.70$，$p < 0.05$，图 2-11]，时间变化率达到了–2.90

mg/（L·10 a），说明青藏高原地区湖泊明显变得清澈。

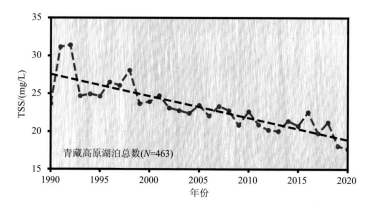

图 2-11　青藏高原湖泊 TSS 浓度在 1990～2020 年的变化趋势

蓝色虚线是所有湖泊 TSS 平均浓度的动态变化趋势，黑色虚线是 TSS 浓度年际序列线性拟合结果

　　湖泊之间的 TSS 浓度存在显著差异，平均浓度变化范围为 0.56～177.60 mg/L [图 2-12（a）]。青藏高原东北部湖泊 TSS 浓度普遍偏高（> 40 mg/L）。相比之下，西部地区的湖泊数量为 379，占湖泊总数的 82%。然而，只有 42 个湖泊的 TSS 平均浓度高于 40 mg/L，TSS 浓度低于 15 mg/L 的湖泊数量达到了 176 个，表明青藏高原湖泊 TSS 浓度呈现"东高西低"的空间分布特征。此外，湖泊 TSS 浓度的时间变化趋势也呈现显著的空间变异特征。所有 463 个湖泊中，51.4%（238 个）的湖泊 TSS 浓度表现出显著变化趋势[$p < 0.05$，图 2-12（b）]，其中 187 个湖泊 TSS 浓度显著下降，51 个湖泊经历了显著增加趋势。TSS 浓度时间变化率超过 10 mg/（L·10 a）的湖泊共有 88 个（463 个湖泊的 19%），其中 80.7%的湖泊 TSS 浓度经历了迅速下降的趋势。

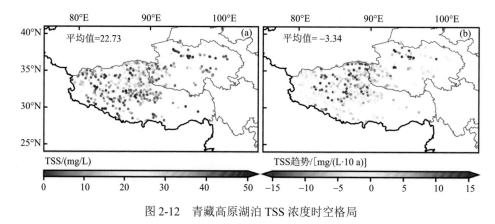

图 2-12　青藏高原湖泊 TSS 浓度时空格局

（a）为 1990～2020 年每个湖泊 TSS 平均浓度的空间分布格局；（b）为每个湖泊过去三十年的变化速率空间模式

2.3.2　湖泊 K_d（PAR）的时空变化格局

K_d（PAR）是反映湖泊光环境变化的重要指标之一。我们通过 ResNet 模型和 Landsat 影像数据估算得到青藏高原 463 个湖泊在过去三十年内的变化情况（图 2-13）。研究结果表明，K_d（PAR）和 TSS 浓度的时空格局非常相似，其多年平均值为（1.68±1.16）m^{-1}[图 2-14（a）]。从 1990 年到 2020 年，青藏高原湖泊的 K_d（PAR）总体呈现显著下降趋势[$p < 0.05$，图 2-14（b）]，变化速率为-0.24（m·10 a）$^{-1}$。

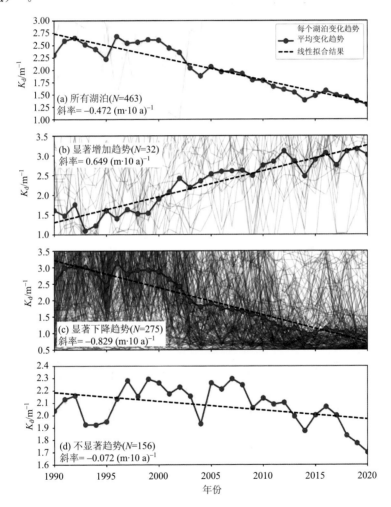

图 2-13　青藏高原湖泊 K_d（PAR）在过去三十年内的变化趋势

（a）～（d）分别表示所有 463 个湖泊、显著增加和下降（$p < 0.05$，t 检验）的湖泊以及未显著变化的湖泊变化趋势。灰色实线表示每个湖泊 K_d（PAR）的年际变化情况，红色实线和黑色虚线分别是平均 K_d（PAR）的变化趋势和线性拟合结果

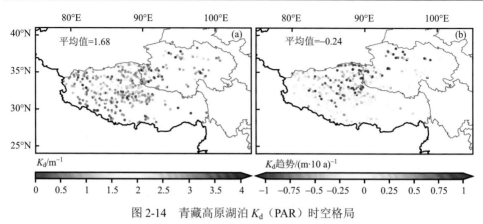

图 2-14　青藏高原湖泊 K_d（PAR）时空格局

（a）为1990～2020年每个湖泊平均漫射衰减系数空间分布；（b）为每个湖泊过去三十年的变化速率空间模式

对湖泊个体而言，K_d（PAR）从 0.20 m^{-1} 到 5.30 m^{-1} 变化，且总体呈现"东高西低"的空间特征[图 2-14（a）]，与 TSS 浓度分布特征一致。湖泊之间的 K_d（PAR）时间变化率差异显著。通过对其分类发现，275 个（59.4%）湖泊的 K_d（PAR）经历了显著下降，其下降速率为−0.829（m·10 a）$^{-1}$[图 2-13（c）]，然而仅有 32 个（6.9%）湖泊呈现显著增加趋势，其增加速率为 0.649（m·10 a）$^{-1}$[图 2-13（b）]，说明青藏高原地区湖泊光环境在过去三十年内快速改善。为了进一步探究湖泊 K_d（PAR）动态变化特征的空间变异性，我们将 K_d（PAR）的时间变化率划分为 5 个不同的等级，分别为< −0.75（m·10 a）$^{-1}$、−0.75～−0.25（m·10 a）$^{-1}$、−0.25～0.25（m·10 a）$^{-1}$、0.25～0.75（m·10 a）$^{-1}$ 和> 0.75（m·10 a）$^{-1}$。每个等级的湖泊个数分别为 72（15.6%）、97（20.9%）、263（56.8%）、17（3.7%）和 14（3.0%），其中下降速率最明显的湖泊个数明显多于上升最明显的湖泊个数，且主要分布在 82°E 和 90°E 之间的西部地区[图 2-14（b）]，表明青藏高原西部地区的湖泊光环境正在加速变好。

2.3.3　湖泊 SDD 的时空变化格局

利用 DGRN 模型和 1986～2018 年所有 Landsat 高质量（即无云覆盖和厚气溶胶影响）影像数据，我们重建了青藏高原地区 1087 个湖泊的 SDD 长时间序列数据集，同时基于每个湖泊的多年 SDD 均值探究了 SDD 的空间分布模式和长期变化趋势。结果表明，青藏高原湖泊 SDD 呈现出明显的区域差异分布，与湖泊纬度之间具有显著负相关关系（r = −0.27，$p < 0.05$）。南部地区湖泊的 SDD 值普遍偏高，而内部和北部地区湖泊表现出较低的 SDD 值[图 2-15（a）]。多年 SDD 均值在 0～1 m、1～2 m、2～3 m、3～4 m 和> 4 m 范围内的湖泊数量分别为 127 个（12%）、408 个（38%）、324 个（30%）、174 个（16%）和 54 个（5%），说明青

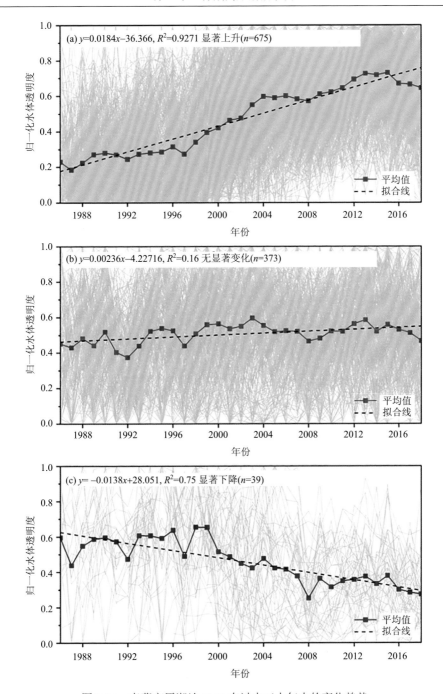

图 2-16　青藏高原湖泊 SDD 在过去三十年内的变化趋势

（a）～（c）分别表示经历了显著上升、未显著变化和显著下降的湖泊年际变化情况；灰色实线表示每个湖泊 SDD
的年际变化情况，有色实线和黑色虚线分别是 SDD 平均值的变化趋势和线性拟合结果

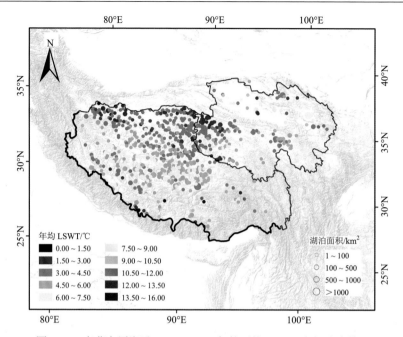

图 2-17　青藏高原湖泊 1985～2021 年的平均 LSWT 空间分布格局

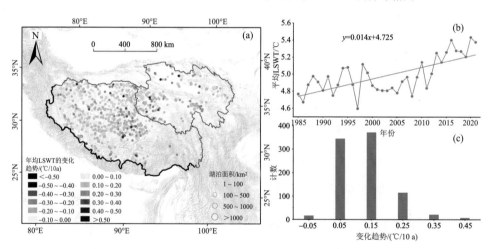

图 2-18　青藏高原湖泊 LSWT 在 1985～2021 年的时间变化趋势

（a）～（c）分别表示 LSWT 变化率的空间分布格局、LSWT 时间变化趋势及变化率分布情况

–1.1℃/10 a，而西南部湖泊主要表现为增温趋势，其最大增温速率为 1.31℃/10 a。夏季（6～8 月）LSWT 变化趋势的空间分布格局与春季正好相反，西北部湖泊呈现出明显的增温趋势［图 2-19（b）］。然而，西南部地区部分湖泊出现降温趋势，其最大速率为–0.53℃/10 a。秋季（9～11 月）青藏高原湖泊 LSWT 的整体变化趋

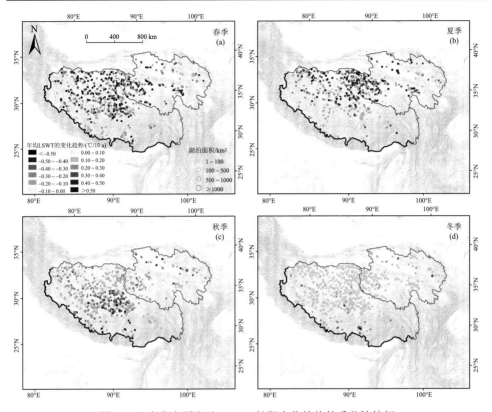

图 2-19　青藏高原湖泊 LSWT 长期变化趋势的季节性特征

势为增温，平均增温速率为 0.17℃/10 a，其中阿里地区增温最显著，最高速率可达 0.86℃/10 a［图 2-19（c）］。除了南部和东北部地势较低的少数湖泊，青藏高原湖泊 LSWT 在冬季（12 月至次年 2 月）趋于稳定，其平均变化速率为 0.01℃/10 a ［图 2-19（d）］。总体而言，秋季 LSWT 的增温趋势最显著，增温的湖泊数量为 770 个，冬季 LSWT 的增温趋势最小，增温的湖泊数量仅有 378 个（图 2-20）。

2.3.5　青藏高原湖冰物候的时空变化格局

青藏高原湖泊冰期分布存在显著的空间差异（图 2-21）。湖冰的起始结冰日、完全消融日和持续时间均受海拔和纬度的影响。南部和东北部地势较低的湖泊普遍结冰较晚，结冰日期（date of year, DOY）基本出现在 12 月。西北部地区湖泊结冰时间逐渐变早，部分湖泊在第 280 天以前就出现结冰现象［图 2-21（a）］。然而，湖冰完全消融日与起始结冰日的空间分布格局完全相反。受温度和海拔的影响，青藏高原南部和东北部地区解冻早，北部地区解冻晚，其完全消融日约为 130 d［图 2-21（b）］。

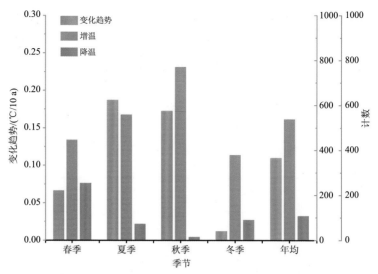

图 2-20　青藏高原湖泊 LSWT 不同季节的增温和降温湖泊数量及水温变化率

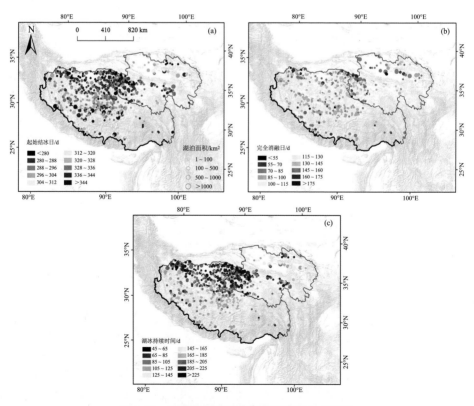

图 2-21　青藏高原湖冰物候信息空间分布格局

（a）～（c）分别表示 1985～2021 年湖泊平均起始结冰日、完全消融日和湖冰持续时间；其中，起始结冰日、完全消融日是距 1 月 1 日的天数对于湖冰持续时间,青藏高原北部地区的持续时间最长,部分湖泊超过 225 d,而南部和东北部地区持续时间较短,为 125~145 d[图 2-21（c）]。对湖冰的物候信息进行统计发现,青藏高原湖泊在过去 36 年的起始结冰日出现整体推迟,推迟速率为 4.5 d/10 a（图 2-22）。然而,湖冰完全消融日则不断提前,速率为 2.9 d/10 a,导致湖冰持续时间持续缩短（7.5 d/10 a,图 2-22）。

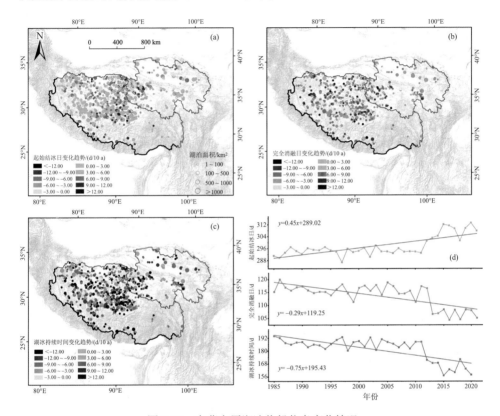

图 2-22　青藏高原湖冰物候信息变化情况

（a）～（c）分别是 1985~2021 年湖泊平均起始结冰日、完全消融日和湖冰持续时间的变化趋势空间分布格局;
（d）表示青藏高原地区平均起始结冰日、完全消融日和湖冰持续时间的年际变化趋势

2.4　青藏高原湖泊环境变化驱动机制

2.4.1　气候变化和 TSS 浓度下降对湖泊光环境的影响

为了剖析青藏高原地区湖泊光环境变化的驱动机制,我们获取了每个湖泊周围的归一化植被指数（normalized differential vegetation index,NDVI）、气温（air temperature, AT）、降水（precipitation, P）及风速（wind speed, WS）的年际变化

情况，并利用相关性分析方法探究其对 K_d（PAR）变化的影响。分析结果表明，青藏高原地区大部分湖泊，尤其是西部地区湖泊，K_d（PAR）与气温变化主要呈现负相关关系[图 2-23（b）]，说明气候变暖对湖泊光环境的变化具有积极作用。类似地，归一化植被指数也主要对 K_d（PAR）变化表现出负相关关系[图 2-23（a）]，说明植被绿化也可能会驱动湖泊光环境改善。相对来说，降水和风速变化与 K_d（PAR）之间的相关关系普遍较弱，且对更多的湖泊表现出正相关关系[图 2-23（c）和（d）]。

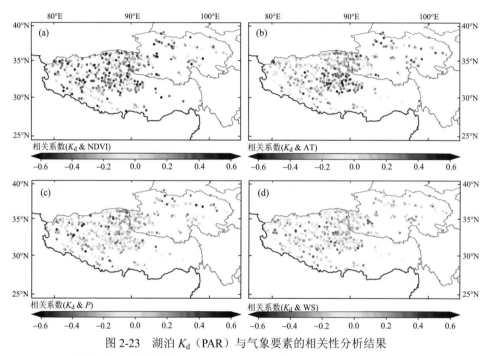

图 2-23　湖泊 K_d（PAR）与气象要素的相关性分析结果

（a）～（d）分别表示归一化植被指数（NDVI）、气温（AT）、降水（P）和风速（WS）与漫射衰减系数（K_d）之间的相关系数空间分布格局

为了进一步明确湖泊 K_d（PAR）变化的主导因素，我们确定了与湖泊 K_d（PAR）变化相关性最强的驱动因素（图 2-24）。相比之下，植被指数对青藏高原地区湖泊的控制作用最强，主导了 192 个湖泊（463 个湖泊中的 41.5%）的 K_d（PAR）变化，而气温对 33.3%的湖泊表现出主导的驱动作用。对湖泊 K_d（PAR）变化影响最小的是风速，只对 7.3%（34 个）的湖泊起着主导驱动作用。此外，我们还探究了湖泊 TSS 浓度变化与 K_d（PAR）之间的关系，发现湖泊 K_d（PAR）的下降与 TSS 浓度降低之间存在着显著的直接联系（$R^2 = 0.79$，$p < 0.01$，图 2-25）。总体来看，青藏高原地区湖泊光环境改善的主要原因是气候变暖导致植被绿化和土壤侵蚀减弱，进而引起湖泊 TSS 浓度下降和 K_d（PAR）下降。

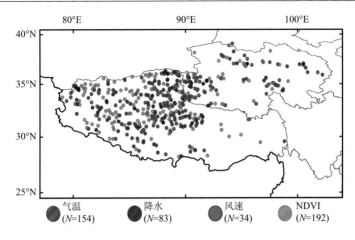

图 2-24　青藏高原湖泊 K_d（PAR）变化趋势的主导驱动因素

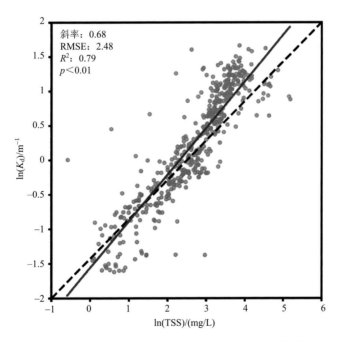

图 2-25　青藏高原湖泊 TSS 浓度与 K_d（PAR）之间的关系

红色实线表示 TSS 对数浓度和 K_d（PAR）对数形式之间的线性拟合结果

2.4.2　植被绿化和湖泊扩张是青藏高原湖泊"清化"的主导因素

我们利用相关性分析量化了气温、降水、归一化植被指数、风速和湖泊面积与 SDD 之间的关系，剖析青藏高原地区湖泊 SDD 变化的驱动机制。由于缺少湖泊储水量的长期监测数据，湖泊面积被用来描述湖泊储水量的变化情况。青藏高原地区湖泊的长期环境监测数据显示，气温、降水和 NDVI 呈现出显著上升趋势，而风速经历了显著下降趋势，说明青藏高原地区湖泊在过去三十年内处于逐渐变暖、湿润、无风和绿化的环境中。

相关性分析结果表明，湖泊 SDD 与湖泊面积、降水、气温和 NDVI 之间表现出强烈的正相关关系（图 2-26），意味着湖泊面积扩张和湖泊环境湿润、暖化及绿化是青藏高原湖泊变清澈的主要驱动因素。然而，风速变化没有对湖泊"清化"趋势产生显著影响。具体来说，1087 个湖泊中 63%、30%、28% 和 21% 的湖泊 SDD 分别对湖泊面积、降水、气温和 NDVI 的变化极其敏感，然而大部分湖泊被发现其 SDD 对风速不敏感。

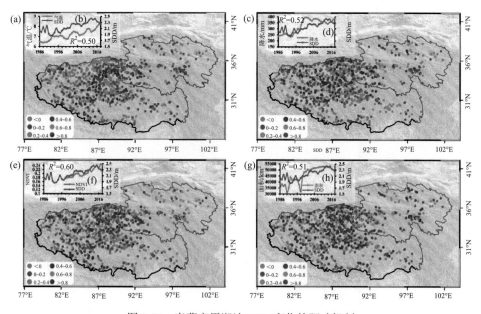

图 2-26　青藏高原湖泊 SDD 变化的驱动机制

（a）、（c）、（e）和（g）分别表示 SDD 与气温、降水、植被指数和湖泊面积之间的相关系数空间分布格局；
（b）、（d）、（f）和（h）分别是 SDD 的区域均值和驱动因素的年际变化趋势

由于环境因素之间的共线性，量化单个驱动因素对 SDD 变化趋势的贡献变得极具挑战性。在本书中，我们采用了多元回归模型对湖泊"清化"趋势的驱动因素进行定量归因分析。四个驱动因素可以解释青藏高原湖泊 69% 的"清化"趋势 [图 2-27（a）]，其中湖泊面积和 NDVI 是主要的驱动因素，能够解释湖泊 SDD 改善总方差的 49%（图 2-27）。由于气温和降水变化对湖泊面积和 NDVI 的影响，

我们无法准确地量化气温和降水对湖泊"清化"趋势的贡献。经过分析发现，35%
的湖泊面积和 28%的 NDVI 的总方差都是气温和降水共同影响造成的[图 2-27（b）
和（c）]。

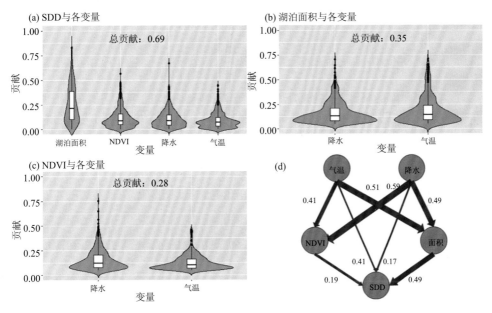

图 2-27　各驱动因素之间的联系及其对湖泊 SDD 变化的贡献

（a）为气温、降水、湖泊面积和归一化植被指数（NDVI）对 SDD 变化的贡献；（b）和（c）分别为气温和降水
对湖泊面积和归一化植被指数的贡献；（d）为各驱动因素之间的共线性及其与 SDD 变化之间的联系

第 3 章　青藏高原湖泊生物群落分布特征

3.1　浮 游 植 物

浮游植物是指水中漂浮生长的微小藻类植物，其大小一般为 2~200 μm，这些生物根据不同的分类系统被分成了不同的门类，其中我国常见的门类有蓝藻门、绿藻门、原绿藻门、红藻门、硅藻门、金藻门、黄藻门、甲藻门、隐藻门和裸藻门等。浮游植物作为湖泊生态系统中的初级生产者，是湖泊生态系统物质循环、能量流动的基础，浮游植物的分布能直接影响水体中其他生物的组成与分布。

浮游植物生活周期短、繁殖速度快，易受环境中各种因素的影响而在较短周期内发生改变，是湖泊水体环境中重要的指示生物。同时，浮游植物是地球上固碳固氮的重要生物。对于青藏高原这一全球气候变化典型区域，研究湖泊浮游植物具有非常重要的指示作用。

3.1.1　浮游植物调查方法

1. 样品采集与固定

根据湖泊现场情况，每个湖泊设计 3~4 个采样点。根据不同水深设置采样点水样采集方式：水深 3 m 以内的水体，在表层（0.5 m）处采集 1 个水样；水深 3~10 m 的水体，分别取表层（0.5 m）和底层（离底 0.5 m）两个水样；对于水深大于 10 m 的深水湖泊，增加层次，在上层（有光层）或温跃层以上增加采样间隔，可每隔 1 m 采样 1 个，在下层（缺光层）或温跃层以下，可隔 2~5 m 或更大距离采样 1 个。分层采样将各层等量混合成 1 个水样。

定性样品采集：采用浮游生物定性网对表层 50 cm 内浮游生物定性采集。

定量样品采集：根据分层采样设定，每个采样点共采集 1.5 L 水样。

浮游植物固定：水样采集后现场用鲁氏碘液固定，带回实验室静置 48 h，去除上清液并将沉淀浓缩后的样品保存至定量样品瓶中，为样品瓶贴上对应标签。

2. 浮游植物种类鉴定

根据浮游植物形态学特征，利用显微镜进行物种鉴定、定性和定量分析样品，鉴定主要使用 Axio Vert.A1 型号光学显微镜，目镜倍率为 4，物镜倍率为 40，根据《内陆水域浮游植物监测技术规程》（SL 733—2016）进行鉴定与计数，计数万法选用计数框对角线法。

3. 浮游植物生物量计算

浮游植物的比重接近 1，可直接采用体积换算成质量（湿重）。体积的测定应根据浮游植物的体型，按最近似的几何形状测量必要的长度、高度、直径等，每一种类至少随机测定 50 个，求出平均值，代入相应的求积公式计算出体积。此平均值乘上 1 L 水中该种藻类的数量，即得到 1 L 水中这种藻类的生物量，所有藻类生物量的和为 1 L 水中浮游植物的生物量，单位为 mg/L 或 g/m³。

4. 多样性与优势度计算

均匀度指数：

$$J = \frac{H'}{\ln S} \tag{3-1}$$

辛普森指数：

$$C = 1 - \sum_{i=1}^{s} P_i^2 \tag{3-2}$$

香农-维纳（Shannon-Wiener）多样性指数：

$$H' = -\sum_{i=1}^{S} P_i \ln P_i \tag{3-3}$$

优势度指数：

$$Y = \left(\frac{N_i}{N}\right) f_i \tag{3-4}$$

玛格列夫（Margalef）丰富度指数：

$$D = \frac{S-1}{\ln N} \tag{3-5}$$

式中，S 为群落中的浮游植物种类（属）数；N_i 为第 i 种浮游植物的生物量；N 为总生物量；P_i 为物种 i 的生物量占群落总生物量的比例；f_i 为第 i 种浮游植物在各采样点中出现的频率，将 Y 值>0.02 的种类列为优势种。

3.1.2　浮游植物空间分布特征

1. 浮游植物种类组成

本次共调查了青藏高原地区 91 个湖泊，共计检出 8 门 97 属。其中，硅藻门 34 属，绿藻门 33 属，蓝藻门 16 属，甲藻门 4 属，裸藻门 4 属，隐藻门 2 属，金藻门 2 属，黄藻门 2 属（表 3-1）。

表 3-1 青藏高原湖泊浮游植物名录

门类	属类	学名
硅藻	直链藻属	*Melosira*
硅藻	棒杆藻属	*Rhopalodia*
硅藻	波缘藻属	*Cymatopleura*
硅藻	布纹藻属	*Gyrosigma*
硅藻	窗纹藻属	*Epithemia*
硅藻	脆杆藻属	*Fragilaria*
硅藻	等片藻属	*Diatoma*
硅藻	沟链藻属	*Aulacoseira*
硅藻	短缝藻属	*Eunotia*
硅藻	蛾眉藻属	*Ceratoneis*
硅藻	辐节藻属	*Stauroneis*
硅藻	骨条藻属	*Skeletonema*
硅藻	冠盘藻属	*Stephanodiscus*
硅藻	汉氏藻属	*Handeliella*
硅藻	肋缝藻属	*Frustulia*
硅藻	菱形藻属	*Nitzschia*
硅藻	卵形藻属	*Cocconeis*
硅藻	内丝藻属	*Encyonema*
硅藻	平板藻属	*Tabellaria*
硅藻	桥弯藻属	*Cymbella*
硅藻	曲壳藻属	*Achnanthes*
硅藻	扇形藻属	*Meridion*
硅藻	双壁藻属	*Diploneis*
硅藻	双菱藻属	*Surirella*
硅藻	弯楔藻属	*Rhoicosphenia*
硅藻	细齿藻属	*Denticula*
硅藻	小环藻属	*Cyclotella*
硅藻	异极藻属	*Gomphonema*
硅藻	羽纹藻属	*Pinnularia*
硅藻	四棘藻属	*Attheya*
硅藻	针杆藻属	*Synedra*
硅藻	舟形藻属	*Navicula*
硅藻	肘形藻属	*Ulnaria*

门类	属类	学名
硅藻	星杆藻属	*Asterionella*
甲藻	薄甲藻属	*Glenodinium*
甲藻	多甲藻属	*Peridinium*
甲藻	角甲藻属	*Ceratium*
甲藻	裸甲藻属	*Gymnodinium*
蓝藻	棒胶藻属	*Rhabdogloea*
蓝藻	颤藻属	*Oscillatoria*
蓝藻	浮丝藻属	*Planktothrix*
蓝藻	假鱼腥藻属	*Pseudanabaena*
蓝藻	节旋藻属	*Arthrospira*
蓝藻	蓝纤维藻属	*Dactylococcopsis*
蓝藻	平裂藻属	*Merismopedia*
蓝藻	色球藻属	*Chroococcus*
蓝藻	束球藻属	*Gomphosphaeria*
蓝藻	拟鱼腥藻属	*Anabaenopsis*
蓝藻	螺旋藻属	*Spirulina*
蓝藻	微囊藻属	*Microcystis*
蓝藻	席藻属	*Phormidium*
蓝藻	隐球藻属	*Aphanocapsa*
蓝藻	长孢藻属	*Dolichospermum*
蓝藻	泽丝藻属	*Limnothrix*
绿藻	并联藻属	*Quadrigula*
绿藻	单针藻属	*Monoraphidium*
绿藻	刚毛藻属	*Cladophora*
绿藻	弓形藻属	*Schroederia*
绿藻	鼓藻属	*Cosmarium*
绿藻	集星藻属	*Actinastrum*
绿藻	角星鼓藻属	*Staurastrum*
绿藻	橘色藻属	*Trentepohlia*
绿藻	空球藻属	*Eudorina*
绿藻	链带藻属	*Desmodesmus*
绿藻	卵囊藻属	*Oocystis*
绿藻	盘星藻属	*Pediastrum*
绿藻	肾形藻属	*Nephrocytium*
绿藻	十字藻属	*Crucigenia*

续表

门类	属类	学名
绿藻	实球藻属	*Pandorina*
绿藻	丝藻属	*Ulothrix*
绿藻	四胞藻属	*Tetraspora*
绿藻	四角藻属	*Tetraedron*
绿藻	四链藻属	*Tetradesmus*
绿藻	蹄形藻属	*Kirchneriella*
绿藻	网球藻属	*Dictyosphaerium*
绿藻	空星藻属	*Coelastrum*
绿藻	新月藻属	*Closterium*
绿藻	鞘藻属	*Oedogonium*
绿藻	纺锤藻属	*Elakatothrix*
绿藻	韦斯藻属	*Westella*
绿藻	纤维藻属	*Ankistrodesmus*
绿藻	小球藻属	*Chlorella*
绿藻	衣藻属	*Chlamydomonas*
绿藻	月牙藻属	*Selenastrum*
绿藻	栅藻属	*Scenedesmus*
绿藻	转板藻属	*Mougeotia*
绿藻	椎楷藻属	*Spondylomorum*
隐藻门	蓝隐藻属	*Chroomonas*
隐藻门	隐藻属	*Cryptomonas*
金藻门	金杯藻属	*Kephyrion*
金藻门	锥囊藻属	*Dinobryon*
黄藻门	膝口藻属	*Gonyostomum*
黄藻门	黄丝藻属	*Tribonema*
裸藻门	裸藻属	*Euglena*
裸藻门	鳞孔藻属	*Lepocinclis*
裸藻门	囊裸藻属	*Trachelomonas*
裸藻门	陀螺藻属	*Strombomonas*

2. 浮游植物生物量及群落结构

本次调查的 91 个湖泊中，有 17 个湖泊生物量低于 100 μg/L，51 个湖泊生物量处于 100～1000 μg/L，23 个湖泊生物量大于 1000 μg/L。总体来说，青藏高原湖泊浮游植物生物量水平不高，大部分湖泊处于贫营养化状态。不同湖泊之间差异较大，浮游植物生物量最高的为嘎仁错（8742.24 μg/L），而第二名齐格错仅为4490.58 μg/L（图 3-1）。

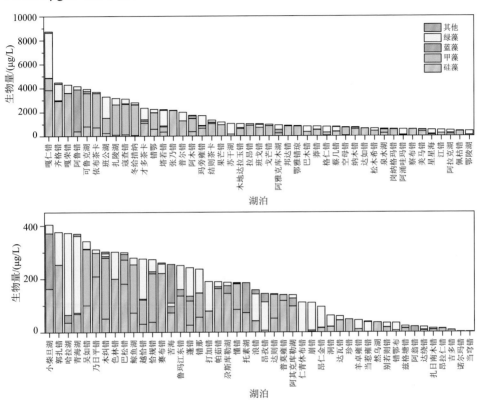

图 3-1　91 个调查湖泊浮游植物生物量分布特征

从浮游植物的门类组成上来看，硅藻门是调查的青藏高原湖泊中第一优势门类。其在 40 个湖泊中为优势度最大种类，在其中 38 个湖泊中占比超过 50%。

绿藻门是调查的青藏高原湖泊中的第二大优势门类，在 28 个湖泊中为最大优势种类，在其中 23 个湖泊中占比超过 50%（图 3-2）。

3. 优势物种

通过计算发现优势度>0.02 的物种有五个属（图 3-3 和图 3-4），分别如下。

1）小球藻属：绿藻门、绿藻纲、绿球藻目、小球藻科

广泛分布于自然界，以淡水水域种类最多。植物体为单细胞，单生或多个细胞聚集成群，群体中的细胞大小很不一致，为球形或椭圆形；细胞壁薄或厚；色素体周生，杯状或片状，1 个；具 1 个蛋白核或无。易于培养，不仅能利用光能

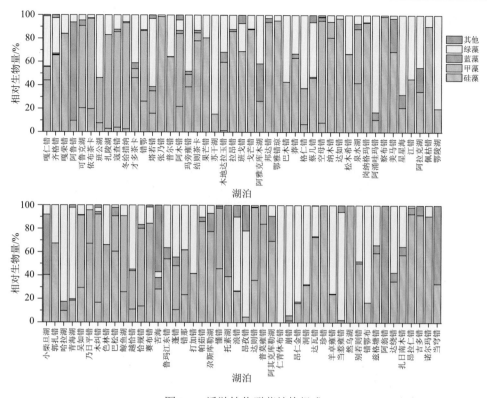

图 3-2　浮游植物群落结构组成

自养，还能在异养条件下利用有机碳源进行生长、繁殖；并且生长繁殖速度快，是地球上动植物中唯一能在 20 h 内增长 4 倍的生物，所以其应用价值很高。生殖时每个细胞产生 2 个、4 个、8 个、16 个或 32 个似亲孢子。

2）卵囊藻属：绿藻门、绿藻纲、绿球藻目、卵囊藻科

植物体为单细胞或群体，在淡水、海水中均有分布，可以和枝角类、轮虫共生，其氮的利用率高，生命周期长且稳定。群体常由 2 个、4 个、8 个或 16 个细胞组成，包被在部分胶化膨大的母细胞壁中；细胞椭圆形、柱状长圆形等，细胞壁平滑，或在细胞两端具短圆锥状增厚，色素体周生，片状、多角形块状等，1 个或多个，每个色素体具 1 个蛋白核或无。

3）舟形藻属：硅藻门、羽纹纲、双壳缝目、舟形藻科

本属最早发现于新生代古近纪古新世，生活在热带到寒带的海水、半咸水和淡水中，也很普遍地发现于化石里。其植物体为单细胞，浮游；壳面线形、披针形、菱形、椭圆形，两侧对称，末端钝圆、近头状或喙状；中轴区狭窄、线形或披针形，壳缝线形，具中央节和极节，中央节圆形或椭圆形，有的种类极节扁圆形，壳缝两侧具点纹组成的横线纹，或布纹、肋纹、窝孔纹，其色素体片状或带

状，多为 2 个。

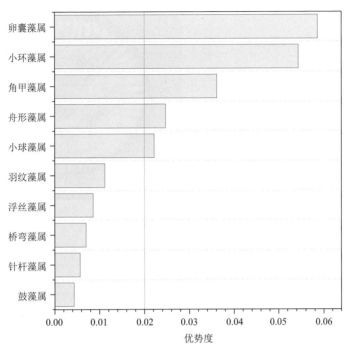

图 3-3　优势物种计算结果

4）小环藻属：硅藻门、中心纲、圆筛藻目、圆筛藻科

植物体为单细胞或由胶质或小棘连接成疏松的链状群体，多为浮游；细胞鼓形，壳面圆形，绝少为椭圆形，呈同心网褶皱的同心波曲，或与切线平行褶皱的切向波曲，绝少平直；纹饰具边缘区和中央区之分；色素体小盘状，多数。小环藻物种对水质环境差异敏感，同时也是水产养殖中水质调控的有益藻类，其具有快速的繁殖速率和高的油脂含量，是一个生产生物燃料很有潜能的物种。

5）角甲藻属：甲藻门、甲藻纲、多甲藻目、角甲藻科

角甲藻多数为单细胞，细胞形状不对称。顶角末端具有顶孔，横沟位于细胞中央，环状或略呈螺旋状，纵沟位于腹区左侧。壳面具有网状窝孔纹。角甲藻多以细胞斜裂为主要繁殖方式，但也有有性生殖，在光照和水温适宜时，角甲藻能在短时期内大量繁殖。主要分布于海洋中，淡水中种类较少。

3.1.3　浮游植物与湖泊环境的关系

为了探究湖泊中浮游植物的多样性情况，对 91 个湖泊进行了香农-维纳多样性指数（H'）、Pielou 均匀度指数（J）、辛普森指数（C）、物种丰富度指数（D）

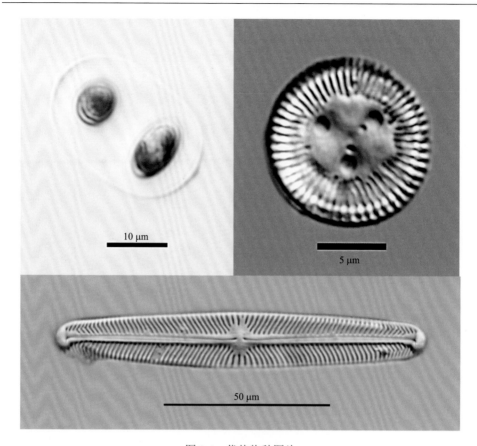

图 3-4　优势物种图片

左上：卵囊藻；右上：小环藻；下：舟形藻

分析。对于物种丰富度指数（richness）而言，调查湖泊属种范围为 1～26 属，整体范围远低于长江中下游湖泊，处于贫中营养湖泊状态。

在香农-维纳多样性指数中，种类数目多，可提高多样性；种类之间个体分配的均匀性增加，也会使多样性提高。然乌湖、阿翁错、珍错三个湖泊香农-维纳多样性指数为零，说明其物种组成单一。从整体来看，湖泊浮游植物 α 多样性差异性较大。

辛普森指数是表达群落组成状况的指标。指数越大，表明生物群落内不同种类生物数量分布越不均匀，优势生物的生态功能越突出。青藏高原大部分湖泊仍处于初始状态，单物种优势情况较为常见。其中，大部分湖泊浮游植物属种在 10 属以下，有三个湖泊仅检测出 1 属浮游植物。均匀度反映了青藏高原湖泊中浮游植物 α 多样性情况。大部分浮游植物均匀度超过 0.5，说明其分布较为均匀，湖泊内部浮游植物属种多样性水平较高（图 3-5）。

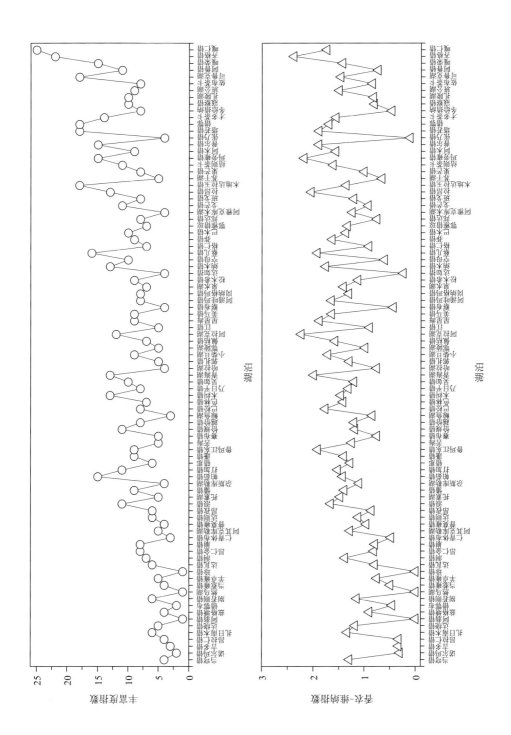

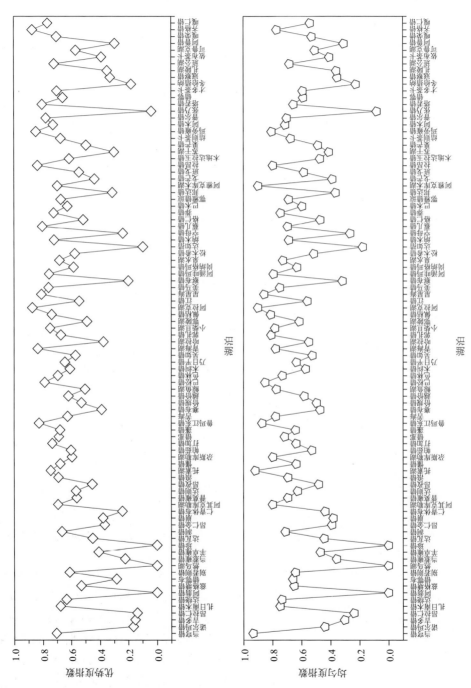

图 3-5　91 个调查湖泊多样性指数

3.1.4　浮游植物与环境因子的相关性

对湖泊浮游植物主要门类、优势物种与环境因子进行相关性分析，发现 pH 与大部分生物都有相对显著的相关性；在营养盐中，相较于 TN 而言，TP 与浮游植物的相关性更高（图 3-6）。

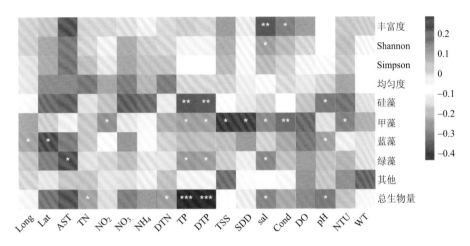

图 3-6　主要浮游植物与环境因子相关性热图

Long 为经度；Lat 为纬度；AST 为海拔；sal 为盐度；Cond 为电导率；DO 为溶解氧；NTU 为浊度；WT 为水温；图中星号表示不同的显著性水平，*指示 $p<0.05$，**指示 $p<0.01$，***指示 $p<0.001$

3.2　浮　游　动　物

浮游动物在湖泊生态系统中处于中间营养级，其对环境变化十分敏感，因此常被用作生态指示类群。浮游动物在湖泊食物链中起着承上启下的作用，研究青藏高原湖泊浮游动物对于了解生态系统演化十分重要。青藏高原地理环境独特、气候极端、生境多样化，受人为干扰小，对气候变化敏感，研究青藏高原浮游动物的生态过程及其与环境因子的关系十分理想，但是青藏高原本身的极端气候条件导致对该地区的浮游动物缺乏深入的调查研究。

围绕亚洲水塔对气候变化响应的科学考察目的，聚焦湖泊这一最重要的地表水体，通过对青藏高原湖泊的深入考察，系统地获取青藏高原地区不同生境浮游动物的物种数据和群落数据，构建青藏高原浮游动物的本土数据库。通过大范围的湖泊浮游动物群落及其影响要素调查，建立关键环境要素的变化与浮游动物群落变化的关系。本书将全面统计青藏高原湖泊现存浮游动物的分布规律，认识重点湖泊流域浮游动物的现状及随着环境梯度的变化等科学问题，揭示湖泊浮游动物变化对气候变化的响应和反馈，为科学评价青藏高原的湖泊水资源提供基础数据和科学评估依据。

3.2.1 浮游动物调查方法

1. 采样点的选择

本书以区域大于 50 km² 的湖泊为重点，根据海拔梯度和盐度梯度选择了 103 个湖泊（图 3-7），视湖泊的形状和面积按照断面布置采样点，确定了 1～15 个采样点的布置。在生物资源的调查过程中，采集上层、中层和下层的等体积混合样品。对于水深超过 6 m 的湖泊，可以适当在上层（有光层）或温跃层增加采样数量。对于存在化学分层和热力分层的湖泊，各选取 3 个左右的典型湖泊进行分层采样，自水下 50 cm 开始至湖底以上 5 m，每隔 5～10 m 采集分层水样，各水层水样分别作为一个水样。

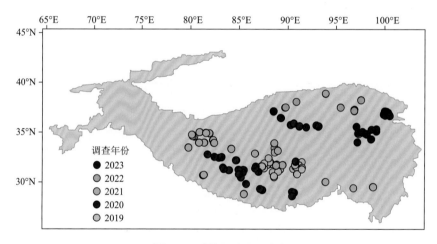

图 3-7　采样湖泊地理分布

2. 浮游动物采集

定性样品：用抛网法或沉网法（38.5 μm 孔径的浮游生物网）获取浮游动物定性样品，无水草区用抛网法或沉网法，水草区取一定量的水草，反复用该点的湖水清洗，获取不同生境的浮游动物定性样品，待上岸后处理；同一湖泊不同点位及沿岸带的定性样品可混合放在同一塑料瓶中，之后浓缩放在 50 mL 样品瓶中，即为获取了一份定性样品；为获得更多的物种多样性，加强定性样品的采集，应尽量较多地获取不同生境的混合水样。

定量样品：采集 20～30 L 水，用 38.5 μm 孔径的浮游生物网过滤后，浓缩至 50 mL 小方瓶中，然后用鲁氏碘液固定（加 1 mL），用于轮虫样品的保存和鉴定。

采集混合水样 30 L，然后用 25 号（64 μm 孔径）浮游生物网过滤后，放在 50 mL 塑料瓶中，加 1 mL 甲醛，用于浮游甲壳动物样品的保存和鉴定。

3. 浮游动物鉴定

浮游动物在显微镜下观察鉴定计数。样品中的每个种类都计数并且大部分都鉴定到种。桡足类依据其生活史分为无节幼体、桡足类幼体及成体。

轮虫的分类参考王家楫（1961）的《中国淡水轮虫志》；浮游甲壳动物的分类参考中国科学院动物研究所甲壳动物研究组（1979）的《中国动物志　节肢动物门　甲壳纲　淡水桡足类》、蒋燮治和堵南山（1979）的《中国动物志　节肢动物门　甲壳纲　淡水枝角类》等。轮虫根据不同种类测量长宽厚，枝角类体长的测定为从头部顶端（不含头盔）到壳刺基部，桡足类体长的测量则从头部顶端到尾叉末端。其生物量的估算根据黄祥飞（2000）编著书中的体积计算和体长-体重方程而来。

4. 环境因子对浮游动物影响的分析方法

用 CANOCO 5.0（ter Braak and Šmilauer, 2002）进行冗余分析（redundancy analysis，RDA），评估环境变量对浮游动物的影响，经过向前选择分析后，只有显著的自变量（$p < 0.05$）包含在最后的 RDA 排序图中。

3.2.2　浮游动物空间分布特征

2019～2023 年共调查了 103 个湖泊，共鉴定出浮游动物 18 科 44 属 91 种，其中轮虫 12 科 27 属 53 种，浮游甲壳动物 6 科 17 属 38 种。调查湖泊浮游动物的优势类群为溞属（*Daphnia*）和镖水蚤科（Diaptomidae）。浮游动物的平均密度为 42.6 ind./L，平均生物量为 0.56 mg/L，浮游动物的物种数变化范围是 0～27。调查湖泊的海拔变化范围是 2736～5122 m，多样性在青海和藏南区域较高，随着纬度和海拔的增加有降低趋势（图 3-8）。

浮游动物的密度变化范围为 0～2657.50 ind./L，其中枝角类平均密度为 2.3 ind./L，桡足类平均密度为 6.4 ind./L，轮虫平均密度为 32.1 ind./L（图 3-9）。

浮游动物生物量的变化范围为 0～8.39 mg/L，其中枝角类平均生物量为 0.25 mg/L，桡足类平均生物量为 0.21 mg/L，轮虫平均生物量为 0.098 mg/L（图 3-10）。

青藏高原湖泊特有种西藏溞（*Daphnia tibetana*）主要在海拔高于 4400 m 的区域内有分布，且密度随着纬度增加而降低。西藏溞的密度变化范围为 0～12.2 ind./L（图 3-11），西藏溞的生物量变化范围为 0～3.49 mg/L（图 3-12）。

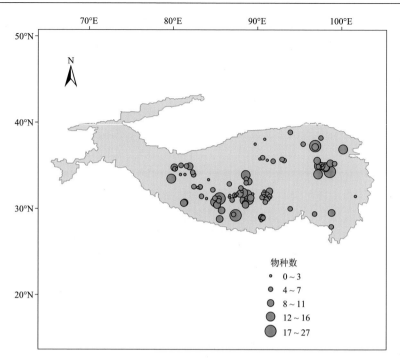

图 3-8　浮游动物多样性的空间分布特征

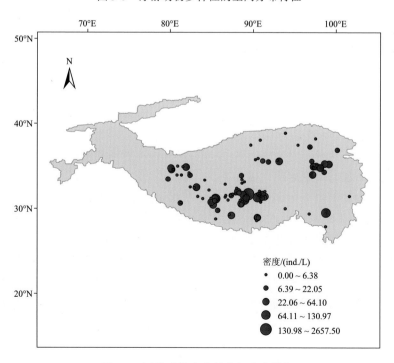

图 3-9　浮游动物密度的空间分布特征

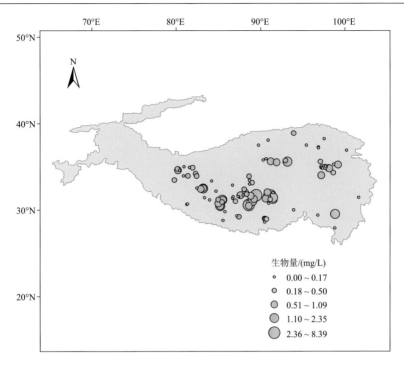

图 3-10　浮游动物生物量的空间分布特征

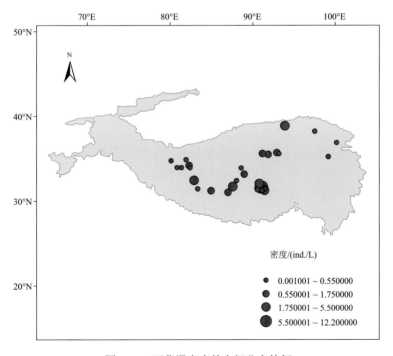

图 3-11　西藏溞密度的空间分布特征

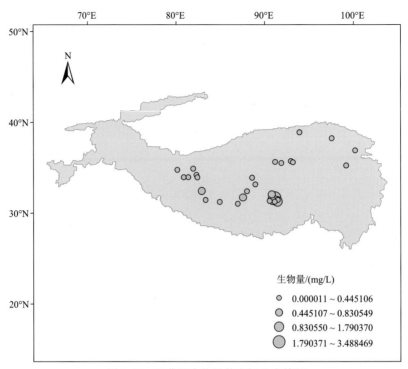

图 3-12　西藏溞生物量的空间分布特征

3.2.3　群落特征与环境因子的关系

　　盐度和海拔是影响浮游动物群落的重要环境因子，盐度和海拔主要影响青藏高原湖泊优势种属西藏溞和其他 *Daphnia* 种类的分布。调查湖泊的海拔变化范围是 2736～5122 m，随着海拔的升高，枝角类的优势类群由西藏溞向其他 *Daphnia* 种类转变，中间海拔区域的优势类群为哲水蚤，轮虫占比很小。调查湖泊的盐度变化范围是 0.1～106.5 g/L，随着盐度的升高，种类组成整体的变化趋势与随海拔升高的变化趋势相反，枝角类的优势类群由其他 *Daphnia* 向西藏溞转变。

　　随着海拔的上升，浮游动物类群发生了很大的变化，生物量峰值分别出现在木地达拉玉错（海拔 4804 m）和懂错（海拔 4544 m）（图 3-13）。

　　随着盐度的上升，浮游动物类群发生了很大的变化，生物量峰值分别出现在低盐度（木地达拉玉错）和高盐度（懂错）区域，中间区域的生物量较低。盐度较低时，其他 *Daphnia* 的生物量较高；随着盐度增加，其他 *Daphnia* 生物量逐渐降低，西藏溞的生物量逐渐增加（图 3-14）。

　　从生物量来看，轮虫占据的比重很低；从密度来看，轮虫在一些湖泊中占有较高的比重，峰值出现在达则错（DZC，海拔 4459 m，盐度 4.2 g/L）和巴木错（BMC，海拔 4555 m，盐度 0.12 g/L）（图 3-15）。

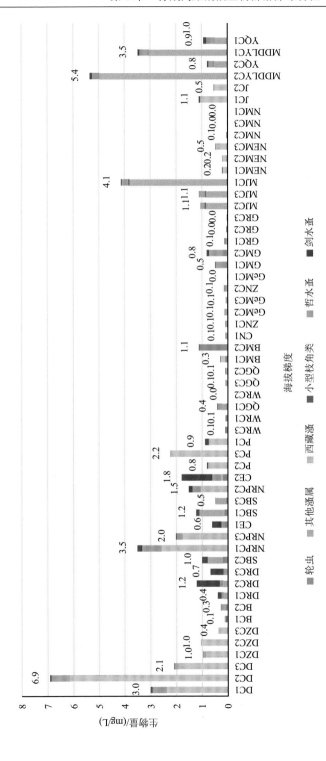

图 3-13　海拔对浮游动物生物量的影响

英文缩写表示湖泊；数字表示点位；BC 为巴木错；BMC 为崩错；CE 为错鄂；CN 为错那；DC 为懂错；DRC 为达如错；DZC 为达则错；GeMC 为戈芒错；GMC 为果
芒错；GRC 为格仁错；JC 为江错；MJC 为木地达拉玉错；MDDLYC 为木地达尔玛错；NEMC 为诺尔玛错；NMC 为纳木错；NRPC 为乃日平错；PC 为蓬错；QGC 为恰规错；
SBC 为赛布错；WRC 为吴如错；YQC 为扎布乃错；ZNC 为张乃错；下同

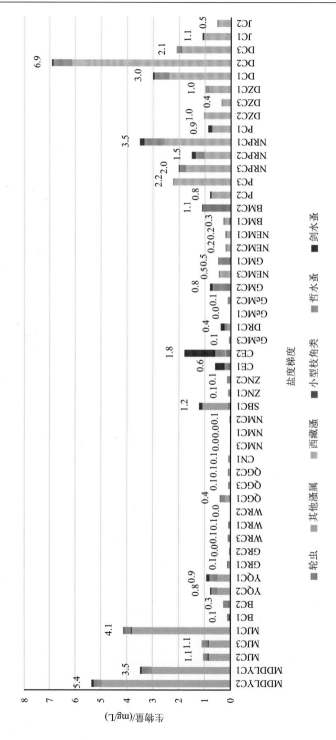

图 3-14　盐度对浮游动物量生物量的影响

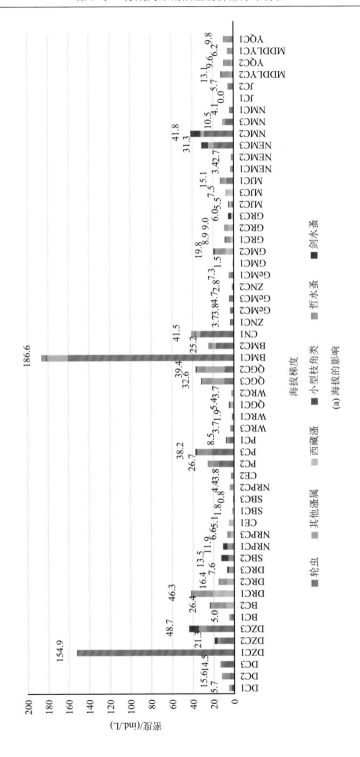

(a) 海拔的影响

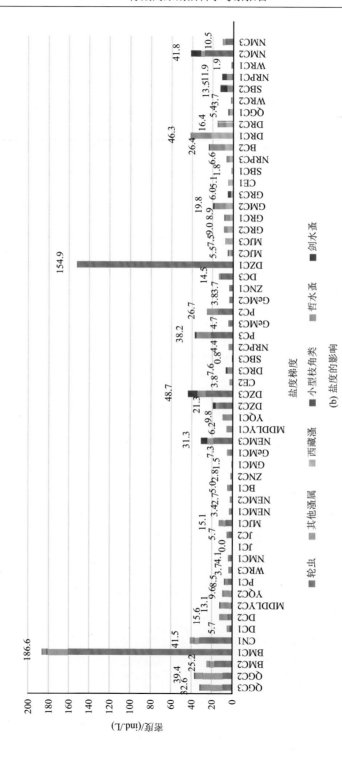

图 3-15　海拔和盐度对浮游动物密度的影响

RDA 结果表明，海拔和盐度对枝角类和轮虫的群落组成与丰度有主要影响，而营养水平对桡足类的群落组成与丰度有主要影响（图 3-16）。RDA 分析的结果表明，海拔和盐度负相关，海拔高的湖泊主要的补水来源为冰川融水，盐度普遍偏低。盐度和海拔是影响浮游动物群落的主要环境因子，营养盐的影响很小，盐度和海拔主要影响西藏溞和其他 *Daphnia* 的分布。西藏溞与盐度呈正相关关系，与海拔呈负相关关系；其他 *Daphnia* 与盐度呈负相关关系，与海拔呈正相关关系。小型枝角类和轮虫与海拔呈正相关关系，与盐度呈负相关关系。剑水蚤与叶绿素浓度和浊度呈正相关关系，与硝酸盐浓度呈负相关关系。哲水蚤与叶绿素浓度和浊度呈负相关关系，与硝酸盐浓度呈正相关关系。

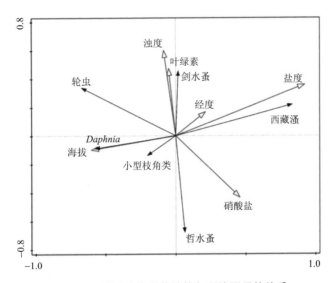

图 3-16　浮游动物群落结构与环境因子的关系

3.3　底　栖　动　物

湖泊底栖动物泛指一类生活史的全部或部分时间生活在湖水底部的水生动物，其活动范围通常局限在底泥或泥-水接合面，鲜有在水层或水柱长期生活的底栖类群（White and Irvine, 2003；蔡永久等，2010；邹亮华等，2021）。在分类上，湖泊底栖动物主要包括环节动物、软体动物和节肢动物三大类群，是静水水体中分布最广、种类最多、密度最大、类群最为繁杂的常见生态类群之一（Piscart et al., 2005）。底栖动物在湖泊生态系统的能量流动和物质循环中起着承上启下的作用，即它们取食低营养级的藻菌、腐叶和其他有机物质的同时，也会被食物链上高营养级的生物捕食（Lamberti et al., 1989；刘旭东等，2021）。湖泊底栖动物分布广泛，同时具有较高的生物多样性，对环境变化的响应敏感程度差异较大，因此，常常被用来评价水体生态健康，是湖库生态管理者评价水生生态系统状态的关键生物类群之一。

青藏高原湖泊地处极端环境，湖泊生态系统互作因素相对简单，物种多样性较低地平原地区明显偏低，由于恶劣天气和地理条件限制，近年来对青藏高原海拔 4500 m 以上的高寒湖泊中的底栖动物鲜有报道，相关研究极为滞后（Jiang et al., 2013; Meng et al., 2016; 崔永德等, 2021）。为深入了解青藏高原高寒湖泊中底栖动物分布及组成，科考队对青藏高原湖泊进行了为期 5 年（2019～2023 年）的湖泊综合考察工作，以期满足科考所需，探寻底栖动物现今分布模式的驱动等基本科学问题。

3.3.1 底栖动物调查方法

1. 样品采集与固定

2019～2023 年，连续 5 年在青藏高原地区开展湖泊底栖动物调查工作，共完成 80 个湖泊的底栖样品采集工作（图 3-17）。2019 年聚焦于色林错—纳木错区域；2020 年主要在青藏高原中部区域（日喀则—改则县）；2021 年主要在藏北的羌塘腹地（阿里地区日土县）；2022～2023 年主要集中在青海省境内的柴达木盆地、黄河源及阿尔金地区。根据盐度将湖泊划分为广义淡水湖（40 个，< 3 g/L）、咸湖（18 个，3～10 g/L）和盐湖（22 个，> 10 g/L）（Hammer, 1986; Hart et al., 1991）。

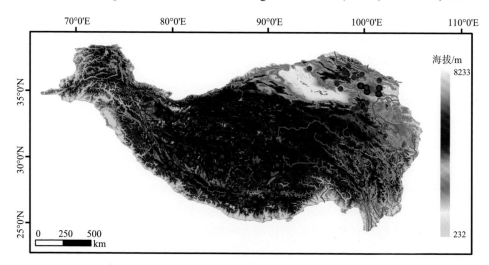

图 3-17　底栖动物样品采样点

通常，针对湖泊底栖动物需要同时调查湖滨带和敞水区的物种组成。在敞水区使用 Ekman 采集器（底面积：30 cm×30 cm）进行定量采集，每个样点重复三次，将三次采集获取的样品混合后，底泥经 60 目（250 μm）的绢筛多次过筛清洗，再将过筛后的残存物一并收入样品袋中，并用 95% 的酒精溶液固定，标记好采样标签，然后带回实验室挑拣、计数和鉴定；在湖滨带，借助于橡皮艇的动力，使用拖网对湖底进行 30～50 m 的拖曳定性采集，获取表层 3～10 cm 的沉积物样品，同样在野外过筛、固定，后转入样品瓶以备实验室检查。

野外利用便携式 YSI 水质检测仪获取水体溶解氧、水温、电导率、pH 等物理水质指标。水体的化学指标则需采集水样带回实验室进行测定，利用 100 mL 收集瓶采集水样，共收集三个平行样品，带回实验室进行化学指标的测定，主要指标包括总氮、总磷、磷酸盐、氨氮和 DOC 等。

2. 底栖动物种类鉴定

底栖动物种类的鉴定参考相关的书籍（Morse et al., 1994；刘月英等，1979；唐红渠，2006；张恩楼等，2019），大型底栖动物鉴定在体视镜（10～60 倍）下完成，小型底栖动物解剖后封片，在高倍数光学显微镜下鉴定。

3. 底栖动物生物量与多样性分析

底栖动物挑拣完成后，统计好数量，然后根据实际采样面积换算成密度。

本书采用优势度指数（Y）来确定优势种，计算公式如式（3-4）所示。Y 值大于 0.02 的种类为优势种。

群落分析中，使用丰度（abundance）、物种数目（richness）、香农-维纳多样性（Shannon-Wiener）和辛普森（Simpson）多样性度量各样点底栖动物多样性。物种数目是指在调查样点实际观察到的物种数量，其计算方式为统计单个样点中丰度大于零的物种。香农-维纳多样性指数（Simpson, 1949）是生态学中最为经典的评价区域多样性的测度指标之一，描述从样品中连续抽样选中的样品属于同一物种的概率，这种概率越小，表示区域的物种多样性越高。辛普森指数计算公式如式（3-2）所示；香农-维纳多样性指数计算公式如式（3-3）所示。

典范对应分析（canonical correspondence analysis, CCA）主要用来揭示群落变化与环境因子之间的关系，分析在 R 软件的 vegan 包的 "ordistep" 函数中完成，距离矩阵选择 Bray-Curtis 方法计算。使用普通最小二乘法（ordinary least squares, OLS）对底栖动物群落多样性和环境变量之间的关系进行简单线性回归分析，分析使用 R 软件自带的 "lm" 函数完成。

3.3.2　底栖动物空间分布特征

1. 底栖动物群落组成空间变化

本书在 80 个湖泊中共挑拣出 22 101 头底栖动物，共记录底栖动物 35 种，隶属于 3 门 6 纲 17 科 28 属。其中摇蚊类群种类最多，共计 20 种；其次为其他水生昆虫，共计 9 种；而软体类、环节类和甲壳类的种类较少，分别为 3 种、2 种和 1 种（表 3-2）。摇蚊、钩虾和水生甲虫为主要优势类群（图 3-18），相对丰度分别为 59.6%、21.1%和 11.2%。

表 3-2　青藏高原湖泊主要底栖动物名录及代码缩写

物种类群	物种中文名	缩写代码	拉丁名
摇蚊	短粗前脉摇蚊	Proc_cra	*Procladius crassinervis*
摇蚊	纹饰环足摇蚊	Cric_orn	*Cricotopus ornatus*
摇蚊	异环摇蚊某些种	Acri_spp	*Acricotopus* spp.
摇蚊	环足摇蚊某种	Cric_sp	*Cricotopus* sp.
摇蚊	内华刀摇蚊	Psec_nev	*Psectrocladius nevalis*
摇蚊	巴比刀摇蚊	Psec_bar	*Psectrocladius barbimanus*
摇蚊	纤长附摇蚊	Tany_gra	*Tanytarsus gracilentus*
摇蚊	拟脉摇蚊某种	Pacl_sp	*Paracladius* sp.
摇蚊	玄黑摇蚊	Chir_ann	*Chironomus annularius*
摇蚊	冰川小突摇蚊	Micr_gla	*Micropsectra glacies*
摇蚊	卡氏拟长附摇蚊	Para_kas	*Paratanytarsus kaszabi*
摇蚊	拟长附摇蚊某种	Para_An1	*Paratanytarsus* sp. An11
摇蚊	多足摇蚊某种	Poly_sp	*Polypedilum* sp.
摇蚊	北结脉摇蚊	Cory_arc	*Corynoneura arctica*
摇蚊	单齿山摇蚊某些种	Modi_spp	*Monodiamesa* spp.
摇蚊	雪伪山摇蚊	Pseu_niv	*Pseudodiamesa nivosa*
摇蚊	拉氏隐摇蚊	Cryp_red	*Cryptochironomus redekei*
摇蚊	盐生雕饰摇蚊	Glyp_sal	*Glyptotendipes salinus*
摇蚊	毛尖小摇蚊	Micr_der	*Microchironomus deribae*
摇蚊	克拉氏长足摇蚊	Tanp_kra	*Tanypus kratzii*
甲壳类	湖沼钩虾	Gama_lac	*Gammarus lacustris*
水生甲虫	沼梭甲	Helo_lam	*Helophorus lamicola*
水生甲虫	牙甲某种	Hydr_sp	*Hydroporus* sp.
其他水生昆虫	沼石蛾某些种	Liph_spp	Limnephilidae spp.
其他水生昆虫	划蝽某种	Cori_sp	Corixidae sp.

续表

物种类群	物种中文名	缩写代码	拉丁名
其他水生昆虫	舞虻某种	Empi_sp	Empididae sp.
其他水生昆虫	水蝇某种	Ephy_sp	*Ephydra* sp.
其他水生昆虫	库蠓某种	Culi_sp	*Culicoides* sp.
其他水生昆虫	蛾蠓某种	Psyc_sp	Psychodidae sp.
其他水生昆虫	异痣蟌某种	Isch_sp	*Ischnura* sp.
软体类	萝卜螺某种	Radix_sp	*Radix* sp.
软体类	圆口扁蜷	Gyra_spi	*Gyraulus spirillus*
软体类	湖球蚬	Spha_lac	*Sphaerium lacustre*
环节类	水蛭某些种	Huri_spp	Hirudinea spp.
环节类	带丝蚓科某些种	Lumb_spp	Lumbriculidae spp.

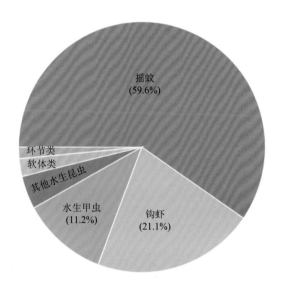

图 3-18　青藏高原地区湖泊底栖动物相对丰度占比图

　　底栖动物群落组成在空间上无明显规律，主要受盐度因子影响。淡水湖泊中的物种组成最为丰富，然而随着盐度升高，软体类和环节类先后消失，钩虾和摇蚊类占比也逐渐下降（图 3-19）。水生甲虫类及其他水生昆虫在咸湖和盐湖中的比例增加，说明这些类群对盐度有较好的适应能力。在一些高盐度湖泊（如阿里地区的龙木错和洞错，那曲地区的才多茶卡），物种组成变得十分单一，仅仅分布沼梭甲（*Helophorus lamicola*）、水蝇（*Ephydra* sp.）和异环摇蚊（*Acricotopus* spp.）等耐盐类群。摇蚊是多数湖泊中的优势底栖动物类群，在所有盐度类型湖泊中均占较高比例，鉴于其具有较高的丰富度和多样性，在后续湖泊底栖动物相关研究中尤其要关注这一类群。

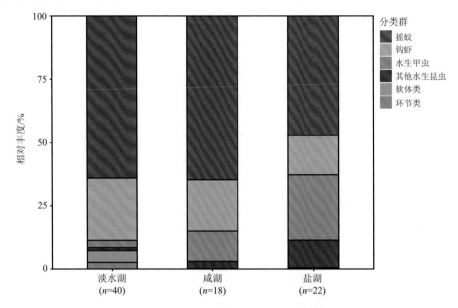

图 3-19　青藏高原地区不同盐度类型湖泊底栖动物的相对丰度图

　　基于优势度分析，青藏高原湖泊的前五个优势种为湖沼钩虾（*Gammarus lacustris*）、短粗前脉摇蚊（*Procladius crassinervis*）、沼梭甲（*Helophorus lamicola*）、玄黑摇蚊（*Chironomus annularius* Meigen）和异环摇蚊（*Acricotopus* spp.），优势度分别为 0.231、0.054、0.032、0.017 和 0.017（表 3-3）。不同优势种对盐度的耐受范围差异较大（图 3-20）。拟长跗摇蚊（*Paratanytarsus* sp.）和纤长跗摇蚊（*Tanytarsus gracilentus*）一般分布在盐度 ≤20 g/L 的湖泊中；短粗前脉摇蚊（*Procladius crassinervis*）耐受范围较高，可以在盐度为 25 g/L 的水体中存活；湖沼钩虾（*G. lacustris*）则分布在盐度 ≤55 g/L 的湖泊中；在盐度>55 g/L 的盐湖中，主要典型耐盐物种为冰川小突摇蚊（*Micropsectra glacies*）、玄黑摇蚊（*C. annularius*）、水蝇（*Ephydra* sp.）、异环摇蚊（*Acricotopus* spp.）和沼梭甲（*H. lamicola*）。

表 3-3　底栖动物主要优势种及优势度

中文名	拉丁名	频次	丰度/%	优势度
湖沼钩虾	*Gammarus lacustris*	41	45.1	0.231
短粗前脉摇蚊	*Procladius crassinervis*	34	12.6	0.054
沼梭甲	*Helophorus lamicola*	27	9.5	0.032
玄黑摇蚊	*Chironomus annularius* Meigen	34	3.9	0.017
异环摇蚊	*Acricotopus* spp.	33	4.0	0.017

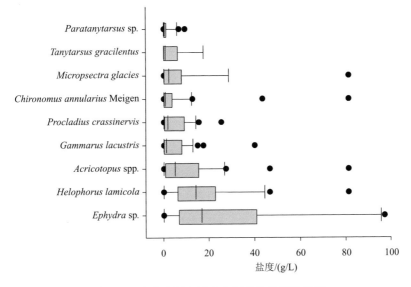

图 3-20 青藏高原湖泊中主要优势种耐盐程度

2. 底栖动物群落多样性空间变化

从物种数目来看,青藏高原地区不同湖泊种类较少,从 1 种到 12 种变化不等。从整个空间分布(图 3-21)来看,青藏高原西北地区的底栖动物群落物种丰富度和密度较低,这是因为这些地区的湖泊盐度较高,物种组成较为单一。相对地,青藏高原中部和南部地区(色林错和扎日南木错等区域)则主要为淡水湖泊,其物种丰富度和密度较高,明显好于其他片区,这可能与湖泊的总体蓄水量有关,但同时考虑到调查样方大小和湖泊个数,该趋势反映的实际情况有待其他指标进一步证实。

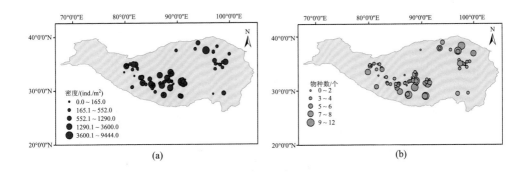

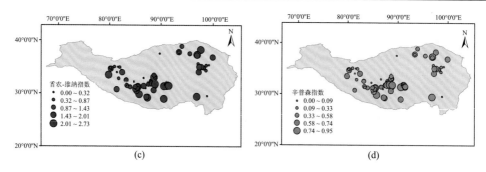

图 3-21　青藏高原湖泊物种多样性空间分布气泡图

　　整体上，多样性格局呈现西北低、中部和南部较高的空间分布特征。在本次调查中，海拔梯度为 3500～5145 m。无论是物种数目还是多样性指数，均与海拔梯度无明显相关性（图 3-22）。从纬度上来看，物种密度从青藏高原南部到北部均有微弱下降的趋势，但这种趋势基本可以忽略（$R^2 < 0.01$），而物种数目和多样性有微弱增加趋势；同理，从经度上来看，上述两个群落参数从高原西部到东部，有微弱增加的趋势，但明显不显著或可以忽略（$R^2 < 0.02$）。同样，青藏高原地区物种丰富度和多样性随盐度增加呈现先减少后增加的趋势（图 3-23）。淡水湖和咸湖差异显著（$p < 0.05$），而咸湖和盐湖差别不大。

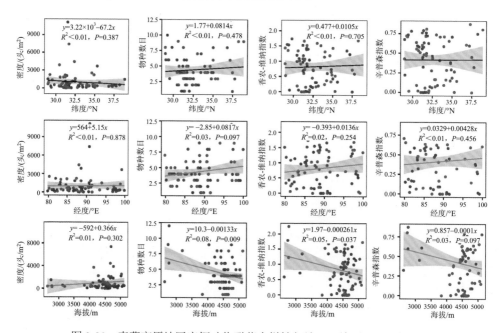

图 3-22　青藏高原地区底栖动物群落多样性与地理环境因子之间的关系

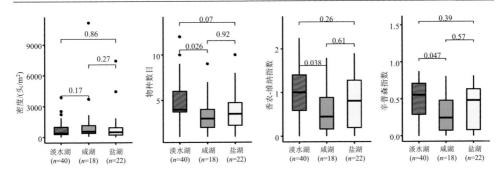

图 3-23　青藏高原地区不同类型湖泊物种多样性的比较

3.3.3　影响青藏高原地区湖泊底栖动物分布的主要因素

典范对应分析结果（图 3-24）表明，影响青藏高原湖泊底栖动物群落分布的关键环境因子为盐度，轴 1 和轴 2 的物种–环境累计解释变量分别为 20.1% 和 16.4%。

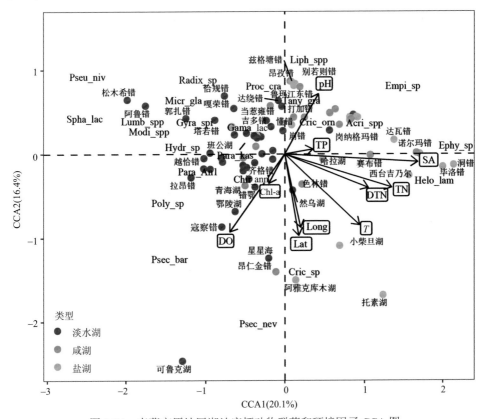

图 3-24　青藏高原地区湖泊底栖动物群落和环境因子 CCA 图

Chl-a 为叶绿素 a；DTN 为总溶解氮；DO 为溶解氧；Long 为经度；Lat 为纬度；pH 为酸碱度；T 为水温；TN 为总氮；TP 为总磷；SA 为盐度；底栖动物缩写代码见表 3-2

如图 3-24 所示 CCA 排序图第一轴与盐度、总氮和温度呈正相关关系，而与溶解氧和叶绿素a呈负相关关系，与第一轴最为相关的类群是 *H. lamicola*、*Ephydra* sp.、Empididae sp.，这些物种可以耐受一定的盐度，即可以在中高盐度湖泊中生活。绝大部分底栖生物分布在第一轴负轴方向，主要包括 *Sphaerium lacustre*、Lumbricidae spp.和部分摇蚊，如 *Monodiamesa* spp.和 *Psectrocladius nevalis*，这些物种对盐度的耐受性较低，主要分布在溶解氧充足的水体中。第二轴主要与 pH 成正比，与 Chl-a 和经纬度成反比，对应一些喜好生活在高营养盐环境中且喜温的种类，如 *Psectrocladius nevalis*、*Cricotopus* sp.。样点-环境变量 CCA 排序图显示，高盐度湖泊主要分布在第一轴右侧。这些湖泊通常具有较高的盐度和较低的溶解氧，对应的湖泊底栖动物群落组成较为单一。整体上，青藏高原地区湖泊底栖动物群落的物种丰度、物种数目、香农-维纳指数随盐度的增加呈现衰减趋势（图 3-25）。

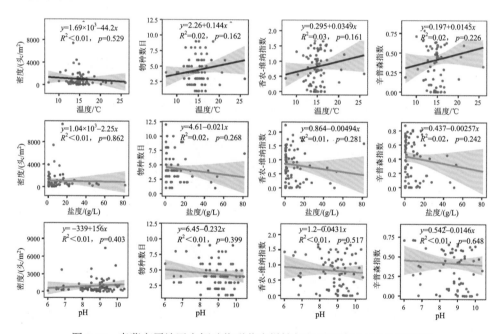

图 3-25　青藏高原地区底栖动物群落多样性与主要环境因子之间的关系

第 4 章　青藏高原湖泊沉积环境

4.1　沉积物化学组成特征

4.1.1　总有机碳含量

尽管湖泊仅占陆地表面积的 3%左右，但其内部物种丰富、初级生产力高，并且有流域陆生有机质的输入，导致其沉积物中封存着大量的有机质，是全球生态系统中重要的碳汇之一（Anderson et al., 2020; Cole et al., 2007）。湖泊沉积物中有机质主要来源于湖泊内生植物（浮游植物、挺水植物、沉水植物和各种藻类）及湖盆周围侵蚀带来的陆源有机质。虽然湖泊沉积物总有机碳（TOC）含量受到沉积过程中矿化分解及沉积后保存状况的影响，但 TOC 仍然是描述沉积物中有机质含量的最常用参数，常用来反映湖泊的营养水平和流域的植被覆盖状况，较好地保存了湖泊和流域周围生态系统环境和气候的信息（Smol et al., 2001）。一般情况下，湖泊沉积物 TOC 高值代表暖湿环境，低值指示相对冷干的气候环境（An et al., 2012）。也有研究认为，当降水量较少，湖泊处于低水位时，水生植物较为发育，从而积累了大量有机质；而在高水位时期，水生植物生长较差，反而不利于有机质沉积储存（Smol et al., 2001; Zhang et al., 2015）。此外，随着人类社会的发展，人类活动如农业用肥、工业和生活废水污染等也成为湖泊沉积有机质及湖泊营养水平发生变化的重要原因（Dong et al., 2012; Lin et al., 2021; Meng et al., 2023）。因此，不同环境下流域和湖泊生物量或生产力变化的限制因子存在差异，对湖泊沉积物 TOC 含量变化的认识还需要对有机质来源和降解过程进行深入的分析。

1. 总有机碳测定方法

称取 0.5 g 左右冷冻干燥的沉积物样品，加入约 5%的稀盐酸，多次搅拌振荡直至没有气泡冒出，静置 24 h 以完全除去样品中可能存在的碳酸盐；然后用蒸馏水多次清洗，离心至样品接近中性后，在 40℃烘箱中烘干。将剩余样品称重后，研磨至 100 目以下，称取适量处理后的样品置于小锡杯，用于 TOC 和总氮（TN）含量的分析。测量仪器为 EA3000 型元素分析仪。C/N 值为摩尔比值。

2. 青藏高原湖泊表层沉积物 TOC 和 C/N 值分布特征

青藏高原各采样点湖泊表层沉积物中 TOC 含量差别较大，介于 0.5%～7.3%，其平均值为 2.0%。其中，TOC 含量最高的是可可西里湖，最低的是太阳湖。整体上，TOC 含量小于 1%的湖泊个数为 10 个，占调查湖泊总数的 20.4%；TOC 含量在 1%～2%的湖泊个数为 21 个，占调查湖泊总数的 42.9%；TOC 含量在 2%～3%的湖泊个数为 8 个，占调查湖泊总数的 16.3%；TOC 含量在 3%～4%的湖泊个数为 8 个，占调查湖泊总数的 16.3%；TOC 含量在 4%以上的湖泊个数为 2 个，占调查湖泊总数的 4.1%。

　　青藏高原湖泊表层沉积物的 TN 含量为 0.1%～0.8%，平均为 0.3%。线性回归分析（图 4-1）表明，TN 含量与 TOC 含量显著相关（r= 0.90，p< 0.001），并且截距为 0.04，表明无机氮对青藏高原湖泊表层沉积物 TN 的贡献可以忽略不计。青藏高原各采样点湖泊表层沉积物中 C/N 值为 7.3～14.0，其平均值为 10.3。其中 C/N 值最高的是吉多错，最低的是乃日平错。研究表明，C/N 值是指示有机质来源的有效指标之一，湖泊藻类由于含有丰富的蛋白质，其 C/N 值一般在 4～10，陆生维管束植物和挺水植物富含纤维素和木质素，其 C/N 值一般不低于 20，而漂浮和沉水等大型水生植物，介于水生藻类和陆生植物之间。因此，在沉积物中，C/N 值为 4～10 时，可以认为有机质主要源于水生藻类，C/N 值大于 20 时，可以认为陆源有机质碎屑是主要来源，而 C/N 值为 10～20 时，既可能是大型水生植物来源，也可能是多种有机质的混合来源（Meyers and Lallier-vergés, 1999; Müller and Mathesius, 1999）。虽然有一些研究认为有机质在搬运、沉积过程中发生了明显的降解，但是青藏高原湖泊表层沉积物 TOC 含量与 C/N 值之间并无较好的相关性，表明早期成岩作用对 C/N 值的影响可以忽略不计。从分析结果看，青藏高原湖泊表层沉积物有机质可能主要源于内源的水生植物与浮游藻类，陆源有机质输入比率较低，这与青藏高原高寒环境下陆生植被覆盖度较低相一致。

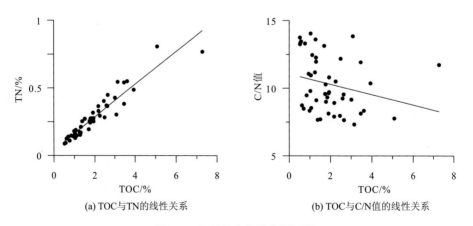

(a) TOC与TN的线性关系　　　　　　　　(b) TOC与C/N值的线性关系

图 4-1　沉积物有机质来源识别

4.1.2　常量和微量元素

湖泊沉积物的常量和微量元素主要由流域基岩风化作用的产物和湖泊水体中自生沉淀的物质组成，其化学成分与流域岩石类型、水文气候状况、湖水的理化特征联系紧密。在沉积条件相对稳定时，假定流域的地形条件和化学元素自身性质不变，则化学元素的淋溶、迁移、富集能够在一定程度上揭示湖泊流域气候环境的变化：①暖湿气候下，流域地表径流发育，地表侵蚀能力增强，大量富含 Al、Fe、Ti 等元素的外源碎屑被搬运沉积于湖底，湖泊也处于相对扩张期，湖水相对淡化，活动性强的元素在湖水中主要以游离态存在；②干旱气候下，流域地表径流减少，水流的物理搬运能力变弱，赋存于碎屑中的惰性元素难以被搬运入湖，另外一些如 Na 和 Ca 等性质较为活泼的元素却可以呈离子或胶体状态入湖，当蒸发作用相对强烈，湖泊呈萎缩态势时就会以自生沉淀或被吸附的方式在沉积物中富集。此外，湖泊沉积物中元素的相对含量、比值关系及分布特征也与矿物学特征、粒度组成及水动力条件密切相关。因此，开展沉积物元素组成及其分布特征的研究对于了解青藏高原湖泊的现代沉积过程和重建气候环境演变历史具有重要的意义。

1. 常量和微量元素的测定

首先，取 1～2 g 冷冻干燥的样品用玛瑙研钵研磨至 100 目以下，然后称取适量样品置于聚四氟乙烯消解罐中；先后加入 0.5 mL HCl、6.0 mL HNO_3 和 3.0 mL HF，在 Berghof MWS-3 型微波消解系统中反应 10～15 min，温度为 180℃；反应完待冷却后定量移入 50 mL 聚四氟乙烯烧杯中，加入 0.5 mL $HClO_4$，在 180～200℃环境中蒸干；再加入 2.5 mL 的 1 mol/L HNO_3、0.25 mL H_2O_2、5 mL 超纯水，加热溶解残渣，冷却后定容至 25 mL；溶液转移到聚乙烯瓶中，4℃环境中保存直至测量。分析仪器采用美国生产的 Leeman Labs Profile 型多通道电感耦合等离子体原子发射光谱仪（ICP-AES），测定了 Al、Ca、Fe、K、Mg 和 Na 等常量元素，以及 Ba、Mn、P、Sr、Ti、V 和 Zn 等微量元素的含量，每 10 个样品进行一次重复测量。标准参考物质采用美国 SPEX CertiPrep Custom Assurance Standard 混合标准溶液 NIST SRM 1646a，标样中各元素的测量误差不超过 5%。消解管、容量瓶等实验器具采用 15%稀硝酸溶液浸泡 24 h 以上，并采用超纯水反复清洗 3 次以上。实验试剂采用优级纯，全程使用超纯水（18.2 MΩ·cm）进行清洗和定容等。

2. 青藏高原湖泊表层沉积物常量元素分布特征

Ca 与 Al 是青藏高原表层沉积物含量最高的两种常量元素。Ca 与 Al 含量变化范围分别为 5.9～224.3 g/kg 和 9.8～108.8 g/kg，且总体呈显著的负相关关系

（图 4-2）。Ca 主要存在于方解石、文石等碳酸盐矿物及斜长石等硅酸盐矿物中，而 Al 主要来自长石、云母、黏土矿物等硅酸盐矿物中。Ca 与 Al 含量呈显著负相关，反映了湖泊沉积环境中自生碳酸盐矿物对硅酸盐矿物的稀释作用。Fe、K 和 Al 含量呈现显著的正相关关系（$R^2 > 0.80$，$p < 0.001$），表明富含 K 的钾长石、白云母和富含 Fe 的铁镁硅酸盐矿物在迁移转化过程中并未发生明显分离，且湖泊水-土界面氧化还原环境变化对 Fe 的迁移影响较小。Ti 是化学性质不活泼、抗性很强的元素。虽然 Ti 与 Al、K 和 Fe 均显现出较好的正相关关系，但是 Ti 与 Fe 的相关性最好，其相关系数（R^2）达到了 0.91。这主要是由于 Ti 经常呈类质同象替换出现在含 Fe 矿物中。

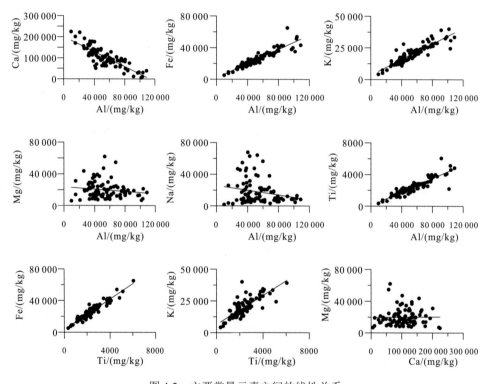

图 4-2　主要常量元素之间的线性关系

　　Mg 和 Na 分布复杂，与其他元素均无显著的相关性，并表现出在盐湖中富集的特点。例如，表层沉积物 Mg 含量最高的是班戈错，其为一个位于藏北羌塘高原南部的内陆盐湖。班戈错具有高海拔、寒冷干旱的气候特征，因湖泊沉积物中分布着大量的水菱镁矿而备受关注。虽然水菱镁矿晶体化学式还存在争议[主要有 $3MgCO_3 \cdot Mg(OH)_2 \cdot 3H_2O$ 和 $Mg_5(CO_3)_4(OH)_2 \cdot 4H_2O$ 两种不同的形式]，但是部分学者从矿物的物质组成和地质特征出发，认为水菱镁矿是高 Mg/Ca 值、偏碱性咸水环境中自然沉积的产物。例如，一些研究（Alderman, 1965）认为初期湖水 Mg/Ca 值和 pH 较低时，将会析出沉淀文石矿物，随着 $CaCO_3$ 的不断沉淀，湖水 Mg/Ca 值将会逐渐上升，并且由此伴随湖水 pH 的不断升高，当 Mg/Ca 值达到 20～30、pH 达到 9.1 时，水菱镁矿矿物就会在湖盆中沉淀析出；即使在没有富镁基岩作为物源的情况下，水体在足够高的 Mg/Ca 值情况下也能直接沉淀形成水菱镁矿矿物（Coshell et al., 1998）；部分研究（Goto et al., 2003）也认为水菱镁矿仅在 Mg/Ca 值超过 500 和 Mg^{2+} 浓度超过 34 g/L 的湖水中直接结晶形成；水菱镁矿可能与 Mg/Ca 值大于 39 的水体（Chagas et al., 2016）或富 Mg^{2+} 热液流体与地表水体（组分与湖水相似）相混合的氧化环境（Lin et al., 2017）有关，由于地表水体蒸发浓缩导致的碳酸盐矿物自发结晶是水菱镁矿的主要沉积过程，地下水与附近超镁铁质岩相互反应提供了沉积所需要的 Mg^{2+}，大气 CO_2 提供了沉淀所需要的碳源；前人研究（郑绵平, 1989）认为青藏高原班戈错和色林错沉积的水菱镁矿主要为在蒸发作用影响下的湖相化学沉积，在封闭半封闭的沙堤浅水洼地内，古湖水中大量碳酸钙的沉淀能够提高湖水的 Mg/Ca 值，再加上洼地内不断或周期性得到镁质碱水的补给，为在持续蒸发环境下沉积形成大量水菱镁矿创造了有利条件。然而，目前班戈错湖水矿化度为 69.1 g/L，Mg^{2+} 浓度为 100.5 mg/L，Ca^{2+} 浓度为 36.0 mg/L，Mg^{2+}/Ca^{2+} 摩尔比值为 8，气候和水化学条件又明显低于水菱镁矿在实验室环境下的最低结晶条件，表明青藏高原班戈错水菱镁矿的结晶过程可能还受到微藻生物成矿作用等其他因素影响，相关形成条件还有待进一步研究。

3. 重金属元素分布特征及生态风险评估

重金属元素具有潜在的生物毒性和环境持久性，不仅能影响动植物的生长和繁殖，对生态环境也会造成威胁，还能够通过食物链进入人体，直接危害人体健康。近年来，城市化和工业化的发展伴随着大量重金属元素进入地表水体，导致水体重金属污染事件频发，沉积物重金属污染问题也逐渐受到社会、科学界的重视。湖泊作为陆地水生环境的重要汇集区，其沉积物重金属含量、生态风险更是备受关注。一方面，湖泊沉积物中各种各样的无机、有机及无机-有机胶体，如天然有机质、微生物、铁锰氧化物及矿物质等，可通过吸附、络合、沉淀等作用结合重金属，使水体中的重金属富集于沉积物；另一方面，随着环境条件（水体 pH、有机质含量、水体扰动等）的改变，重金属元素极易释放、扩散进入湖泊水体中，引起"二次污染"。因此，沉积物中重金属元素的含量常被作为确定湖泊环境质量的重要指标。

4. 重金属元素的测定与评价方法

沉积物重金属元素含量分析前处理与常量元素相同，采用电感耦合等离子体质谱仪（ICP-MS，Agilent 7700x 型）检测了生物毒性显著的 As、Cd、Cr、Cu、Ni 和 Pb 这 6 种元素。其中，类金属 As 因其在土壤中的迁移转化规律和毒性作用过程与重金属类似而同重金属一起被研究。另外，重金属 Zn 含量采用电感耦合等离子体原子发射光谱仪测定。

由于我国对水体沉积物生态风险评价的理论和技术研究相对比较薄弱，针对水体沉积物的环境标准还未形成，目前常用的重金属生态风险评价方法主要集中在地累积指数法、沉积物富集系数法、潜在生态风险指数法和沉积物质量基准法。由于背景值的选取会直接影响地累积指数法、沉积物富集系数法和潜在生态风险指数法等结果的准确性，基于 MacDonald 等（2000）建立的沉积物质量基准法对青藏高原湖泊表层沉积物的生态风险开展了评估。其中，As、Cd、Cr、Cu、Ni、Pb 和 Zn 的阈值效应含量分别为 9.8 mg/kg、1.0 mg/kg、43.4 mg/kg、31.6 mg/kg、22.7 mg/kg、35.8 mg/kg 和 121 mg/kg；可能效应含量分别为 33 mg/kg、5.0 mg/kg、111 mg/kg、149 mg/kg、48.6 mg/kg、128 mg/kg 和 459 mg/kg。

5. 青藏高原湖泊表层沉积物重金属元素分布特征

在调查的 91 个湖泊中，As、Cd、Cr、Cu、Ni、Pb 和 Zn 的含量分别为 7.7～1089.1 mg/kg、0.04～0.75 mg/kg、9.0～163.8 mg/kg、3.7～69.5 mg/kg、6.7～133.3 mg/kg、5.9～139.6 mg/kg 和 9.3～232.5 mg/kg，其平均值分别为 65.3 mg/kg、0.2 mg/kg、61.6 mg/kg、21.2 mg/kg、37.2 mg/kg、25.7 mg/kg 和 75.1 mg/kg。不同元素含量的最高值出现在不同的湖泊中。As 含量最高值出现在当穹错；Cd 和 Zn 含量最高值出现在巴松错；Cr 和 Cu 含量最高值出现在昂仁金错；Ni 含量最高值出现在玛旁雍错；Pb 含量最高值出现在越恰错；Zn 含量最高值出现在巴松错。

6. 青藏高原湖泊表层沉积物重金属元素的生态风险与来源

依据沉积物质量标准，青藏高原所有调查湖泊中仅有 3 个湖泊的表层沉积物 As 含量低于阈值效应，分别是木地达拉玉错、嘎荣错和泉水湖，占比 3.3%；43 个湖泊介于阈值效应和可能效应之间，占比 47.3%；高于可能效应的湖泊有 45 个，占比 49.5%。对于 Cr，28 个湖泊含量低于阈值效应，占比 30.8%；55 个湖泊含量介于阈值效应和可能效应之间，占比 60.4%；8 个湖泊含量高于可能效应，占比 8.8%。对于 Ni，27 个湖泊含量低于阈值效应，占比 29.7%；46 个湖泊含量介于阈值效应和可能效应之间，占比 50.5%；18 个湖泊含量高于可能效应，占比 19.8%。对于 Pb，仅有越恰错高于可能效应，另外还有格仁错、仁青休布错、嘎仁错、打加错、然乌湖、松木希错、佩枯错、巴松错和令戈错 9 个湖泊介于阈值效应和可能效应之间，占比 9.9%。Cu 和 Zn 含量均低于可能效应，但分别有 14 个和 7 个湖泊含量介于阈值效应和可能效应之间，占比为 15.4%和 7.7%。所有湖泊表层沉积物 Cd 含量均低于阈值效应。这表明青藏高原湖泊表层沉积物 As 普遍具有一定的生态风险，Cr 和 Ni 的生态风险比例也较高，而 Cd、Cu、Pb 和 Zn 的生态风险较低。

4.2　沉积物物理性质（粒度和矿物）组成特征

运用里特沃尔德（Rietveld）全谱拟合方法对青藏高原 69 个湖泊的底泥矿物组成进行了定量分析。底泥中常见的矿物包括长石、石英、黏土矿物（云母族、高岭石族、绿泥石族等）、碳酸盐矿物（方解石、文石、白云石等）和蒸发盐类矿物（石膏、芒硝、石盐等）。石英、长石和黏土矿物是最普遍存在的矿物，石英和长石的平均含量分别为 12.7%（$n=69$）和 7.3%（$n=59$），总体上呈现南部湖泊中含量更高、北部湖泊中含量较少的分布特点。黏土矿物中，云母族矿物和高岭石族矿物分布更为普遍，平均含量分别为 27.9%（$n=69$）和 8.6%（$n=60$），没有明显的地带性；绿泥石族矿物的平均含量为 6.3%（$n=59$），在 10 个湖泊中低于检测限，如纳木错、色林错、别若则错等，这些湖泊大多位于青藏高原中部。碳酸盐矿物中，方解石的含量呈现明显的偏态分布，中位数为 13.9%，平均值为 18.5%（$n=68$），能检测到的最低含量出现在班戈错，为 0.4%，最高含量出现在木地达拉玉错，为 81.7%。文石含量的中位数为 16.9%，平均含量为 19.9%（$n=56$）；最高含量为 64.5%，出现在达绕错；最低含量为 1.9%，出现在吴如错。白云石的含量呈现普遍存在（$n=54$）、零星高含量的特征，如可可西里地区的盐湖中含量高达 24.1%，班戈错中含量高达 22.6%，当穿错中含量为 16.6%。尽管数据点较少，但各种蒸发盐类矿物的含量与湖水的盐度存在一定程度的线性相关关系，即湖水盐度越高，蒸发盐类矿物含量越高。共在 15 个湖泊的底泥中发现石盐，平均含量为 4.9%（$n=15$），结则茶卡和邦达错具有最高的石盐含量，均为 11.8%；共在 3 个湖泊的底泥中发现芒硝，班戈错具有最高的芒硝含量，为 9.6%；共在 10 个湖泊的底泥中发现石膏，平均含量为 2.9%（$n=10$），鄂雅错琼具有最高的石膏含量，为 6.1%。另外，有部分湖泊底泥中的变质矿物含量高于检测限，如吉多错中含有 1.3%的堇青石。

第二篇 青藏高原湖泊分论

第5章 青藏高原湖泊分论

5.1 蓬 错

蓬错经纬度位置为91.96°E、31.49°N（图5-1），位于中国西藏自治区那曲市境内，地跨班戈县和色尼区，念青唐古拉山北麓，湖面海拔为4664 m，面积为141.3 km²。湖水主要靠冰雪融水径流补给。

图5-1 蓬错影像

蓬错三个调查点水深为5.5～21.3 m[均值为（12.8±8.0）m]，透明度为（3.90±0.29）m；pH的变化范围是10.68～10.70，平均值为10.69，说明该湖泊属碱性水体；盐度最大值为9.24‰，最小值为8.87‰，平均值为9.03‰，为微咸水湖。湖泊总氮浓度为（1.0±0.1）mg/L，总磷浓度为（0.15±0.01）mg/L，对应叶绿素a浓度为（0.9±0.5）μg/L，整体营养水平偏低，属寡营养水平，但湖泊溶解性有机碳浓度较高，均值可达（16.9±1.6）mg/L。电导率平均值为（12 338.03±258.64）μS/cm；氧化还原电位为（113.07±12.56）mV。总悬浮颗粒物浓度为

（18.36±8.76）mg/L；无机悬浮颗粒物浓度为（14.43±7.52）mg/L；有机悬浮颗粒物浓度为（3.93±1.27）mg/L；无机悬浮颗粒物占总悬浮颗粒物的 79%，说明无机悬浮颗粒物是蓬错总悬浮物的主要成分。

从不同点位深度剖面调查结果来看，夏季蓬错表层水温接近 15℃，对应溶解氧浓度约 5.6 mg/L。对于 21 m 水深的湖心点而言，温跃层出现深度约为 10 m，与氧跃层出现深度一致，由温跃层往下至湖底，水温骤降至 7℃，对应溶解氧浓度降至 4.8 mg/L。与之对应的电导率亦在 10 m 深度附近向下骤降。相较而言，湖心点浊度则出现先降后升的变化规律，表层由于地表径流、气溶胶干沉降等因素影响，浊度较高，自水深 15 m 往下受风浪引起的湖泊底泥再悬浮等因素影响，浊度陡然上升。

湖水中主要离子组成：Na^+ 浓度为 4730.0 mg/L，K^+ 浓度为 573.0 mg/L，Mg^{2+} 浓度为 101.0 mg/L，Ca^{2+} 浓度为 6.0 mg/L，SO_4^{2-} 浓度为 5815.1 mg/L，HCO_3^- 浓度为 2555.9 mg/L，CO_3^{2-} 浓度为 2028.0 mg/L，Cl^- 浓度为 935.6 mg/L。

显微镜鉴定结果发现，蓬错共鉴定出浮游植物 4 门 14 属，分别为：硅藻门，短缝藻、卵形藻、桥弯藻、双菱藻、异极藻、羽纹藻、针杆藻；甲藻门，角甲藻；蓝藻门，假鱼腥藻、微囊藻；绿藻门，卵囊藻、四胞藻、纤维藻、衣藻。浮游植物细胞密度为 $8.04×10^4$ ind./L，平均生物量为 21.84 μg/L。优势种为卵囊藻。香农-维纳多样性指数为 1.41，辛普森指数为 0.68，均匀度指数为 0.64。

2019 年 8 月调查的分子测序结果发现，蓬错浮游植物共 8 门 104 种，其中最多的是绿藻门，有 28 种，占比为 26.92%；其次为定鞭藻门，有 15 种，占比为 14.42%；硅藻门 14 种，占比为 13.46%；甲藻门 12 种，占比为 11.54%；金藻门 12 种，占比为 11.54%；轮藻门 12 种，占比为 11.54%；蓝藻门 9 种，占比为 8.65%；隐藻门 2 种，占比为 1.92%。

根据定量标本，蓬错水体中浮游动物共见到 3 个种类（未鉴定到种的桡足类幼体和无节幼体不计入），其中枝角类、桡足类和轮虫各 1 种，浮游动物物种单一。枝角类为西藏溞（*Daphnia tibetana*），西藏溞的密度变化范围为 72～216 ind./L，西藏溞的密度随着水深增加而降低，浅水区的密度最高，达到 216 ind./L，最深点的密度最低，为 72 ind./L。桡足类仅见到拉达克剑水蚤（*Cyclops ladakanus*），成体数量变化范围为 4～18 ind./L，与西藏溞相反，拉达克剑水蚤的密度随着水深增加而增加，浅水区密度最低，深水区密度最高，其中雌性成体的密度变化范围为 0～7 ind./L，雄性成体的密度变化范围为 4～11 ind./L。剑水蚤幼体和桡足类无节幼体密度随水深的变化趋势与拉达克剑水蚤一致，均表现为随着水深增加而增加。轮虫仅见到奇异六腕轮虫（*Hexarthra mira*），只出现在水深 5.5 m 和 11.7 m 的点位，密度分别为 5 ind./L 和 58 ind./L。西藏溞的生物量变化范围为 0.74～2.22 mg/L。拉达克剑水蚤的生物量在 3 个样本中的变化范围为 0.014～0.072 mg/L，拉达克剑水蚤的生物量随着水深增加而增加，其中雌性成体的生物量变化范围为 0~0.034 mg/L，雄性成体的生物量变化范围为 0.014~0.038 mg/L。剑水蚤幼体和桡足类无节幼体生物量随水深的变化趋势与拉达克剑水蚤一致。与甲壳类浮游动物相比，蓬错的轮虫生物量很低，其中奇异六腕轮虫仅出现在水深较浅的两个点位，其生物量变化范围为 0.0002~0.0022 mg/L。蓬错的浮游动物种类分布与采样点的水深有很大的关系。

在蓬错底栖动物前期调查中，发现摇蚊是其优势种，包括环足摇蚊（*Cricotopus* sp.）、拟脉摇蚊（*Paracladius* sp.）、巴比刀摇蚊（*Psectrocladius barbimanus*）和短粗前脉摇蚊（*Procladius crassinervis*）4 种，另外牙甲某种（*Hydroporus* sp.）昆虫也有少量出现（崔永德等, 2021; 王宝强, 2019）。本次研究中利用抓斗、底拖网对蓬错的底栖动物的定量和定性研究发现共 4 种底栖动物，其中，湖沼钩虾（*Gammarus lacustris*）和短粗前脉摇蚊（*Procladius crassinervis*）占据绝对优势，相对丰度分别为 38.1%和 43.8%，沼梭甲（*Helophorus lamicola*）和水蝇（*Ephydra* sp.）均有出现，丰度分别为 17.1%和 0.7%。定量样品中，湖沼钩虾密度为 100 ind./m²，前脉摇蚊幼虫密度为 115 ind./m²，沼梭甲密度为 45 ind./m²。

在蓬错表层沉积物主要生源要素中，总有机碳含量为 24.6 g/kg，总氮含量为 4.0 g/kg，C/N 值为 7.1，表明湖泊沉积物有机质的主要来源为湖泊自生藻类等低等植物。总磷含量为 997.0 mg/kg。蓬错表层沉积物常量元素中，Ca 含量最高，达到 136.3 g/kg，其次分别为 Al（36.7 g/kg）、Mg（23.8 g/kg）、Na（20.8 g/kg）、Fe（19.6 g/kg）和 K（13.8 g/kg）。在主要潜在危害元素中，As、Cd、Cr、Cu、Ni、Pb 和 Zn 的含量分别为 56.0 mg/kg、0.13 mg/kg、71.1 mg/kg、13.9 mg/kg、84.1 mg/kg、18.5 mg/kg 和 44.7 mg/kg。蓬错表层沉积物中 Cd、Cu、Pb 和 Zn 的含量均低于沉积物质量基准的阈值效应含量，Cr 含量介于阈值效应含量和可能效应含量之间，而 As 和 Ni 含量已经超过可能效应含量。根据生态风险等级标准，Cd、Cu、Pb 和 Zn 不会对湖泊生物产生毒性效应，而 As、Cr 和 Ni 可能会对湖泊生物产生毒性效应。蓬错的矿物种类较为简单，主要以长石、石英、高岭石为主，碳酸盐矿物以文石为主，方解石次之，白云石含量最低。蓬错湖心表层沉积物呈显著的单峰分布特征，粉砂含量最高，相对含量达 77.40%，黏土和砂含量较少，占比分别为 13.13%和 9.47%，中值粒径为 12.1 μm。

5.2　色　林　错

色林错经纬度位置为 31.75°E、88.88°N（图 5-2），面积为 2391 km²，流域面积为 45 530 km²。色林错是西藏第一大湖泊及中国第二大咸水湖，是青藏高原形成过程中产生的一个构造湖，为大型深水湖。

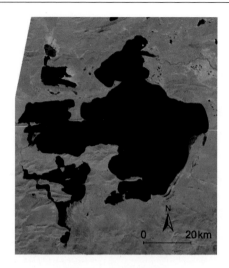

图 5-2 色林错影像

色林错的主要入湖河流为发源于唐古拉山的扎加藏布，下游无出湖河口，为典型内流湖，透明度为 8.50 m；盐度 7.84‰，为微咸水湖；pH 为 10.22，说明该湖泊属碱性水体；电导率的平均值为（10 846.77±30.59）μS/cm；氧化还原电位为（53.27±2.29）mV。湖泊总氮浓度为（0.73±0.03）mg/L，总磷浓度为 0.03 mg/L，叶绿素 a 浓度相对较低，平均值为（2.32±2.01）μg/L；整体营养水平偏低，属寡营养水平。总悬浮颗粒物浓度平均值为（15.05±1.33）mg/L；无机悬浮颗粒物浓度平均值为（11.03±1.29）mg/L；有机悬浮颗粒物浓度为（4.03±0.20）mg/L；无机悬浮颗粒物占总悬浮颗粒物的 73%，说明无机悬浮颗粒物是色林错总悬浮物的主要成分。

湖水中主要离子组成：Na^+ 浓度为 3300.0 mg/L，K^+ 浓度为 465.0 mg/L，Mg^{2+} 浓度为 197.0 mg/L，Ca^{2+} 浓度为 8.1 mg/L，SO_4^{2-} 离子浓度为 5182.7 mg/L，HCO_3^- 浓度为 933.3 mg/L，CO_3^{2-} 浓度为 420.0 mg/L，Cl^- 浓度为 2199.7 mg/L。

2019 年 8 月调查的显微镜鉴定结果发现，色林错共鉴定出浮游植物 2 门 7 属，分别为：硅藻门，卵形藻、内丝藻、小环藻、异极藻、针杆藻、舟形藻；绿藻门，卵囊藻。浮游植物细胞密度为 $1.16×10^5$ ind./L，平均生物量为 27.93 μg/L。优势种为小环藻、卵囊藻。香农-维纳多样性指数为 1.42，辛普森指数为 0.69，均匀度指数为 0.73。

分子测序结果发现，色林错浮游植物共 8 门 169 种，其中最多的是绿藻门，有 106 种，占比为 62.72%；其次是蓝藻门，17 种，占比为 10.06%；甲藻门 16 种，占比为 9.47%；轮藻门 12 种，占比为 7.1%；硅藻门 8 种，占比为 4.73%；金藻门 8 种，占比为 4.73%；黄藻门 1 种，占比为 0.59%；定鞭藻门 1 种，占比为

0.59%。通过与同期调查的青藏高原崩错、懂错、江错等几个湖泊对比，可以发现色林错的浮游植物种类数明显少于上述三湖，其中崩错 616 种、懂错 354 种、江错 397 种，表明色林错调查样品中的浮游植物种类组成相对单一。

2018 年 8 月对色林错南部进行了浮游动物的调查，共鉴定出浮游甲壳动物 1 科 1 属 1 种，轮虫 7 科 9 属 9 种。其中，浮游甲壳动物为桡足纲哲水蚤目镖水蚤科北镖水蚤属咸水北镖水蚤（*Arctodiaptomus salinus*），轮虫为臂尾轮科叶轮属鳞状叶轮虫[*Notholca squamula*（O.F.M.,1786）]、臂尾轮科臂尾轮属壶状臂尾轮虫[*Brachionus urceolaris*（O.F.M.,1773）]、臂尾轮科龟甲轮属矩形龟甲轮虫[*Keratella quadrata*（O.F.M.,1786）]、镜轮科镜轮属盘镜轮虫[*Testudinella patina*（Hermann, 1783）]、疣毛轮科多肢轮属针簇多肢轮虫[*Polyarthra trigla*（Ehrenberg, 1834）]、六腕轮科六腕轮属奇异六腕轮虫[*Hexarthra mira*（Hudson, 1871）]、旋轮科轮虫属橘色轮虫[*Rotaria citrina*（Ehrenberg, 1838）]、腔轮科腔轮属尖爪腔轮虫[*Lecane cornuta*（O.F.M.,1786）]、狭甲轮科鞍甲轮属卵形鞍甲轮虫[*Lepadella ovalis*（O.F.M.,1786）]。咸水北镖水蚤（*Arctodiaptomus salinus*）为色林错的绝对优势种。此外，轮虫的优势种为鳞状叶轮虫和盘镜轮虫。2019 年 8 月采集了环境 DNA 样品进行高通量测序，通过环境 DNA 测序鉴定的物种数远少于 2018 年显微镜镜检的物种数，但是测序检测到另外两种浮游动物——中型六腕轮虫（*Hexarthra intermedia*）和团状聚花轮虫（*Conochilus hippocrepis*）。色林错浮游动物密度为 16.2 ind./L，其中浮游甲壳动物密度为 13 ind./L，轮虫密度为 3.1 ind./L。北镖水蚤在西藏的许多湖泊占据优势，色林错的优势种咸水北镖水蚤密度达到 7.9 ind./L。值得注意的是，夏季调查时在色林错中通常仅能发现北镖水蚤，均未发现其他浮游甲壳动物种类。西藏的大湖一般以浮游甲壳动物占优势，轮虫所占的比重很小。色林错轮虫的优势种为鳞状叶轮虫和盘镜轮虫，密度分别为 0.7 ind./L 和 0.9 ind./L。

前期报道均提及色林错底栖动物仅有摇蚊类群（崔永德等，2021；王宝强，2019；王苏民和窦鸿身，1998）。2019 年 8 月 31 日经过定量和定性采样，在色林错中共发现 10 种底栖动物，以摇蚊幼虫、水生甲虫、舞虻、水蝇为主要类群，其中摇蚊由 5 种不同的种类组成。各个物种的相对丰度为湖沼钩虾（*Gammarus lacustris*）1.4%、沼梭甲（*Helophorus lamicola*）0.1%、牙甲（*Hydroporus* sp.）0.3%、舞虻（Empididae sp.）1%、水蝇（*Ephydra* sp.）0.1%、异环摇蚊（*Acricotopus* spp.）28.5%、环足摇蚊（*Cricotopus* sp.）39.2%、巴比刀摇蚊（*Psectrocladius barbimanus*）7.9%、纤长跗摇蚊（*Tanytarsus gracilentus*）7.2%、拟脉摇蚊（*Paracladius* sp.）14.3%。定量样品显示，湖沼钩虾密度是 20 ind./m^2、摇蚊密度是 1360 ind./m^2、舞虻幼虫密度是 10 ind./m^2，其他类群忽略不计。生物量主要贡献者是摇蚊幼虫。

5.3　崩　　错

崩错经纬度位置为 91.14°E、31.25°N（图 5-3），位于中国西藏自治区那曲市境内，地跨班戈县和色尼区，念青唐古拉山北麓，湖面海拔为 4664 m，面积为 141.3 km²。湖水主要靠冰雪融水径流补给。

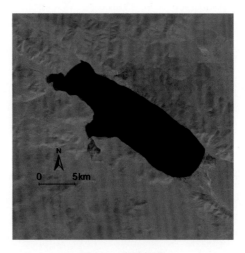

图 5-3　崩错影像

崩错下游无出湖河口，为典型内流湖，盐度为 0.15‰，为微咸水湖；pH 的变化范围是 9.31～9.48，平均值为 9.39，说明该湖泊属碱性水体；湖泊总氮浓度为（0.39±0.14）mg/L，总磷浓度为（0.04±0.01）mg/L，叶绿素 a 浓度相对较低，变化范围为 1.45～1.95 μg/L，平均值为（1.76±0.22）μg/L，整体营养水平偏低，属寡营养水平。透明度的变化范围是 4.50～5.00 m，平均值为（4.70±0.22）m；电导率的变化范围是 237.50～242.70 μS/cm，平均值为（240.10±2.60）μS/cm；氧化还原电位的变化范围是 53.30～116.20 mV，平均值为（84.75±31.45）mV。总悬浮颗粒物浓度的变化范围是 1.98～3.78 mg/L，平均值为（2.88±0.73）mg/L；无机悬浮颗粒物浓度的变化范围是 0.18～1.54 mg/L，平均值为（0.74±0.58）mg/L；有机悬浮颗粒物浓度的变化范围是 1.80～2.38 mg/L，平均值为（2.14±0.25）mg/L；有机悬浮颗粒物占总悬浮颗粒物的 74%，说明有机悬浮颗粒物是崩错总悬浮物的主要成分。

湖水中主要离子组成：Na^+ 浓度为 23.5 mg/L，K^+ 浓度为 3.9 mg/L，Mg^{2+} 浓度为 11.9 mg/L，Ca^{2+} 浓度为 31.7 mg/L，SO_4^{2-} 浓度为 25.9 mg/L，HCO_3^- 浓度为 152.5 mg/L，CO_3^{2-} 浓度为 18.0 mg/L，Cl^- 浓度为 5.8 mg/L，F^- 浓度为 0.7 mg/L。

2019 年 8 月调查的显微镜鉴定结果发现,崩错敞水区浮游植物种类数量较少,共鉴定出 3 门 9 属,分别为:硅藻门,菱形藻、小环藻;蓝藻门,假鱼腥藻、平裂藻、色球藻;绿藻门,卵囊藻、十字藻、纤维藻、栅藻。浮游植物细胞密度为 2.88×10^5 ind./L,平均生物量为 3.91 μg/L,优势种为卵囊藻、十字藻。香农-维纳多样性指数为 0.79,辛普森指数为 0.38,均匀度指数为 0.38。

分子测序结果发现,崩错浮游植物共 9 门 616 种,其中绿藻门最多,为 257 种,占比为 41.72%,其他分别为轮藻门 162 种,占比为 26.3%;金藻门 70 种,占比为 11.36%;甲藻门 43 种,占比为 6.98%;硅藻门 29 种,占比为 4.71%;蓝藻门 26 种,占比为 4.22%;定鞭藻门 18 种,占比为 2.92%;隐藻门 10 种,占比为 1.62%;黄藻门 1 种,占比为 0.16%。通过与同期其他湖泊对比,可以发现崩错的浮游植物种类数明显大于其他湖泊,表明崩错调查样品中的浮游植物种类组成相对丰富。

在崩错浮游动物定量标本中,共见到 9 个种类,其中枝角类 3 种、桡足类 2 种和轮虫 4 种。浮游甲壳动物优势种为梳刺北镖水蚤（*Arctodiaptomus altissimus pectinatus*）,轮虫优势种为卜氏晶囊轮虫（*Asplanchna brightwell*）和独角聚花轮虫（*Conochilus unicornis*）。浮游动物密度变化范围为 5.7～15.6 ind./L,水深最深处浮游动物密度较低,为 5.7 ind./L。枝角类、桡足类和轮虫的密度变化范围分别为 0.8～1.8 ind./L、3.2～11.5 ind./L 和 0.7～3.3 ind./L。浮游甲壳动物优势种梳刺北镖水蚤成体密度为 0.6～2.4 ind./L,轮虫优势种卜氏晶囊轮虫和独角聚花轮虫密度分别为 0.4～1.1 ind./L 和 0～1.5 ind./L。小型枝角类长额象鼻溞（*Bosmina longirostris*）在水深最深处丰度较高,其他枝角类和轮虫在较浅处丰度较高。独角聚花轮虫仅在水深较浅处出现。浮游动物生物量变化范围为 0.123～0.280 mg/L,水深最深处浮游动物生物量较低,为 0.123 mg/L。枝角类、桡足类和轮虫的生物量变化范围分别为 0.032～0.053 mg/L、3.2～11.5 mg/L 和 0.055～0.209 mg/L。浮游甲壳动物优势种梳刺北镖水蚤成体生物量为 0.028～0.120 mg/L,轮虫优势种卜氏晶囊轮虫和独角聚花轮虫生物量分别为 0.014～0.038 mg/L 和 0～0.0003 mg/L。小型枝角类长额象鼻溞在水深最深处生物量较高,其他枝角类和轮虫在较浅处生物量较高。

崩错底栖动物无相关文献报道。2019 年 8 月 21 日利用抓斗、底拖网对崩错的底栖动物进行了定量和定性采样,共获得 9 种底栖动物,湖沼钩虾（*Gammarus lacustris*）为优势种,相对丰度占总体的 82.6%,摇蚊幼虫也有出现,如异环摇蚊（*Acricotopus* spp.）、拟长跗摇蚊（*Paratanytarsus* sp.）和北结脉摇蚊（*Corynoneura arctica*）,其中异环摇蚊相对丰度为 9.9%,其他几种摇蚊幼虫丰度均不高。水体中还有少量沼梭甲和水蝇个体出现,水生甲虫和舞虻也有出现。定量样品中,主要密度贡献者为湖沼钩虾,达到 1000 ind./m^2。

5.4　懂　错

懂错经纬度位置为 91.17°E、31.68°N（图 5-4），面积为 123.5 km²，海拔 4544 m，入湖河流主要为南部的罗可曲。

图 5-4　懂错影像

懂错上游有来水，下游无出湖河口，为典型内流湖，调查水深为 4.2～17.9 m [均值为（9.9±7.0 m）]，pH 的变化范围是 10.54～11.39，平均值为 10.83，说明该湖泊属碱性水体；盐度最大值为 12.79‰，最小值为 12.73‰，平均值为 12.77‰，为微咸水湖。湖泊总氮浓度为（2.08±0.20）mg/L，总磷浓度为（0.21±0.08）mg/L，对应叶绿素 a 浓度为（0.80±0.81）µg/L，整体营养水平偏低，属寡营养水平，但湖泊溶解性有机碳浓度较高，均值可达（18.7±4.3）mg/L。透明度的变化范围是 3.00～5.50 m，平均值为（3.90±1.13）m；电导率的变化范围是 17 310.60～17 377.90 µS/cm，平均值为（17 335.33±30.23）µS/cm；氧化还原电位的变化范围是 −7.60～75.00 mV，平均值为（26.60±35.18）mV。总悬浮颗粒物浓度的变化范围是 12.96～31.68 mg/L，平均值为（22.85±7.68）mg/L；无机悬浮颗粒物浓度的变化范围是 9.80～25.72 mg/L，平均值为（18.39±6.56）mg/L；有机悬浮颗粒物浓度的变化范围是 3.16～5.96 mg/L，平均值为（4.47±1.15）mg/L；无机悬浮颗粒物占总悬浮颗粒物的 80%，说明无机悬浮颗粒物是懂错总悬浮物的主要成分。

湖水中主要离子组成：Na⁺浓度为 6660.0 mg/L，K⁺浓度为 874.0 mg/L，Mg²⁺

浓度为 88.6 mg/L，Ca^{2+} 浓度为 11.2 mg/L，SO_4^{2-} 浓度为 7079.9 mg/L，HCO_3^- 浓度为 4446.9 mg/L，CO_3^{2-} 浓度为 3462.0 mg/L，Cl^- 浓度为 1062.4 mg/L。

2019 年 8 月调查的显微镜鉴定结果发现，懂错共鉴定出浮游植物 4 门 9 属，分别为：硅藻门，布纹藻、菱形藻、小环藻、舟形藻；甲藻门，多甲藻、裸甲藻；蓝藻门，颤藻、假鱼腥藻；隐藻门，隐藻。浮游植物细胞密度为 $1.67×10^4$ ind./L，平均生物量为 8.75 μg/L。优势种为多甲藻、舟形藻。香农–维纳多样性指数为 1.4，辛普森指数为 0.68，均匀度指数为 0.64。

分子测序结果发现，懂错浮游植物共 8 门 354 种，其中轮藻门最多，有 148 种，占比为 41.81%；其次为绿藻门，有 121 种，占比为 34.18%；蓝藻门 23 种，占比为 6.5%；硅藻门 19 种，占比为 5.37%；金藻门 19 种，占比为 5.37%；甲藻门 10 种，占比为 2.82%；定鞭藻门 9 种，占比为 2.54%；隐藻门 5 种，占比为 1.41%。通过与同期调查的青藏高原崩错、江错等几个湖泊对比，可以发现懂错的浮游植物种类数明显少于崩错的 616 种，也略低于江错的 397 种，但 354 种仍处于较为丰富的浮游植物种类组成水平。

根据懂错的浮游动物定量标本，共见到 5 个种类，其中枝角类 2 种、桡足类 2 种和轮虫 1 种。浮游甲壳动物优势种为西藏溞（Daphnia tibetana）和亚洲后镖水蚤（Metadiaptomus asiaticus），轮虫优势种为环顶六腕轮虫（Hexarthra fennica）。浮游动物密度变化范围为 16.4～46.3 ind./L，中间水深处浮游动物密度最高。枝角类、桡足类和轮虫的密度变化范围分别为 6.8～21.5 ind./L、9.0～24.7 ind./L 和 0～0.6 ind./L。浮游甲壳动物优势种西藏溞和亚洲后镖水蚤密度分别为 6.7～21.5 ind./L 和 0.2～0.9 ind./L，轮虫优势种环顶六腕轮虫密度为 0～0.6 ind./L。枝角类和桡足类在中间水深处丰度最高，轮虫在较浅处丰度较高。环顶六腕轮虫在水深最浅处最丰富。浮游动物生物量变化范围为 2.103～6.927 mg/L，中间水深处浮游动物生物量最高。枝角类、桡足类和轮虫的生物量变化范围分别为 1.927～6.157 mg/L、0.175～0.770 mg/L 和 0～0.0007 mg/L。浮游甲壳动物优势种西藏溞和亚洲后镖水蚤生物量分别为 1.925～6.157 mg/L 和 0.083～0.351 mg/L，轮虫优势种环顶六腕轮虫生物量为 0～0.0007 mg/L。

崔永德等（2021）和王宝强（2019）的文献中记载，懂错底栖动物与前文中的蓬错底栖动物组成相似，均为 4 种摇蚊和 1 种牙甲。本研究利用抓斗、底拖网对懂错的底栖动物进行了定量和定性采样，共获得 5 种底栖动物，短粗前脉摇蚊相对丰度为 41.3%，湖沼钩虾为 22.9%，玄黑摇蚊（Chironomus annularius）为 22.9%，还有少量沼梭甲（9.1%）和水蝇（3.6%）在水体中出现。定量样品中，湖沼钩虾密度为 50 ind./m^2，短粗前脉摇蚊幼虫密度为 90 ind./m^2。

在懂错表层沉积物主要生源要素中，总有机碳含量为 36.1 g/kg，总氮含量为 5.5 g/kg，C/N 值为 7.7，表明湖泊沉积物有机质的主要来源为湖泊自生藻类等低等植物。总磷含量为 932.8 mg/kg。懂错表层沉积物常量元素中，Al 含量最高，达到 68.3 g/kg，其次分别为 Ca（57.9 g/kg）、Na（38.1 g/kg）、Fe（30.4 g/kg）、K（25.8 g/kg）和 Mg（24.8 g/kg）。在主要潜在危害元素中，As、Cd、Cr、Cu、Ni、Pb 和 Zn 的含量分别为 41.5 mg/kg、0.17 mg/kg、129.8 mg/kg、32.6 mg/kg、98.7 mg/kg、22.4 mg/kg 和 74.8 mg/kg。懂错表层沉积物中 Cd、Pb 和 Zn 的含量均低于沉积物质量基准的阈值效应含量，Cu 含量介于阈值效应含量和可能效应含量之间，而 As、Cr 和 Ni 含量已经超过可能效应含量。根据生态风险等级标准，Cd、Pb 和 Zn 不会对湖泊生物产生毒性效应，而 Cu、As、Cr 和 Ni 可能会对湖泊生物产生毒性效应。懂错表层沉积物的主要矿物组成：石英含量为 10.7%，长石含量为 2.9%，文石含量为 14.3%，方解石含量为 6.9%，白云石含量为 3.5%，云母族矿物含量为 43.1%，高岭石族矿物含量为 14.3%，绿泥石族矿物含量为 4.3%。懂错粒度呈单峰分布特征，中值粒径为 13.7 μm，粉砂含量极高，占沉积物全部粒度组成的 85%，黏土含量和砂质组分含量分别为 12.19% 和 2.81%。

5.5　达　如　错

达如错经纬度位置为 90.76°E，31.72°N（图 5-5），面积为 244.7 km², 海拔为 4459 m，主要依靠北部的坡尔尺阿曲补给。

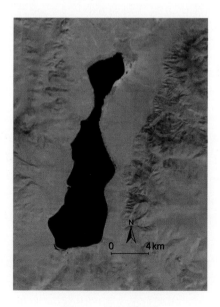

图 5-5　达如错影像

达如错为典型的内流湖，对采集的 1 个表层水样进行调查，结果发现 pH 为 9.99，说明该湖泊属碱性水体；盐度为 5.35‰，为微咸水湖。湖泊总氮浓度为 1.47 mg/L，总磷浓度为 0.05 mg/L，对应叶绿素 a 浓度为 1.01 μg/L，整体营养水平偏低，属寡营养水平，湖泊溶解性有机碳浓度较低，为 9.6 mg/L。电导率可达 7377.5 μS/cm，氧化还原电位为 44.40 mV。湖泊总悬浮颗粒物浓度为 19.14 mg/L；无机悬浮颗粒物浓度为 13.44 mg/L；有机悬浮颗粒物浓度为 5.70 mg/L；无机悬浮颗粒物占总悬浮颗粒物的 70%，说明无机悬浮颗粒物是达如错总悬浮物的主要成分。

湖水中主要离子组成：Na^+ 浓度为 1565.0 mg/L，K^+ 浓度为 226.5 mg/L，Mg^{2+} 浓度为 530.0 mg/L，Ca^{2+} 浓度为 8.5 mg/L，SO_4^{2-} 浓度为 4644.0 mg/L，HCO_3^- 浓度为 884.5 mg/L，CO_3^{2-} 浓度为 234.0 mg/L，Cl^- 浓度为 816.7 mg/L。

2019 年 8 月调查的显微镜鉴定结果发现，敞水区浮游植物种类数量较少，共鉴定出浮游植物 2 门 4 属，分别为：硅藻门，窗纹藻、卵形藻、针杆藻；绿藻门，卵囊藻。浮游植物细胞密度为 $1.34×10^5$ ind./L，平均生物量为 403.85 μg/L。优势种为卵形藻。香农-维纳多样性指数为 0.25，辛普森指数为 0.10，均匀度指数为 0.18。

分子测序结果发现，达如错浮游植物共 8 门 114 种，其中最多的为绿藻门，有 76 种，占比为 66.67%；其次为轮藻门，有 14 种，占比为 12.28%；甲藻门 10 种，占比为 8.77%；蓝藻门 4 种，占比为 3.51%；金藻门 4 种，占比为 3.51%；硅藻门 3 种，占比为 2.63%；定鞭藻门 2 种，占比为 1.75%；隐藻门 1 种，占比为 0.88%。通过与同期调查的青藏高原崩错、懂错、江错等几个湖泊对比，可以发现达如错的浮游植物种类数明显少于上述三湖，表明达如错调查样品中的浮游植物种类组成相对单一。

根据达如错浮游动物定量标本，共见到 6 个种类，其中枝角类 1 种、桡足类 2 种和轮虫 3 种。浮游甲壳动物优势种为咸水北镖水蚤（*Arctodiaptomus salinus*）和英勇剑水蚤（*Cyclops strenuus*），轮虫优势种为褶皱臂尾轮虫（*Brachionus plicatilis*）和环顶六腕轮虫（*Hexarthra fennica*），枝角类发现大型溞（*Daphnia magna*）。浮游动物密度变化范围为 7.6～13.5 ind./L，中间水深处浮游动物密度最高。枝角类、桡足类和轮虫的密度变化范围分别为 0.07～0.47 ind./L、6.6～12.0 ind./L 和 0.6～1.5 ind./L。浮游甲壳动物优势种咸水北镖水蚤和英勇剑水蚤密度分别为 1.7～3.2 ind./L 和 0.7～4.9 ind./L，轮虫优势种褶皱臂尾轮虫和环顶六腕轮虫密度分别为 0～0.3 ind./L 和 0.3～1.2 ind./L。枝角类和桡足类在中间水深处丰度最高，轮虫在较浅处丰度较高。浮游动物生物量变化范围为 0.396～1.211 mg/L，中间水深处浮游动物生物量最高。枝角类、桡足类和轮虫的生物量变化范围分别为 0.026～0.185 mg/L、0.235～1.023 mg/L 和 0.003～0.004 mg/L。浮游甲壳动物优势种咸水北镖水蚤和英勇剑水蚤生物量分别为 0.055～0.101 mg/L 和 0.105～0.783 mg/L，轮虫优势种褶皱臂尾轮虫和环顶六腕轮虫生物量分别为 0～

0.003 mg/L 和 0.0003～0.001 mg/L。

在达如错共获得两种底栖动物，几乎全是湖沼钩虾（丰度＞99.9%），只有少量短粗前脉摇蚊（*Procladius crassinervis*）出现。无定量样品，估计湖沼钩虾密度为 5000 ind./m^2。

在达如错表层沉积物主要生源要素中，总有机碳含量为 22.5 g/kg，总氮含量为 2.9 g/kg，C/N 值为 8.9，表明湖泊沉积物有机质的主要来源为湖泊自生藻类等低等植物。总磷含量为 963.3 mg/kg。达如错表层沉积物常量元素中，Ca 含量最高，达到 162.4 g/kg，其次分别为 Al（31.8 g/kg）、Mg（27.2 g/kg）、Fe（18.5 g/kg）、K（12.1 g/kg）和 Na（8.2 g/kg）。在主要潜在危害元素中，As、Cd、Cr、Cu、Ni、Pb 和 Zn 的含量分别为23.4 mg/kg、0.12 mg/kg、69.0 mg/kg、15.0 mg/kg、79.2 mg/kg、20.4 mg/kg 和 43.9 mg/kg。达如错表层沉积物中 Cd、Cu、Pb 和 Zn 的含量均低于沉积物质量基准的阈值效应含量，As 和 Cr 含量介于阈值效应含量和可能效应含量之间，而 Ni 含量已经超过可能效应含量。根据生态风险等级标准，Cd、Cu、Pb 和 Zn 不会对湖泊生物产生毒性效应，而 As、Cr 和 Ni 可能会对湖泊生物产生毒性效应。达如错表层沉积物的主要矿物组成：石英含量为 7.2%，长石含量为 4.8%，文石含量为 49.9%，方解石含量为 4%，白云石含量为 0.9%，云母族矿物含量为 20.2%，高岭石族矿物含量为 6.9%，绿泥石族矿物含量为 6.1%。

5.6 巴 木 错

巴木错经纬度位置为 90.57°E、31.33°N（图 5-6），面积为 180 km^2，海拔为 4555 m，主要依靠白桑桑曲、荣钦藏曲、卡莫曲、雄曲和桑曲等河流补给。

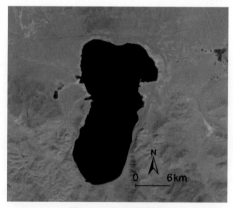

图 5-6 巴木错影像

调查水深为 0.6～9.8 m［均值为（3.7±5.3）m］，上游长年有卡莫曲、桑曲、拉青曲康等多条地表径流补给，下游无出湖河口，为典型内流湖，盐度为

（7.87±0.03）‰，为微咸水湖。湖泊总氮浓度为（1.70±0.75）mg/L，总磷浓度为（0.07±0.02）mg/L，对应叶绿素 a 浓度为（0.33±0.01）µg/L。由此可见，巴木错整体营养水平偏低，属寡营养水平，但湖泊溶解性有机碳浓度较高，均值可达（20.3±1.2）mg/L，主要是由流域内经河流输入的有机碳在湖内长年累月累积，湖泊蒸发浓缩所致。调查发现湖水透明度为 3.5 m，对应湖泊浊度为（3.68±5.31）NTU，总悬浮颗粒物浓度为（11.02±2.77）mg/L，电导率可达（11 331.9±457.3）µS/cm，对应溶解氧浓度为（5.64±0.02）mg/L。

湖水中主要离子组成：Na^+ 浓度为 3730.0 mg/L，K^+ 浓度为 512.0 mg/L，Mg^{2+} 浓度为 124.0 mg/L，Ca^{2+} 浓度为 6.8 mg/L，SO_4^{2-} 浓度为 3344.6 mg/L，HCO_3^- 浓度为 2104.5 mg/L，CO_3^{2-} 浓度为 1374.0 mg/L，Cl^- 浓度为 1282.0 mg/L。

2019 年 8 月调查的显微镜鉴定结果发现，巴木错浮游植物种类数量较少，共鉴定出浮游植物 2 门 10 属，分别为：硅藻门，棒杆藻、窗纹藻、卵形藻、双壁藻、小环藻、羽纹藻、针杆藻、直链藻；绿藻门，卵囊藻、衣藻。浮游植物细胞密度为 $1.35×10^5$ ind./L，平均生物量为 57.03 µg/L。优势种为卵囊藻。香农-维纳多样性指数为 1.37，辛普森指数为 0.63，均匀度指数为 0.60。

分子测序结果发现，巴木错浮游植物共 8 门 140 种，其中绿藻门最多，为 64 种，占比为 45.71%；其次是硅藻门，有 18 种，占比为 12.86%；甲藻门 18 种，占比为 12.86%；蓝藻门 12 种，占比为 8.57%；金藻门 11 种，占比为 7.86%；轮藻门 11 种，占比 7.86%；隐藻门和定鞭藻门各 3 种，占比均为 2.14%。通过与同期调查的青藏高原崩错、懂错、江错等几个湖泊对比，可以发现巴木错的浮游植物种类数明显少于上述三湖，其中崩错 616 种、懂错 354 种、江错 397 种，表明巴木错调查样品中的浮游植物种类组成相对单一。

根据巴木错浮游动物定量标本，共见到 4 个种类，其中枝角类 2 种和轮虫 2 种。桡足类仅发现少量哲水蚤幼体和无节幼体。浮游甲壳动物优势种为西藏溞（*Daphnia tibetana*），轮虫优势种为壶状臂尾轮虫（*Brachionus urceolaris*）。浮游动物密度变化范围为 14.5～154.9 ind./L，水深较浅处浮游动物密度较高。枝角类、桡足类和轮虫的密度变化范围分别为 0.1～0.5 ind./L、1.7～24.7 ind./L 和 12.3～152.0 ind./L。浮游甲壳动物优势种西藏溞密度为 0～0.5 ind./L，轮虫优势种壶状臂尾轮虫密度为 12.3～151.9 ind./L。枝角类和桡足类在水深较深处丰度较高，轮虫在较浅处丰度较高。浮游动物生物量变化范围为 0.290～1.125 mg/L，水深较浅处浮游动物生物量较高。枝角类、桡足类和轮虫的生物量变化范围分别为 0.002～0.174 mg/L、0.028～0.029 mg/L 和 0.088～1.095 mg/L。浮游甲壳动物优势种西藏溞生物量为 0.174～1.925 mg/L，轮虫优势种壶状臂尾轮虫生物量为 0.088～1.095 mg/L。

崔永德等（2021）和王宝强（2019）曾报道了巴木错底栖动物，与上述的蓬错和懂错底栖动物组成相同。本次调查利用抓斗、底拖网对巴木错的底栖动物进行采样。样品中底栖动物总体数量较少，共获得 6 种底栖动物，其中包括湖沼钩虾（*Gammarus lacustris*）、沼梭甲（*Helophorus lamicola*）、舞虻（Empididae sp.）、前脉摇蚊（*Procladius* sp.）、异环摇蚊（*Acricotopus* spp.）和纹饰环足摇蚊（*Cricotopus ornatus*）。因为总体生物数量较少，物种之间相对丰度区别不大。

在巴木错表层沉积物主要生源要素中，总有机碳含量为 34.6 g/kg，总氮含量为 5.4 g/kg，C/N 值为 7.5，表明湖泊沉积物有机质的主要来源为湖泊自生藻类等低等植物。总磷含量为 1017.6 mg/kg。巴木错表层沉积物常量元素中，Ca 含量最高，达到 122.8 g/kg，其次分别为 Al（41.3 g/kg）、Fe（18.7 g/kg）、Mg（17.3 g/kg）、Na（16.1 g/kg）和 K（14.0 g/kg）。在主要潜在危害元素中，As、Cd、Cr、Cu、Ni、Pb 和 Zn 的含量分别为 24.5 mg/kg、0.12 mg/kg、42.0 mg/kg、13.1 mg/kg、47.1 mg/kg、16.1 mg/kg 和 48.7 mg/kg。巴木错表层沉积物中 Cd、Cr、Cu、Pb 和 Zn 的含量均低于沉积物质量基准的阈值效应含量，As 和 Ni 含量介于阈值效应含量和可能效应含量之间。根据生态风险等级标准，Cd、Cr、Cu、Pb 和 Zn 不会对湖泊生物产生毒性效应，而 As 和 Ni 可能会对湖泊生物产生毒性效应。巴木错表层沉积物的主要矿物组成：石英含量为 10.4%，长石含量为 6.1%，文石含量为 34.4%，方解石含量为 13.9%，白云石含量为 3.1%，云母族矿物含量为 21.6%，高岭石族矿物含量为 8.7%，绿泥石族矿物含量为 1.8%。巴木错表层沉积物存在较为明显的三峰分布特征，其中粉砂含量较高，而砂质和黏土组分含量相对较低，它们在沉积物中的含量分别为 72.51%、9.91% 和 17.58%，中值粒径为 12.7 μm。其中粉砂组分在 8 μm 和 30 μm 处分别出现两次含量峰值，含量达 4.2% 和 3.5% 左右。

5.7　江　　错

江错经纬度位置为 90.83°E、31.55°N（图 5-7），湖面海拔为 4598 m，面积约为 36.1 km²，主要依靠松木科曲和查荣曲等河流补给。

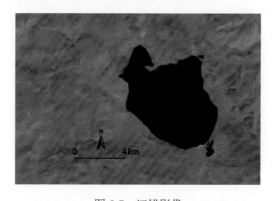

图 5-7　江错影像

　　江错为典型内流湖，调查水深为 2.7～19 m[均值为（10.6±8.2）m]，pH 的变化范围是 9.82～10.02，平均值为 9.91，说明该湖泊属碱性水体；盐度最大值为 15.10‰，最小值为 15.03‰，平均值为 15.07‰，为咸水湖。湖泊总氮浓度为（1.57±0.02）mg/L，总磷浓度为（0.06±0.01）mg/L，对应叶绿素 a 浓度为（1.32±1.13）μg/L，整体营养水平偏低，属寡营养水平，但湖泊溶解性有机碳浓度较高，均值可达（16.0±4.9）mg/L。透明度的变化范围是 2.20～5.20 m，平均值为（3.80±1.23）m；电导率的变化范围是 20 298.60～20 493.10 μS/cm，平均值为（20 390.97±79.70）μS/cm，氧化还原电位的变化范围是 48.60～94.20 mV，平均值为（68.07±19.20）mV。总悬浮颗粒物浓度的变化范围是 33.40～41.08 mg/L，平均值为（36.95±3.16）mg/L；无机悬浮颗粒物浓度的变化范围是 24.66～30.94 mg/L，平均值为（27.78±2.56）mg/L；有机悬浮颗粒物浓度的变化范围是 8.62～10.14 mg/L，平均值为（9.17±0.69）mg/L；无机悬浮颗粒物占总悬浮颗粒物的 75%，说明无机悬浮颗粒物是江错总悬浮物的主要成分。

　　湖水中主要离子组成：Na^+ 浓度为 5480.0 mg/L，K^+ 浓度为 602.0 mg/L，Mg^{2+} 浓度为 1448.0 mg/L，Ca^{2+} 浓度为 26.7 mg/L，SO_4^{2-} 浓度为 21 048.7 mg/L，HCO_3^- 浓度为 951.6 mg/L，CO_3^{2-} 浓度为 444.0 mg/L，Cl^- 浓度为 2592.1 mg/L。

　　2019 年 8 月调查的显微镜鉴定结果发现，江错共鉴定出浮游植物 3 门 5 属，分别为：硅藻门，小环藻、舟形藻；绿藻门，卵囊藻、韦斯藻；隐藻门，隐藻。浮游植物细胞密度为 $3.08×10^5$ ind./L，平均生物量 54.12 μg/L。优势种为卵囊藻、舟形藻。香农-维纳多样性指数为 0.90，辛普森指数为 0.54，均匀度指数为 0.56。

　　分子测序结果发现，江错浮游植物共 8 门 397 种，其中最多的是绿藻门，有 247 种，占比为 62.22%；其次为轮藻门，有 73 种，占比为 18.39%；蓝藻门 23 种，占比为 5.79%；甲藻门 16 种，占比为 4.03%；硅藻门 13 种，占比为 3.27%；金藻门 13 种，占比为 3.27%；隐藻门 7 种，占比为 1.76%；定鞭藻门 5 种，占比为 1.26%。通过与同期调查的青藏高原湖泊进行对比，可以发现江错 397 种处于较高水平，表明江错调查样品中的浮游植物种类组成相对丰富。

　　在同一断面不同水深的敞水区共采集定量标本 2 个，采样点水深最深处为 19 m。根据定量标本，共见到 3 个种类，其中枝角类 1 种和桡足类 2 种，未发现轮虫。浮游甲壳动物优势种为西藏溞（*Daphnia tibetana*）。浮游动物密度变化范围为 3.7～5.4 ind./L。枝角类和桡足类的密度变化范围分别为 1.7～3.7 ind./L 和 1.7～2.1 ind./L。浮游甲壳动物优势种西藏溞密度为 1.7～3.7 ind./L。浮游动物生物量变化范围为 0.529～1.110 mg/L，水深较深处浮游动物生物量较高。枝角类和桡足类生物量变化范围分别为 0.513～1.048 mg/L 和 0.016～0.062 mg/L。浮游甲壳动物优势种西藏溞生物量为 0.513～1.048 mg/L。

　　本次科考之前，江错底栖动物的研究无相关文献报道。本次调查利用抓斗、底拖网对江错的底栖动物进行采样。获得 3 种底栖动物，湖沼钩虾丰度＞99.9%，仅有少数介形虫（*Ostracoda* sp.）和异环摇蚊（*Acricotopus* spp.）存在。

在江错表层沉积物主要生源要素中，总有机碳含量为 30.1 g/kg，总氮含量为 4.3 g/kg，C/N 值为 8.2，表明湖泊沉积物有机质的主要来源为湖泊自生藻类等低等植物。总磷含量为 667.4 mg/kg。江错表层沉积物常量元素中，Ca 含量最高，达到 84.7 g/kg，其次分别为 Mg（39.0 g/kg）、Al（38.7 g/kg）、Na（29.3 g/kg）、Fe（21.2 g/kg）和 K（16.5 g/kg）。在主要潜在危害元素中，As、Cd、Cr、Cu、Ni、Pb 和 Zn 的含量分别为 10.1 mg/kg、0.19 mg/kg、77.3 mg/kg、16.9 mg/kg、66.0 mg/kg、18.6 mg/kg 和 49.2 mg/kg。江错表层沉积物中 Cd、Cu、Pb 和 Zn 的含量均低于沉积物质量基准的阈值效应含量，As 和 Cr 含量介于阈值效应含量和可能效应含量之间，而 Ni 含量已经超过可能效应含量。根据生态风险等级标准，Cd、Cu、Pb 和 Zn 不会对湖泊生物产生毒性效应，而 As、Cr 和 Ni 可能会对湖泊生物产生毒性效应。江错表层沉积物的主要矿物组成：石英含量为 13.6%，长石含量为 4.5%，文石含量为 27%，方解石含量为 6.1%，白云石含量为 1.4%，云母族矿物含量为 31.2%，高岭石族矿物含量为 9.1%，绿泥石族矿物含量为 7.1%。江错表层沉积物粒度组成呈单峰分布的不规则正态形态。中值粒径为 10.66 μm，粉砂含量最高，达 77.55%，其次为黏土组分，含量为 15.59%，砂质组分含量最低，仅为 6.86%。

5.8　越　恰　错

越恰错经纬度位置为 88.61°E、30.48°N（图 5-8），面积为 62.2 km^2，湖面海拔为 4804 m，主要依靠查夺藏布等河流补给。

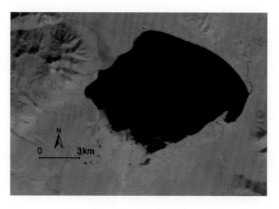

图 5-8　越恰错影像

越恰错为典型内流湖，调查水深为 6.4～12.5 m[均值为（10.3±3.4）m]，pH 的变化范围是 10.73～12.41，平均值为 11.30，说明该湖泊属碱性水体；盐度平均值为 0.15‰，为淡水湖。湖泊总氮浓度为（0.50±0.12）mg/L，总磷浓度为 0.02 mg/L，对应叶绿素 a 浓度为（2.12±0.16）μg/L，整体营养水平偏低，属寡营养水平，湖泊溶解性有机碳浓度很低，均值为（2.8±0.4）mg/L。透明度的变化范围是 2.50～4.75 m，平均值为（4.00±1.06）m；电导率的变化范围是 243.70～245.70 μS/cm，平均值为（244.97±0.90）μS/cm；氧化还原电位的变化范围是–102.30～5.40 mV，平均值为（–43.47±42.20）mV。总悬浮颗粒物浓度的变化范围是 1.76～5.34 mg/L，平均值为（2.97±1.68）mg/L；无机悬浮颗粒物浓度的变化范围是 0.20～3.28 mg/L，平均值为（1.24±1.44）mg/L；有机悬浮颗粒物浓度的变化范围是 1.52～2.06 mg/L，平均值为（1.73±0.24）mg/L；有机悬浮颗粒物占总悬浮颗粒物的 58%，说明有机悬浮颗粒物是越恰错总悬浮物的主要成分。

湖水中主要离子组成：Na^+ 浓度为 53.2 mg/L，K^+ 浓度为 3.2 mg/L，Mg^{2+} 浓度为 10.4 mg/L，Ca^{2+} 浓度为 54.8 mg/L，SO_4^{2-} 浓度为 60.6 mg/L，HCO_3^- 浓度为 140.3 mg/L，Cl^- 浓度为 17.1 mg/L，F^- 浓度为 1.7 mg/L。

2019 年 8 月调查的显微镜鉴定结果发现，越恰错共鉴定出浮游植物 4 门 12 属，分别为：硅藻门，冠盘藻、菱形藻、卵形藻、小环藻、直链藻；甲藻门，角甲藻；蓝藻门，假鱼腥藻；绿藻门，鼓藻、空球藻、卵囊藻、实球藻、韦斯藻。浮游植物细胞密度为 $4.83×10^4$ ind./L，平均生物量为 17.26 μg/L。优势种为角甲藻。香农-维纳多样性指数为 1.21，辛普森指数为 0.62，均匀度指数为 0.58。

分子测序结果发现，越恰错浮游植物共 8 门 51 种，其中最多的是绿藻门，有 25 种，占比为 49.02%；其次为蓝藻门，有 9 种，占比为 17.65%；金藻门 5 种，占比为 9.8%；定鞭藻门 5 种，占比为 9.8%；轮藻门 3 种，占比为 5.88%；甲藻门 2 种，占比为 3.92%；硅藻门 1 种，占比为 1.96%；隐藻门 1 种，占比为 1.96%。通过与同期调查的青藏高原崩错、懂错、江错等几个湖泊对比，可以发现越恰错的浮游植物种类数明显少于上述三湖，表明越恰错调查样品中的浮游植物种类组成相对单一。

在越恰错同一断面不同水深的敞水区共采集定量标本 2 个，采样点水深最深处为 12.5 m。根据定量标本，共见到 8 个种类，其中枝角类 2 种、桡足类 2 种和轮虫 4 种。浮游甲壳动物优势种为 Daphnia pulicaria 和梳刺北镖水蚤（A. altissimus pectinatus），轮虫优势种为针簇多肢轮虫（Polyarthra trigla）。浮游动物密度变化范围为 9.6～13.1 ind./L，水深较深处浮游动物密度较高。枝角类、桡足类和轮虫的密度变化范围分别为 2.1～2.1 ind./L、6.8～10.0 ind./L 和 0.7～0.9 ind./L。浮游甲壳动物优势种 Daphnia pulicaria 和梳刺北镖水蚤密度分别为 2.1～2.1 ind./L 和 1.7～2.9 ind./L，轮虫优势种针簇多肢轮虫密度为 0～0.7 ind./L。桡足类和轮虫均在深水处丰度较高。浮游动物生物量变化范围为 0.786～0.933 mg/L，水深较深处浮游动物生物量较高。枝角类、桡足类和轮虫的生物量变化范围分别为 0.169～0.512 mg/L、0.025～0.435 mg/L 和 0.0007～0.022 mg/L。浮游甲壳动物优势种 *Daphnia pulicaria* 和梳剌北镖水蚤生物量分别为 0.496～0.512 mg/L 和 0.102～0.182 mg/L，轮虫优势种针簇多肢轮生物量为 0.0005～0.0008 mg/L。

目前，尚无越恰错底栖动物相关文献的报道。本次对越恰错进行采样，获得两种底栖动物，分别为湖沼钩虾（*Gammarus lacustris*）和牙甲（*Hydroporus* sp.），湖沼钩虾丰度>99.9%，占据绝对优势。湖沼钩虾密度为 50 ind./m^2，牙甲密度为 1000 ind./m^2。

在越恰错表层沉积物主要生源要素中，总有机碳含量为 26.4 g/kg，总氮含量为 3.7 g/kg，C/N 值为 8.4，表明湖泊沉积物有机质的主要来源为湖泊自生藻类等低等植物。总磷含量为 1026.5 mg/kg。越恰错表层沉积物常量元素中，Al 含量最高，达到 101.6 g/kg，其次分别为 K（40.0 g/kg）、Fe（35.1 g/kg）、Mg（6.7 g/kg）、Ca（5.9 g/kg）和 Na（4.7 g/kg）。在主要潜在危害元素中，As、Cd、Cr、Cu、Ni、Pb 和 Zn 的含量分别为 53.5 mg/kg、0.66 mg/kg、33.5 mg/kg、17.0 mg/kg、15.6 mg/kg、139.6 mg/kg 和 215.9 mg/kg。越恰错表层沉积物中 Cd、Cr、Cu 和 Ni 的含量均低于沉积物质量基准的阈值效应含量，Zn 含量介于阈值效应含量和可能效应含量之间，而 As 和 Pb 含量已经超过可能效应含量。根据生态风险等级标准，Cd、Cr、Cu 和 Ni 不会对湖泊生物产生毒性效应，而 As、Pb 和 Zn 可能会对湖泊生物产生毒性效应。越恰错表层沉积物的主要矿物组成：石英含量为 15.1%，长石含量为 8.3%，文石含量为 4.5%，方解石含量为 2.9%，白云石含量为 1.2%，云母族矿物含量为 50.5%，高岭石族矿物含量为 15.1%，绿泥石族矿物含量为 2.4%。越恰错表层沉积物中黏土、粉砂和砂质组分含量逐渐减少，分别为 50.83%、39.82%和 9.35%，细颗粒物质含量相对较多，中值粒径较小，为 3.67 μm。粒径在 2.5 μm 左右的颗粒物质在沉积物中含量最高，可达 3.8%左右。除此之外，表层沉积物粒径峰值不仅出现在 15 μm 的粉砂颗粒中，同时在较粗的粒径范围内也有一个 360 μm 含量峰值，但相对较低，平均为 0.6%左右。

5.9　木地达拉玉错

木地达拉玉错经纬度位置为 88.59°E、30.58°N（图 5-9），面积为 23.6 km^2，集水面积为 324 km^2。地处西藏自治区那曲市申扎县南部，申扎县的甲岗山东南麓，南临越恰错，湖面海拔 4804 m，主要依靠冰川融水补给。

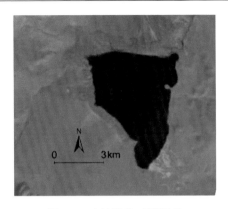

图 5-9 木地达拉玉错影像

木地达拉玉错为典型内流湖，调查水深为 1.9～18 m［均值为（10.3±8.1）m］，pH 的变化范围是 9.37～9.71，平均值为 9.56，说明该湖泊属碱性水体；盐度为 0.1‰，为淡水湖；湖泊总氮浓度为（0.52±0.03）mg/L，总磷浓度为 0.03 mg/L，叶绿素 a 浓度为（12.59±4.12）μg/L，整体营养水平偏低，属贫营养水平，湖泊溶解性有机碳浓度很低，均值为（3.0±0.1）mg/L。透明度的变化范围是 1.90～2.20 m，平均值为（2.03±0.12）m；电导率的变化范围是 163.70～173.90 μS/cm，平均值为（167.67±4.46）μS/cm；氧化还原电位的变化范围是 47.50～98.30 mV，平均值为（71.97±20.78）mV。总悬浮颗粒物浓度的变化范围是 6.04～10.94 mg/L，平均值为（7.87±2.18）mg/L；无机悬浮颗粒物浓度的变化范围是 0.96～5.06 mg/L，平均值为（2.52±1.81）mg/L；有机悬浮颗粒物浓度的变化范围是 5.08～5.88 mg/L，平均值为（5.35±0.37）mg/L；有机悬浮颗粒物占总悬浮颗粒物的 68%，说明有机悬浮颗粒物是木地达拉玉错总悬浮物的主要成分。

湖水中主要离子组成：Na^+ 浓度为 20.8 mg/L，K^+ 浓度为 3.1 mg/L，Mg^{2+} 浓度为 2.9 mg/L，Ca^{2+} 浓度为 24.1 mg/L，SO_4^{2-} 浓度为 10.7 mg/L，HCO_3^- 浓度为 122.0 mg/L，Cl^- 浓度为 16.7 mg/L。

2019 年 8 月调查的显微镜鉴定结果发现，木地达拉玉错共鉴定出浮游植物 5 门 19 属，分别为：硅藻门，汉氏藻、桥弯藻、小环藻、针杆藻；甲藻门，角甲藻；蓝藻门，假鱼腥藻、色球藻、微囊藻；裸藻门，鳞孔藻；绿藻门，弓形藻、鼓藻、角星鼓藻、卵囊藻、盘星藻、十字藻、韦斯藻、纤维藻、小球藻、衣藻。浮游植物细胞密度为 $2.98×10^5$ ind./L，平均生物量为 178.07 μg/L。优势种为角甲藻。香农-纳维多样性指数为 1.36，辛普森指数为 0.61，均匀度指数为 0.47。

分子测序结果发现，木地达拉玉错浮游植物共 8 门 285 种，其中最多的是绿藻门，有 196 种，占比为 68.77%；其次为轮藻门，有 27 种，占比为 9.47%；金藻门 25 种，占比为 8.77%；蓝藻门 17 种，占比为 5.96%；硅藻门 7 种，占比为

2.46%；隐藻门 7 种，占比为 2.46%；定鞭藻门 3 种，占比为 1.05%；甲藻门 3 种，占比为 1.05%。通过与同期调查的青藏高原崩错、懂错、江错等几个湖泊对比，可以发现木地达拉玉错的浮游植物种类数明显少于上述三湖，表明木地达拉玉错调查样品中的浮游植物种类组成相对单一。

木地达拉玉错同一断面不同水深的敞水区共采集定量标本 2 个，采样点水深最深处为 18 m。根据定量标本，共见到 11 个种类，其中枝角类 3 种、桡足类 2 种和轮虫 6 种。浮游甲壳动物优势种为 *Daphnia pulicaria* 和梳刺北镖水蚤（*A. altissimus pectinatus*），轮虫优势种为针簇多肢轮虫（*Polyarthra trigla*）。浮游动物密度变化范围为 32.6～39.4 ind./L，水深较深处浮游动物密度较高。枝角类、桡足类和轮虫的密度变化范围分别为 11.9～19.7 ind./L、10.9～11.6 ind./L 和 8.9～9.1 ind./L。浮游甲壳动物优势种 *Daphnia pulicaria* 和梳刺北镖水蚤密度分别为 11.9～19.5 ind./L 和 3.9～4.9 ind./L，轮虫优势种针簇多肢轮虫密度为 6.3～6.5 ind./L。枝角类在水深较深处丰度较高，桡足类和轮虫均在浅水处丰度较高。浮游动物生物量变化范围为 3.484～5.358 mg/L，水深较深处浮游动物生物量较高。枝角类、桡足类和轮虫的生物量变化范围分别为 3.002～4.945 mg/L、0.376～0.441 mg/L 和 0.038～0.041 mg/L。浮游甲壳动物优势种 *Daphnia pulicaria* 和梳刺北镖水蚤生物量分别为 3.002～4.941 mg/L 和 0.205～0.262 mg/L，轮虫优势种针簇多肢轮虫生物量为 0.007～0.007 mg/L。

木地达拉玉错底栖动物种类较为丰富，共获得 9 种底栖动物，按照丰度大小，依次为湖沼钩虾（*Gammarus lacustris*）84.1%、冰川小突摇蚊（*Micropsectra glacies*）6.7%、湖球蚬（*Sphaerium lacustre*）2.5%、玄黑摇蚊（*Chironomus annularius*）2.5%、前脉摇蚊（*Procladius* sp.）1.6%、巴比刀摇蚊（*Psectrocladius barbimanus*）0.8%、纤长跗摇蚊（*Tanytarsus gracilentus*）0.8%、环足摇蚊（*Cricotopus* sp.）0.6%、拟长跗摇蚊（*Paratanytarsus* sp.）0.4%。

在木地达拉玉错表层沉积物主要生源要素中，总有机碳含量为 39.4 g/kg，总氮含量为 4.9 g/kg，C/N 值为 9.4，表明湖泊沉积物有机质的主要来源为湖泊自生藻类等低等植物。总磷含量为 398.1 mg/kg。木地达拉玉错表层沉积物常量元素中，Ca 含量最高，达到 224.3 g/kg，其次分别为 Al（9.8 g/kg）、Mg（6.1 g/kg）、Fe（5.1 g/kg）、K（4.2 g/kg）和 Na（1.7 g/kg）。在主要潜在危害元素中，As、Cd、Cr、Cu、Ni、Pb 和 Zn 的含量分别为 8.2 mg/kg、0.04 mg/kg、9.0 mg/kg、4.7 mg/kg、6.7 mg/kg、6.1 mg/kg 和 9.3 mg/kg。木地达拉玉错表层沉积物中 As、Cd、Cr、Cu、Ni、Pb 和 Zn 的含量均低于沉积物质量基准的阈值效应含量。根据生态风险等级标准，这些元素不会对湖泊生物产生毒性效应。木地达拉玉错表层沉积物的主要矿物组成：石英含量为 4.2%，文石含量为 7.7%，方解石含量为 81.7%，白云石含量为 1.3%，云母族矿物含量为 5.1%。木地达拉玉错粒度存在显著的三峰分布特

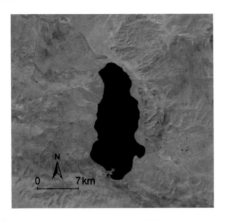

图 5-12　果芒错影像

果芒错为内流湖，调查水深为 2～20.2 m[均值为（8.1±10.5）m]，透明度为（1.6±0.1）m，对应湖泊浊度为（4.1±3.7）NTU，pH 的变化范围是 10.57～11.47，平均值为 10.90，说明该湖泊属碱性水体；调查期间湖泊水温为（15.8±0.8）℃，盐度为（6.1±0.3）‰，为微咸水湖。电导率可达（8759.5±246.5）μS/cm，溶解氧浓度为（5.7±0.2）mg/L，氧化还原电位为（86.90±17.82）mV；湖泊总氮浓度为（0.62±0.04）mg/L，总磷浓度为（0.25±0.01）mg/L，叶绿素 a 浓度为（1.36±0.03）μg/L。整体营养水平偏低，属寡营养水平，湖泊溶解性有机碳浓度较低，均值为（6.4±0.9）mg/L。总悬浮颗粒物浓度为（40.21±3.93）mg/L；无机悬浮颗粒物浓度为（29.41±2.23）mg/L；有机悬浮颗粒物浓度为（10.80±1.70）mg/L；无机悬浮颗粒物占总悬浮颗粒物的 73%，说明无机悬浮颗粒物是果芒错总悬浮物的主要成分。

湖水中主要离子组成：Na^+ 浓度为 3120.0 mg/L，K^+ 浓度为 665.0 mg/L，Mg^{2+} 浓度为 160.0 mg/L，Ca^{2+} 浓度为 8.8 mg/L，SO_4^{2-} 浓度为 3668.2 mg/L，HCO_3^- 浓度为 1830.0 mg/L，CO_3^{2-} 浓度为 1068.0 mg/L，Cl^- 浓度为 702.8 mg/L。

2019 年 8 月调查的显微镜鉴定结果发现，果芒错共鉴定出浮游植物 2 门 10 属，分别为：硅藻门，菱形藻、卵形藻、双菱藻、小环藻、羽纹藻、针杆藻、舟形藻；绿藻门，空球藻、卵囊藻、弓形藻。浮游植物细胞密度为 $6.06×10^4$ ind./L，平均生物量为 63.85 μg/L。优势种为羽纹藻、空球藻。香农-维纳多样性指数为 1.01，辛普森指数为 0.49，均匀度指数为 0.49。

分子测序结果发现，果芒错浮游植物共 9 门 274 种，其中最多为绿藻门，有 122 种，占比为 44.53%；其次为甲藻门，有 43 种，占比为 15.69%；蓝藻门 29 种，占比为 10.58%；硅藻门 29 种，占比为 10.58%；金藻门 25 种，占比为 9.12%；轮藻门 20 种，占比为 7.3%；隐藻门 3 种，占比为 1.09%；定鞭藻门 2 种，占比为 0.73%；黄藻门 1 种，占比为 0.36%。通过与同期调查的青藏高原崩错、懂错、江错等几个湖泊对比，可以发现果芒错的浮游植物种类数明显少于上述三湖，表明果芒错调查样品中的浮游植物种类组成相对单一。

果芒错同一断面不同水深的敞水区共采集定量标本 2 个，采样点水深变化范围为 2～20.2 m。根据定量标本，共见到 7 个种类，其中桡足类 2 种和轮虫 5 种，未发现枝角类。浮游甲壳动物优势种为亚洲后镖水蚤（*Metadiaptomus asiaticus*），轮虫优势种为壶状臂尾轮虫（*Brachionus urceolaris*）。浮游动物密度变化范围为 26.7～38.2 ind./L，水深较浅处浮游动物密度较高。桡足类和轮虫的密度变化范围分别为 12.2～16.8 ind./L 和 14.5～21.4 ind./L。浮游甲壳动物优势种亚洲后镖水蚤密度为 2.1～4.4 ind./L，轮虫优势种壶状臂尾轮虫密度为 11.3～20.6 ind./L。桡足类和轮虫均在浅水处丰度较高。浮游动物生物量变化范围为 0.492～0.811 mg/L，水深较浅处浮游动物生物量较高。桡足类和轮虫的生物量变化范围分别为 0.405～0.662 mg/L 和 0.087～0.327 mg/L。浮游甲壳动物优势种亚洲后镖水蚤生物量为 0.035～0.174 mg/L，轮虫优势种壶状臂尾轮虫生物量为 0.085～0.148 mg/L。

据崔永德等（2021）中记载，果芒错底栖动物包括铁线虫、钩虾、摇蚊和水生甲虫，物种较为丰富，但本次湖泊底栖动物调查仅发现一种底栖动物，即纹饰环足摇蚊（*Cricotopus ornatus*），密度为 4 ind./m²。

在果芒错表层沉积物主要生源要素中，总有机碳含量为 21.8 g/kg，总氮含量为 3.7 g/kg，C/N 值为 7.0，表明湖泊沉积物有机质的主要来源为湖泊自生藻类等低等植物。总磷含量为 726.9 mg/kg。果芒错表层沉积物常量元素中，Ca 含量最高，达到 122.8 g/kg，其次分别为 Al（36.9 g/kg）、Mg（28.3 g/kg）、Fe（18.8 g/kg）、K（15.7 g/kg）和 Na（14.6 g/kg）。在主要潜在危害元素中，As、Cd、Cr、Cu、Ni、Pb 和 Zn 的含量分别为 138.6 mg/kg、0.16 mg/kg、70.8 mg/kg、15.2 mg/kg、104.9 mg/kg、19.7 mg/kg 和 42.2 mg/kg。果芒错表层沉积物中 Cd、Cu、Pb 和 Zn 的含量均低于沉积物质量基准的阈值效应含量，Cr 含量介于阈值效应含量和可能效应含量之间，而 As 和 Ni 含量已经超过可能效应含量。根据生态风险等级标准，Cd、Cu、Pb 和 Zn 不会对湖泊生物产生毒性效应，而 As、Cr 和 Ni 可能会对湖泊生物产生毒性效应。果芒错表层沉积物的主要矿物组成：石英含量为 10.6%，长石含量为 6.7%，文石含量为 29.3%，方解石含量为 14.6%，白云石含量为 1.1%，云母族矿物含量为 22.1%，高岭石族矿物含量为 10.5%，绿泥石族矿物含量为 5.1%。果芒错表层沉积物粒度为三峰分布特征，粒度组成以粉砂为主，含量为 65.20%，黏土含量和砂含量相似，含量分别为 18.68% 和 16.12%。粒度的中值粒径是 13.02 μm。

5.13　张　乃　错

张乃错经纬度位置为 87.39°E、31.55°N（图 5-13），面积约为 36 km²，湖面海拔为 4614 m。

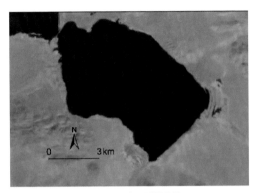

图 5-13　张乃错影像

张乃错为内流湖，调查水深为 7.7～20.8 m[均值为（14.0±6.6）m]，透明度为（1.4±0.7）m，湖泊浊度为（4.17±3.31）NTU，调查期间湖泊水温为（14.70±0.06）℃，pH 的变化范围是 10.59～12.80，平均值为 12.03，说明该湖泊属碱性水体；盐度为（3.67±0.01）‰，为微咸水湖；电导率可达（5352.7±14.6）μS/cm，溶解氧浓度为（5.48±0.07）mg/L，氧化还原电位为（65.77±1.38）mV；湖泊总氮浓度为（0.58±0.06）mg/L，总磷浓度为（0.04±0.01）mg/L，叶绿素 a 浓度为（0.79±0.36）μg/L，整体营养水平偏低，属寡营养水平，湖泊溶解性有机碳浓度较低，均值为（6.0±2.1）mg/L。总悬浮颗粒物浓度为（15.40±4.99）mg/L；无机悬浮颗粒物浓度为（11.95±4.87）mg/L；有机悬浮颗粒物浓度为（3.45±0.13）mg/L；无机悬浮颗粒物占总悬浮颗粒物的 78%，说明无机悬浮颗粒物是张乃错总悬浮物的主要成分。

2019 年 8 月调查的显微镜鉴定结果发现，张乃错共鉴定出浮游植物 3 门 11 属，分别为：硅藻门，波缘藻、等片藻、菱形藻、卵形藻、桥弯藻、小环藻、异极藻、针杆藻、舟形藻；蓝藻门，平裂藻；绿藻门，卵囊藻。浮游植物细胞密度为 4.61×10⁴ ind./L，平均生物量为 138.21 μg/L。优势种为波缘藻。香农-维纳多样性指数为 0.11，辛普森指数为 0.04，均匀度指数为 0.08。

分子测序结果发现，张乃错浮游植物共 8 门 106 种，其中最多为绿藻门，有 47 种，占比 44.34%；其次为蓝藻门，有 23 种，占比为 21.7%；轮藻门 11 种，占比为 10.38%；甲藻门 7 种，占比为 6.6%；金藻门 7 种，占比为 6.6%；隐藻门

4 种，占比为 3.77%；定鞭藻门 4 种，占比为 3.77%；硅藻门 3 种，占比为 2.83%。通过与同期调查的青藏高原崩错、懂错、江错等几个湖泊对比，可以发现张乃错的浮游植物种类数明显少于上述三湖，表明张乃错调查样品中的浮游植物种类组成相对单一。

张乃错同一断面不同水深的敞水区共采集定量标本 2 个，采样点水深变化范围为 13.6～20.8 m。根据定量标本，共见到 3 个种类，其中桡足类 1 种和轮虫 2 种，未发现枝角类。浮游甲壳动物优势种为咸水北镖水蚤（*Arctodiaptomus salinus*），轮虫优势种为壶状臂尾轮虫（*Brachionus urceolaris*）。浮游动物密度变化范围为 6.2～9.8 ind./L，水深较浅处浮游动物密度较高。桡足类和轮虫的密度变化范围分别为 6.1～9.7 ind./L 和 0.05～0.1 ind./L。浮游甲壳动物优势种咸水北镖水蚤密度为 0.5～0.8 ind./L，轮虫优势种壶状臂尾轮虫密度为 0～0.1 ind./L。桡足类在浅水处丰度较高。浮游动物生物量变化范围为 0.103～0.141 mg/L，水深较浅处浮游动物生物量较高。桡足类和轮虫的生物量变化范围分别为 0.102～0.141 mg/L 和 0.000 05～0.0007 mg/L。浮游甲壳动物优势种咸水北镖水蚤生物量为 0.020～0.036 mg/L，轮虫优势种壶状臂尾轮虫生物量为 0～0.0007 mg/L。

本次调查在张乃错共采集到 3 种底栖动物，分别为异环摇蚊（*Acricotopus* spp.）、纹饰环足摇蚊（*Cricotopus ornatus*）和玄黑摇蚊（*Chironomus annularius*），异环摇蚊占绝对优势，其密度约为 100 ind./m², 其他两种丰度较低。与前期报道（崔永德等，2021；王宝强，2019）相比，本次未发现钩虾和水蝇。

5.14　达　则　错

达则错经纬度位置为 87.51°E、31.38°N（图 5-14），面积为 244.7 km²，流域面积为 10 885 km²，湖面海拔为 4459 m。湖水主要由源于藏北高原中部雪山的波仓藏布补给。

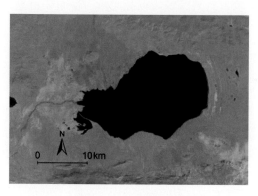

图 5-14　达则错影像

达则错为典型内流湖，调查水深为 9.9～39 m[均值为（24.6±14.6）m]，透明度为（2.9±1.7）m，湖泊浊度为（2.4±1.8）NTU，pH 的变化范围是 10.89～11.89，平均值为 11.30，说明该湖泊属碱性水体；调查期间湖泊水温为（14.9±0.1）℃，盐度为（12.11±0.03）‰，为碳酸盐型咸水湖；电导率可达（16 312.37±15.05）μS/cm，溶解氧浓度为（5.43±0.12）mg/L，氧化还原电位平均值为（-7.40±42.93）mV；湖泊总氮浓度为（1.44±0.16）mg/L，总磷浓度为（0.12±0.03）mg/L，叶绿素 a 浓度为（0.65±0.46）μg/L，整体营养水平偏低，属寡营养水平，但湖泊溶解性有机碳浓度较高，均值可达（18.0±3.6）mg/L，主要是由流域内经河流输入的有机碳在湖内长年累月累积，湖泊蒸发浓缩所致。总悬浮颗粒物浓度平均值为（20.60±1.82）mg/L；无机悬浮颗粒物浓度为（16.64±1.65）mg/L；有机悬浮颗粒物浓度为（3.96±0.24）mg/L；无机悬浮颗粒物占总悬浮颗粒物的 81%，说明无机悬浮颗粒物是达则错总悬浮物的主要成分。

湖水中主要离子组成：Na^+ 浓度为 4840.0 mg/L，K^+ 浓度为 526.0 mg/L，Mg^{2+} 浓度为 57.8 mg/L，Ca^{2+} 浓度为 14.6 mg/L，SO_4^{2-} 浓度为 5685.6 mg/L，HCO_3^- 浓度为 3092.7 mg/L，CO_3^{2-} 浓度为 3240.0 mg/L，Cl^- 浓度为 1103.9 mg/L。

2019 年 8 月调查的显微镜鉴定结果发现，达则错共鉴定出浮游植物 4 门 5 属，分别为：硅藻门，小环藻、舟形藻；甲藻门，多甲藻；蓝藻门，假鱼腥藻；绿藻门，四角藻。浮游植物细胞密度为 $1.33×10^4$ ind./L，平均生物量为 10.51 μg/L。优势种为多甲藻、舟形藻。香农-维纳多样性指数为 1.12，辛普森指数为 0.57，均匀度指数为 0.63。

分子测序结果发现，达则错浮游植物共 8 门 139 种，其中最多为绿藻门，有 50 种，占比为 35.97%；其次为轮藻门，有 23 种，占比为 16.55%；甲藻门 22 种，占比为 15.83%；硅藻门 15 种，占比为 10.79%；蓝藻门 12 种，占比为 8.63%；金藻门 9 种，占比为 6.47%；定鞭藻门 5 种，占比为 3.6%；隐藻门 3 种，占比为 2.16%。通过与同期调查的青藏高原崩错、懂错、江错等几个湖泊对比，可以发现达则错的浮游植物种类数明显少于上述三湖，表明达则错调查样品中的浮游植物种类组成相对单一。

达则错同一断面不同水深的敞水区共采集定量标本 3 个，采样点水深最深处为 39 m。根据定量标本，共见到 2 个种类，其中枝角类 1 种和桡足类 1 种，未发现轮虫。浮游甲壳动物优势种为西藏溞（*Daphnia tibetana*）和亚洲后镖水蚤（*Metadiaptomus asiaticus*）。浮游动物密度变化范围为 1.8～6.6 ind./L，水深最深处浮游动物密度最高。枝角类和桡足类的密度变化范围分别为 1.5～4.3 ind./L 和 0.3～3.0 ind./L。浮游甲壳动物优势种西藏溞和亚洲后镖水蚤密度分别为 1.5～4.3 ind./L 和 0.1～0.7 ind./L。枝角类和桡足类均在深水处丰度最高。浮游动物生物量变化范围为 0.365～1.049 mg/L，中间水深处浮游动物生物量最高。枝角类和桡足类的生物量变化范围分别为 0.349～1.032 mg/L 和 0.016～0.116 mg/L。浮游甲壳动物优势种西藏溞和亚洲后镖水蚤生物量分别为 0.349～1.032 mg/L 和 0.005～0.065 mg/L。

本次调查采样共获得 4 种底栖动物，分别为异环摇蚊（*Acricotopus* spp.），丰度为 70.7%；沼梭甲（*Helophorus lamicola*）和短粗前脉摇蚊（*Procladius crassinervis*），丰度均是 11.7%；环足摇蚊（*Cricotopus* spp.），丰度为 5.9%。定量样品显示，异环摇蚊密度为 60 ind./m^2，沼梭甲和短粗前脉摇蚊密度都为 10 ind./m^2。本次调查结果与前期报道雷同（崔永德等，2021；王宝强，2019）。

在达则错表层沉积物主要生源要素中，总有机碳含量为 15.1 g/kg，总氮含量为 2.7 g/kg，C/N 值为 6.5，表明湖泊沉积物有机质的主要来源为湖泊自生藻类等低等植物。总磷含量为 514.2 mg/kg。达则错表层沉积物常量元素中，Ca 含量最高，达到 74.8 g/kg，其次分别为 Na（64.2 g/kg）、Al（52.5 g/kg）、K（23.4 g/kg）、Fe（22.9 g/kg）和 Mg（21.0 g/kg）。在主要潜在危害元素中，As、Cd、Cr、Cu、Ni、Pb 和 Zn 的含量分别为 19.7 mg/kg、0.11 mg/kg、62.7 mg/kg、19.0 mg/kg、38.7 mg/kg、14.7 mg/kg 和 54.6 mg/kg。达则错表层沉积物中 Cd、Cu、Pb 和 Zn 的含量均低于沉积物质量基准的阈值效应含量，As、Cr 和 Ni 含量介于阈值效应含量和可能效应含量之间。根据生态风险等级标准，Cd、Cu、Pb 和 Zn 不会对湖泊生物产生毒性效应，而 As、Cr 和 Ni 可能会对湖泊生物产生毒性效应。达则错表层沉积物的主要矿物组成：石英含量为 10.9%，长石含量为 5.1%，文石含量为 9%，方解石含量为 18.8%，白云石含量为 4.9%，云母族矿物含量为 36.6%，高岭石族矿物含量为 11.6%，绿泥石族矿物含量为 2.1%。达则错粒度呈显著的单峰分布特征，中值粒径为 9.53 μm，粉砂含量相对较高，占沉积物全部粒度组成的 79.16%，黏土含量和砂质组分含量分别为 17.84% 和 3.0%。

5.15　诺尔玛错

诺尔玛错经纬度位置为 88.07°E、32.40°N（图 5-15），面积约为 68 km^2，湖面海拔为 4695 m。

诺尔玛错为内流湖，调查水深为 4～14 m[均值为（8.3±5.1）m]，透明度为（1.35±0.13）m，湖泊浊度为（0.47±0.30）NTU，pH 的变化范围是 10.76～11.98，平均值为 11.56，说明该湖泊属碱性水体；调查期间湖泊水温为（14.24±0.09）℃，盐度为（6.26±0.02）‰，为微咸水湖。电导率为（8712.9±10.5）μS/cm，溶解氧浓度为（5.67±0.19）mg/L，氧化还原电位为（36.13±7.79）mV。湖泊总氮浓度为（0.94±0.16）mg/L，总磷浓度为（0.06±0.01）mg/L，叶绿素 a 浓度为（1.29±0.80）μg/L，整体营养水平偏低，属寡营养水平，湖泊溶解性有机碳浓度

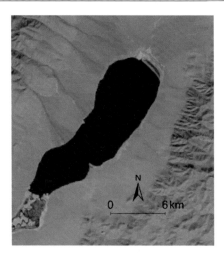

图 5-15　诺尔玛错影像

也较低，均值为（8.0±0.7）mg/L。总悬浮颗粒物浓度平均值为（16.95±1.19）mg/L；无机悬浮颗粒物浓度为（11.92±0.53）mg/L；有机悬浮颗粒物浓度为（5.03±0.68）mg/L；无机悬浮颗粒物占总悬浮颗粒物的70%，说明无机悬浮颗粒物是诺尔玛错总悬浮物的主要成分。

湖水中主要离子组成：Na^+ 浓度为 3240.0 mg/L，K^+ 浓度为 237.0 mg/L，Mg^{2+} 浓度为 71.3 mg/L，Ca^{2+} 浓度为 7.3 mg/L，HCO_3^- 浓度为 2214.3 mg/L，CO_3^{2-} 浓度为 2316.0 mg/L。

2019 年 8 月调查的显微镜鉴定结果发现，诺尔玛错共鉴定出浮游植物 2 门 3 属，分别为：硅藻门，桥弯藻；绿藻门，单针藻、韦斯藻。浮游植物细胞密度为 $2.78×10^3$ ind./L，平均生物量为 0.17 μg/L。优势种为桥弯藻。香农-维纳多样性指数为 0.30，辛普森指数为 0.17，均匀度指数为 0.44。

分子测序结果发现，诺尔玛错浮游植物共 8 门 188 种，其中最多为绿藻门，有 85 种，占比为 45.21%；其次为轮藻门，有 37 种，占比为 19.68%；硅藻门 28 种，占比为 14.89%；金藻门 11 种，占比为 5.85%；定鞭藻门 10 种，占比为 5.32%；蓝藻门 7 种，占比为 3.72%；甲藻门 5 种，占比为 2.66%；隐藻门 5 种，占比为 2.66%。通过与同期调查的青藏高原崩错、懂错、江错等几个湖泊对比，可以发现诺尔玛错的浮游植物种类数明显少于上述三湖，表明诺尔玛错调查样品中的浮游植物种类组成相对单一。

诺尔玛错同一断面不同水深的敞水区共采集定量标本 3 个，采样点水深变化范围为 4～14 m。根据定量标本，共见到 4 个种类，其中枝角类 1 种、桡足类 2 种和轮虫 1 种。浮游甲壳动物优势种为西藏溞（*Daphnia tibetana*），轮虫优势种为褶皱臂尾轮虫（*Brachionus plicatilis*）。浮游动物密度变化范围为 3.7～4.7 ind./L，水深最浅处浮游动物密度最高。枝角类、桡足类和轮虫的密度变化范围分别为 0.1～0.3 ind./L、0.4～0.9 ind./L 和 2.9～3.5 ind./L。浮游甲壳动物优势种西藏溞密度为 0.1～0.3 ind./L，轮虫优势种褶皱臂尾轮虫密度为 2.9～3.5 ind./L。枝角类和桡足类在深水处丰度较高，轮虫在浅水处丰度较高。浮游动物生物量变化范围为 0.203～0.469 mg/L，水深最浅处浮游动物生物量最高。枝角类、桡足类和轮虫的生物量变化范围分别为 0.169～0.423 mg/L、0.010～0.025 mg/L 和 0.022～0.027 mg/L。浮游甲壳动物优势种西藏溞生物量为 0.169～0.423 mg/L，轮虫优势种褶皱臂尾轮虫生物量为 0.022～0.027 mg/L。

诺尔玛错无相关底栖动物记载。本次采样共获得 2 种底栖动物，分别为沼梭甲（*Helophorus lamicola*）和短粗前脉摇蚊（*Procladius crassinervis*），丰度分别为 83.3%和 16.7%。

在诺尔玛错表层沉积物主要生源要素中，总有机碳含量为 13.8 g/kg，总氮含量为 2.5 g/kg，C/N 值为 6.4，表明湖泊沉积物有机质的主要来源为湖泊自生藻类等低等植物。总磷含量为 731.9 mg/kg。诺尔玛错表层沉积物常量元素中，Ca 含量最高，达到 88.6 g/kg，其次分别为 Al（70.5 g/kg）、Fe（30.9 g/kg）、K（26.3 g/kg）、Mg（23.0 g/kg）和 Na（17.7 g/kg）。在主要潜在危害元素中，As、Cd、Cr、Cu、Ni、Pb 和 Zn 的含量分别为 38.8 mg/kg、0.18 mg/kg、95.4 mg/kg、24.4 mg/kg、44.7 mg/kg、24.2 mg/kg 和 83.5 mg/kg。诺尔玛错表层沉积物中 Cd、Cu、Pb 和 Zn 的含量均低于沉积物质量基准的阈值效应含量，Cr 和 Ni 含量介于阈值效应含量和可能效应含量之间，而 As 含量已经超过可能效应含量。根据生态风险等级标准，Cd、Cu、Pb 和 Zn 不会对湖泊生物产生毒性效应，而 As、Cr 和 Ni 可能会对湖泊生物产生毒性效应。诺尔玛错表层沉积物的主要矿物组成：石英含量为 11.7%，文石含量为 17%，方解石含量为 10.8%，白云石含量为 6%，云母族矿物含量为 37.0%，高岭石族矿物含量为 12.4%，绿泥石族矿物含量为 5.1%。诺尔玛错表层沉积物中粒度基本呈正态分布特征，中值粒径为 6.97 μm，粉砂含量最高，为 70.70%，黏土和砂含量相对较低，分别为 24.91%和 4.39%。

5.16　戈　芒　错

戈芒错经纬度位置为 87.29°E、31.58°N（图 5-16），面积为 52 km^2，湖面海拔为 4602 m。

戈芒错为典型内流湖，调查水深为 3.9～39.1[均值为（20.1±17.8）m]，透明度为（2.3±1.2）m，湖泊浊度为（2.5±2.6）NTU，pH 的变化范围是 10.46～10.57，平均值为 10.53，说明该湖泊属碱性水体；调查期间湖泊水温为（13.9±

图 5-16　戈芒错影像

0.2）℃，盐度为（5.39±0.55）‰，为微咸水湖。电导率为（7528.1±751.2）μS/cm，溶解氧浓度为（5.76±0.06）mg/L，氧化还原电位的平均值为（74.77±1.05）mV。湖泊总氮浓度为（0.57±0.06）mg/L，总磷浓度为（0.05±0.03）mg/L，叶绿素 a 浓度为（0.52±0.26）μg/L，整体营养水平偏低，属寡营养水平，湖泊溶解性有机碳浓度较低，均值为（4.9±0.4）mg/L。总悬浮颗粒物浓度平均值为（15.17±2.87）mg/L；无机悬浮颗粒物浓度为（11.65±2.47）mg/L；有机悬浮颗粒物浓度为（3.53±0.43）mg/L；无机悬浮颗粒物占总悬浮颗粒物的 77%，说明无机悬浮颗粒物是戈芒错总悬浮物的主要成分。

湖水中主要离子组成：Na^+浓度为 2810.0 mg/L，K^+浓度为 466.0 mg/L，Mg^{2+}浓度为 87.1 mg/L，Ca^{2+}浓度为 6.6 mg/L，SO_4^{2-}浓度为 2170.0 mg/L，HCO_3^-浓度为 3001.2 mg/L，CO_3^{2-}浓度为 1398.0 mg/L，Cl^-浓度为 288.5 mg/L。

2019 年 8 月调查的显微镜鉴定结果发现，戈芒错共鉴定出浮游植物 3 门 13 属，分别为：硅藻门，波缘藻、菱形藻、卵形藻、桥弯藻、曲壳藻、双菱藻、小环藻、羽纹藻、针杆藻、肘形藻；蓝藻门，节旋藻；绿藻门，卵囊藻、韦斯藻。浮游植物细胞密度为 3.04×10^4 ind./L，平均生物量为 16.24 μg/L。优势种为波缘藻。香农-维纳多样性指数为 0.93，辛普森指数为 0.44，均匀度指数为 0.39。

分子测序结果发现，戈芒错浮游植物共 8 门 166 种，其中最多为绿藻门，有 80 种，占比为 48.19%；其次为蓝藻门，有 38 种，占比为 22.89%；金藻门 13 种，占比为 7.83%；硅藻门 11 种，占比为 6.63%；轮藻门 11 种，占比为 6.63%；甲藻门 7 种，占比为 4.22%；定鞭藻门 4 种，占比为 2.41%；隐藻门 2 种，占比为 1.2 %。通过与同期调查的青藏高原崩错、懂错、江错等几个湖泊对比，可以发现戈芒错的浮游植物种类数明显少于上述三湖，表明戈芒错调查样品中的浮游植物种类组成相对单一。

戈芒错同一断面不同水深的敞水区共采集定量标本 3 个，采样点水深变化范围为 3.9～39.1 m。根据定量标本，共见到 4 个种类，其中桡足类 1 种和轮虫 3 种，未发现枝角类。浮游动物优势种为环顶六腕轮虫（*Hexarthra fennica*）。浮游动物密度变化范围为 0.8～4.4 ind./L，中间水深处浮游动物密度最高。桡足类和轮虫的密度变化范围分别为 0.6～4.3 ind./L 和 0.1～0.7 ind./L。浮游动物优势种环顶六腕轮虫密度为 0.1～0.3 ind./L。桡足类在中间水深处丰度最高，轮虫在浅水处丰度最高。浮游动物生物量变化范围为 0.017～0.124 mg/L，中间水深处浮游动物生物量较高。桡足类和轮虫的生物量变化范围分别为 0.017～0.124 mg/L 和 0.000 05～0.003 mg/L。浮游动物优势种环顶六腕轮虫生物量为 0.000 05～0.0003 mg/L。

戈芒错底栖动物与张乃错类似，共采集到 3 种，分别为异环摇蚊（*Acricotopus* spp.）、纹饰环足摇蚊（*Cricotopus ornatus*）和少量玄黑摇蚊（*Chironomus annularius*），其中异环摇蚊占绝对优势。

在戈芒错表层沉积物主要生源要素中，总有机碳含量为 9.4 g/kg，总氮含量为 1.4 g/kg，C/N 值为 7.7，表明湖泊沉积物有机质的主要来源为湖泊自生藻类等低等植物。总磷含量为 437.2 mg/kg。戈芒错表层沉积物常量元素中，Ca 含量最高，达到 165.1 g/kg，其次分别为 Al（34.6 g/kg）、Mg（29.0 g/kg）、Fe（16.4 g/kg）、K（12.2 g/kg）和 Na（9.5 g/kg）。在主要潜在危害元素中，As、Cd、Cr、Cu、Ni、Pb 和 Zn 的含量分别为 20.7 mg/kg、0.12 mg/kg、33.2 mg/kg、12.8 mg/kg、18.7 mg/kg、17.1 mg/kg 和 40.4 mg/kg。戈芒错表层沉积物中 Cd、Cr、Cu、Ni、Pb 和 Zn 的含量均低于沉积物质量基准的阈值效应含量，As 含量介于阈值效应含量和可能效应含量之间。根据生态风险等级标准，Cd、Cr、Cu、Ni、Pb 和 Zn 不会对湖泊生物产生毒性效应，而 As 可能会对湖泊生物产生毒性效应。戈芒错表层沉积物的主要矿物组成：石英含量为 15.4%，长石含量为 5.6%，文石含量为 33%，方解石含量为 13.6%，白云石含量为 4.8%，云母族矿物含量为 19.9%，高岭石族矿物含量为 6.2%，绿泥石族矿物含量为 1.5%。戈芒错粒度分布特征较为独特，以粉砂质组分为主，粉砂组分和砂质组分含量分别为 44.87% 和 20.18%，而黏土组分含量为 34.95%。粒度峰值发生在 5.0 μm 和 138 μm，含量分别为 3.6% 和 1.6%。

5.17　赛　布　错

赛布错经纬度位置为 88.20°E、32.01°N（图 5-17），面积约为 63 km²，湖面海拔为 4516 m。

赛布错为典型内流湖，调查水深为 2.6～10.9 m[均值为（7.9±4.6）m]，透明度为（0.9±0.2）m，对应湖泊浊度为（17.3±11.3）NTU，pH 为 13.48，说明该湖泊属碱性水体；调查期间湖泊水温为（17.2±2.5）℃，盐度为（3.485±0.007）‰，为微咸水湖。电导率可达（5404.4±320.8）μS/cm，溶解氧浓度为（7.2±3.0）mg/L，

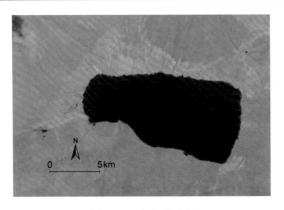

图 5-17　赛布错影像

氧化还原电位为 41.60 mV。湖泊总氮浓度为（0.93±0.01）mg/L，总磷浓度为 0.04 mg/L，叶绿素 a 浓度为（0.52±0.25）μg/L，整体营养水平偏低，属寡营养水平，但湖泊溶解性有机碳浓度较高，均值可达（13.0±0.7）mg/L，主要是由流域内经河流输入的有机碳在湖内长年累月累积，湖泊蒸发浓缩所致。总悬浮颗粒物浓度为 19.24 mg/L；无机悬浮颗粒物浓度为 15.54 mg/L；有机悬浮颗粒物浓度为 3.70 mg/L；无机悬浮颗粒物占总悬浮颗粒物的 81%，说明无机悬浮颗粒物是赛布错总悬浮物的主要成分。

湖水中主要离子组成：Na^+ 浓度为 1620.0 mg/L，K^+ 浓度为 132.0 mg/L，Mg^{2+} 浓度为 101.0 mg/L，Ca^{2+} 浓度为 4.1 mg/L，SO_4^{2-} 浓度为 688.3 mg/L，HCO_3^- 浓度为 1787.3 mg/L，CO_3^{2-} 浓度为 780.0 mg/L，Cl^- 浓度为 291.9 mg/L。

2019 年 8 月调查的显微镜鉴定结果发现，赛布错共鉴定出浮游植物 3 门 5 属，分别为：硅藻门，双菱藻、小环藻；裸藻门，囊裸藻；绿藻门，卵囊藻、纤维藻。浮游植物细胞密度为 $3.00×10^4$ ind./L，平均生物量为 34.83 μg/L。优势种为双菱藻。香农-维纳多样性指数为 0.76，辛普森指数为 0.39，均匀度指数为 0.47。

分子测序结果发现，赛布错浮游植物共 9 门 232 种，其中最多为绿藻门，有 164 种，占比为 70.69%；其次为轮藻门，有 18 种，占比为 7.76%；蓝藻门 12 种，占比为 5.17%；定鞭藻门 11 种，占比为 4.74%；硅藻门 11 种，占比为 4.74%；甲藻门 9 种，占比为 3.88%；金藻门 5 种，占比为 2.16%；黄藻门 1 种，占比为 0.43%；隐藻门 1 种，占比为 0.43%。通过与同期调查的青藏高原崩错、懂错、江错等几个湖泊对比，可以发现赛布错的浮游植物种类数明显少于上述三湖，表明赛布错调查样品中的浮游植物种类组成相对单一。

在赛布错同一断面不同水深的敞水区共采集定量标本 3 个，采样点水深最深处为 10.9 m，最浅处为 2.6 m。根据定量标本，共见到 4 个种类，其中枝角类 2 种、桡足类 1 种和轮虫 1 种。浮游甲壳动物优势种为大型溞（*Daphnia magna*），轮虫优势种为褶皱臂尾轮虫（*Brachionus plicatilis*）。浮游动物密度变化范围为 10.5～41.8 ind./L，水深最浅处浮游动物密度最低，为 10.5 ind./L。枝角类、桡足类和轮虫的密度变化范围分别为 2.4～5.5 ind./L、0.2～10.2 ind./L 和 8.0～28.2 ind./L。浮游甲壳动物优势种大型溞密度为 2.5～5.5 ind./L，水深最深处密度最高。轮虫优势种褶皱臂尾轮虫密度为 8.0～28.2 ind./L，在中间水深处达到最大值。浮游动物生物量变化范围为 0.474～1.226 mg/L，水深最深处浮游动物生物量最高。枝角类、桡足类和轮虫的生物量变化范围分别为 0.421～0.966 mg/L、0.002～0.217 mg/L 和 0.051～0.180 mg/L。浮游甲壳动物优势种大型溞生物量为 0.421～0.966 mg/L，轮虫优势种褶皱臂尾轮虫生物量为 0.051～0.180 mg/L。

对赛布错进行的底栖动物定性采样中仅发现少量沼梭甲（*Helophorus lamicola*）和异环摇蚊（*Acricotopus* spp.），未进行定量采集。

在赛布错表层沉积物主要生源要素中，总有机碳含量为 7.0 g/kg，总氮含量为 1.4 g/kg，C/N 值为 5.8，表明湖泊沉积物有机质的主要来源为湖泊自生藻类等低等植物。总磷含量为 511.9 mg/kg。赛布错表层沉积物常量元素中，Ca 含量最高，达到 86.2 g/kg，其次分别为 Al（77.7 g/kg）、Fe（35.1 g/kg）、K（25.9 g/kg）、Mg（23.5 g/kg）和 Na（6.5 g/kg）。在主要潜在危害元素中，As、Cd、Cr、Cu、Ni、Pb 和 Zn 的含量分别为 42.3 mg/kg、0.19 mg/kg、110.4 mg/kg、24.0 mg/kg、69.0 mg/kg、22.3 mg/kg 和 82.1 mg/kg。赛布错表层沉积物中 Cd、Cu、Pb 和 Zn 的含量均低于沉积物质量基准的阈值效应含量，Cr 含量介于阈值效应含量和可能效应含量之间，而 As 和 Ni 含量已经超过可能效应含量。根据生态风险等级标准，Cd、Cu、Pb 和 Zn 不会对湖泊生物产生毒性效应，而 As、Cr 和 Ni 可能会对湖泊生物产生毒性效应。赛布错表层沉积物的主要矿物组成：石英含量为 9.4%，长石含量为 3.3%，文石含量为 6.6%，方解石含量为 17.3%，白云石含量为 4%，云母族矿物含量为 38.5%，高岭石族矿物含量为 11.1%，绿泥石族矿物含量为 9.8%。赛布错表层沉积物粒径相对较细，中值粒径仅为 3.68 μm，砂质组分含量极低，仅有 0.8%，而黏土组分和粉砂组分含量基本均等，含量分别为 47.48% 和 51.72%。此外，表层沉积物中 1～15 μm 的颗粒物质在表层沉积物中占 90% 以上。

5.18　吴　如　错

吴如错经纬度位置为 88.05°E、31.73°N（图 5-18），面积为 362.52 km²，湖面海拔为 4559 m。

吴如错调查水深为 5.6～49 m［均值为（24.1±22.4）m］，透明度为（3.3±2.9）m，对应湖泊浊度为（2.0±1.8）NTU，pH 的变化范围是 11.19～11.59，平均值为 11.34，说明该湖泊属碱性水体；调查期间湖泊水温为（14.9±0.5）℃，盐度为

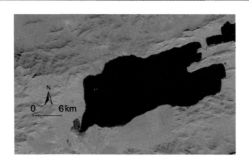

图 5-18 吴如错影像

0.19‰，为淡水湖；电导率可达（315.4±2.8）μS/cm，溶解氧浓度为（6.08±0.08）mg/L，氧化还原电位的变化范围是 54.20～86.40 mV，平均值为（72.90±13.65）mV；湖泊总氮浓度为（0.56±0.12）mg/L，总磷浓度为（0.03±0.01）mg/L，叶绿素 a 浓度为（1.08±0.59）μg/L，整体营养水平偏低，属寡营养水平，湖泊溶解性有机碳浓度也很低，均值仅为（1.7±0.1）mg/L，主要是因为该淡水湖氧气代谢快。总悬浮颗粒物浓度为（5.41±1.10）mg/L；无机悬浮颗粒物浓度平均值为（3.41±0.90）mg/L；有机悬浮颗粒物浓度平均值为（1.99±0.19）mg/L；无机悬浮颗粒物占总悬浮颗粒物的 63%，说明无机悬浮颗粒物是吴如错总悬浮物的主要成分。

湖水中主要离子组成：Na^+浓度为 33.9 mg/L，K^+浓度为 5.6 mg/L，Mg^{2+}浓度为 15.4 mg/L，Ca^{2+}浓度为 20.1 mg/L，SO_4^{2-}浓度为 38.0 mg/L，HCO_3^-浓度为 219.6 mg/L，Cl^-浓度为 19.1 mg/L，F^-浓度为 1.5 mg/L。

2019 年 8 月调查的显微镜鉴定结果发现，吴如错共鉴定出浮游植物 4 门 10 属，分别为：硅藻门，脆杆藻、冠盘藻、内丝藻、桥弯藻、小环藻、异极藻；甲藻门，角甲藻；蓝藻门，颤藻；绿藻门，卵囊藻、纤维藻。浮游植物细胞密度为 $1.89×10^4$ ind./L，平均生物量为 34.81 μg/L。优势种为角甲藻。香农-维纳多样性指数为 1.21，辛普森指数为 0.57，均匀度指数为 0.52。

分子测序结果发现，吴如错浮游植物共 8 门 417 种，其中，最多为绿藻门，有 235 种，占比为 56.35%；其次为轮藻门，有 70 种，占比为 16.79%；硅藻门 51 种，占比为 12.23%；金藻门 27 种，占比为 6.47%；蓝藻门 14 种，占比为 3.36%；甲藻门 9 种，占比为 2.16%；定鞭藻门 7 种，占比为 1.68%；隐藻 4 种，占比为 0.96%。通过与同期调查的青藏高原崩错、懂错、江错等几个湖泊对比，可以发现吴如错调查样品中的浮游植物种类组成相对丰富。

吴如错同一断面不同水深的敞水区共采集定量标本 3 个，采样点水深最深处为 49 m，最浅处为 5.6 m。根据定量标本，共见到 9 个种类，其中枝角类 1 种、桡足类 2 种和轮虫 6 种。浮游甲壳动物优势种为长刺溞（*Daphnia longispina*），轮虫优势种为卜氏晶囊轮虫（*Asplanchna brightwell*）和针簇多肢轮虫（*Polyarthra trigla*）。浮游动物密度变化范围为 0～5.67 ind./L，水深最浅处浮游动物密度最高，为 5.67 ind./L。枝角类、桡足类和轮虫的密度变化范围分别为 0～0.1 ind./L、0～1.8 ind./L 和 0～3.8 ind./L。浮游甲壳动物优势种长刺溞密度为 0～0.1 ind./L，水深最深处密度最高。轮虫优势种卜氏晶囊轮虫和针簇多肢轮虫密度分别为 0～1.5 ind./L 和 0～1.5 ind./L，在水深最浅处达到最大值。浮游动物生物量变化范围为 0～0.099 mg/L，水深最深处浮游动物生物量最高。枝角类、桡足类和轮虫的生物量变化范围分别为 0～0.004 mg/L、0～0.045 mg/L 和 0～0.051 mg/L。浮游甲壳动物优势种长刺溞生物量为 0～0.004 mg/L，轮虫优势种卜氏晶囊轮虫和针簇多肢轮虫生物量分别为 0～0.049 mg/L 和 0～0.002 mg/L。

吴如错底栖动物种类丰富多样，但前期报道未罗列具体种类（崔永德等，2021）。本次科考对吴如错进行的湖泊底栖动物调查中，仅在定性样品中发现了少量短粗前脉摇蚊（*Procladius crassinervis*）、环足摇蚊（*Cricotopus* sp.）和卡氏拟长跗摇蚊（*Paratanytarsus kaszabi*）。

吴如错表层沉积物的主要矿物组成：石英含量为 10.9%，长石含量为 3%，文石含量为 1.9%，方解石含量为 38.6%，白云石含量为 1.2%，云母族矿物含量为 29.5%，高岭石族矿物含量为 8.7%，绿泥石族矿物含量为 6.2%。吴如错表层沉积物粒径分布较广，但以细颗粒黏土和中等粒径的粉砂为主，含量分别为 44.85% 和 48.6%，粒径较粗的砂含量仅有 6.55%。表层沉积物中值粒径为 4.51 μm，而含量最高的沉积物颗粒粒径主要分布在 4.0 μm 左右。

5.19　恰　规　错

恰规错经纬度位置为 88.32°E、31.83°N（图 5-19），面积为 120 km^2，湖面海拔约为 4558 m。

图 5-19　恰规错影像

恰规错调查水深为 4.5～26.9 m[均值为（15.7±11.2）m]，透明度为（7.2±4.0）m，对应湖泊浊度为（0.27±0.90）NTU，pH 的变化范围是 13.08～13.79，平均值为 13.37，说明该湖泊属碱性水体；调查期间湖泊水温为（15.8±0.2）℃，盐度为 0.2‰，为淡水湖。电导率为（345.3±0.5）µS/cm，溶解氧浓度为（6.1±0.5）mg/L，氧化还原电位的变化范围平均值为（−56.60±9.67）mV；湖泊总氮浓度为（0.27±0.07）mg/L，总磷浓度为 0.03 mg/L，叶绿素 a 浓度为（0.92±0.56）µg/L，整体营养水平偏低，属寡营养水平，湖泊溶解性有机碳浓度也很低，均值为（1.91±0.03）mg/L。总悬浮颗粒物浓度平均值为（2.13±0.61）mg/L；无机悬浮颗粒物浓度平均值为（0.23±0.39）mg/L；有机悬浮颗粒物浓度平均值为（1.90±0.23）mg/L；有机悬浮颗粒物占总悬浮颗粒物的 89%，说明有机悬浮颗粒物是恰规错总悬浮物的主要成分。

湖水中主要离子组成：Na^+ 浓度为 43.7 mg/L，K^+ 浓度为 7.2 mg/L，Mg^{2+} 浓度为 19.4 mg/L，Ca^{2+} 浓度为 18.9 mg/L，SO_4^{2-} 浓度为 42.7 mg/L，HCO_3^- 浓度为 237.9 mg/L，Cl^- 浓度为 21.0 mg/L，F^- 浓度为 1.4 mg/L。

2019 年 8 月调查的显微镜鉴定结果发现，恰规错共鉴定出浮游植物 4 门 11 属，分别为：硅藻门，短缝藻、菱形藻、内丝藻、小环藻、异极藻、羽纹藻、舟形藻；甲藻门，角甲藻；蓝藻门，微囊藻；绿藻门，卵囊藻、纤维藻。浮游植物细胞密度为 $8.22×10^4$ ind./L，平均生物量为 20.69 µg/L。优势种为角甲藻。香农–维纳多样性指数为 1.19，辛普森指数为 0.53，均匀度指数为 0.50。

分子测序结果发现，恰规错浮游植物共 9 门 362 种，其中最多为绿藻门，有 244 种，占比为 67.4%；其次硅藻门，有 38 种，占比为 10.5%；金藻门 27 种，占比为 7.46%；轮藻门 17 种，占比为 4.7%；蓝藻门 17 种，占比为 4.7%；甲藻门 9 种，占比为 2.49%；隐藻门 7 种，占比为 1.93%；定鞭藻门 2 种，占比为 0.55%；黄藻门 1 种，占比为 0.28%。通过与同期调查的青藏高原崩错、懂错、江错等几个湖泊对比，可以发现恰规错的浮游植物种类数明显少于崩错，但是与懂错和江错相近，分子鉴定结果不到 400 种，表明恰规错和这两个湖泊的浮游植物种类组成均较丰富。

恰规错同一断面不同水深的敞水区共采集定量标本 3 个，采样点水深最深处为 26.9 m，最浅处为 4.5 m。根据定量标本，共见到 12 个种类，其中枝角类 1 种、桡足类 2 种和轮虫 9 种。浮游甲壳动物优势种为梳刺北镖水蚤（Arctodiaptomus altissimus pectinatus），轮虫优势种为卜氏晶囊轮虫（Asplanchna brightwell）和独角聚花轮虫（Conochilus unicornis）。浮游动物密度变化范围为 2.7～15.1 ind./L，水深最深处浮游动物密度最高。枝角类、桡足类和轮虫的密度变化范围分别为 0.4～1.9 ind./L、1.3～6.6 ind./L 和 0.7～6.6 ind./L。浮游甲壳动物优势种梳刺北镖水蚤密度为 0.2～2.7 ind./L，水深最深处密度最高。轮虫优势种卜氏晶囊轮虫和独角聚花轮虫密度分别为 0.2～1.3 ind./L 和 0.03～4.2 ind./L，在水深最浅处达到最大值。浮游动物生物量变化范围为 0.089～0.414 mg/L，水深最深处浮游动物生物量最高。枝角类、桡足类和轮虫的生物量变化范围分别为 0.040～0.175 mg/L、0.028～0.193 mg/L 和 0.007～0.046 mg/L。浮游甲壳动物优势种梳刺北镖水蚤生物量为 0.009～0.147 mg/L，轮虫优势种卜氏晶囊轮虫生物量为 0.007～0.044 mg/L。独角聚花轮虫虽出现率和密度占优势，但是生物量很低。

本次调查利用抓斗、底拖网对恰规错底栖动物进行定性定量采样，镜检出 5 种底栖动物，分别为萝卜螺（*Radix* sp.）、圆口扁蜷（*Gyraulus spirillus*）、沼石蛾（Limnephilidae sp.）、湖沼钩虾（*Gammarus lacustris*）和纹饰环足摇蚊（*Cricotopus ornatus*），其相对丰度分别为 38.9%、29.5%、15.2%、12.9% 和 3.5%，其密度分别为 90 ind./m^2、68 ind./m^2、35 ind./m^2、30 ind./m^2 和 8 ind./m^2。与前期工作（崔永德等，2021；王宝强，2019）相比，本次未发现线虫和寡毛类底栖动物。

在恰规错表层沉积物主要生源要素中，总有机碳含量为 17.9 g/kg，总氮含量为 2.8 g/kg，C/N 值为 7.6，表明湖泊沉积物有机质的主要来源为湖泊自生藻类等低等植物。总磷含量为 668.2 mg/kg。恰规错表层沉积物常量元素中，Ca 含量最高，达到 101.3 g/kg，其次分别为 Al（59.8 g/kg）、Fe（25.8 g/kg）、K（20.1 g/kg）、Mg（11.4 g/kg）和 Na（5.8 g/kg）。在主要潜在危害元素中，As、Cd、Cr、Cu、Ni、Pb 和 Zn 的含量分别为 43.7 mg/kg、0.10 mg/kg、74.4 mg/kg、17.6 mg/kg、38.3 mg/kg、21.9 mg/kg 和 66.1 mg/kg。恰规错表层沉积物中 Cd、Cu、Pb 和 Zn 的含量均低于沉积物质量基准的阈值效应含量，Cr 和 Ni 含量介于阈值效应含量和可能效应含量之间，而 As 含量已经超过可能效应含量。根据生态风险等级标准，Cd、Cu、Pb 和 Zn 不会对湖泊生物产生毒性效应，而 As、Cr 和 Ni 可能会对湖泊生物产生毒性效应。恰规错表层沉积物的主要矿物组成：石英含量为 16.5%，长石含量为 3.5%，文石含量为 6.5%，方解石含量为 30%，白云石含量为 1.2%，云母族矿物含量为 29.4%，高岭石族矿物含量为 10.3%，绿泥石族矿物含量为 2.6%。恰规错表层沉积物中粒度分布较为独特，除了在 1 μm、4 μm 和 60 μm 处具有较为明显的三个峰值外，粒径在 3.5～60 μm 的粉砂颗粒含量相对较高。中值粒径为 10.92 μm，粉砂含量为 56.26%，黏土和砂含量相对较低，分别为 28.43% 和 15.31%。

5.20　纳　木　错

纳木错经纬度位置为 90.95°E、30.80°N（图 5-20），湖面海拔为 4718 m，面积为 2025 km^2，蓄水量为 768 m^3，为世界上海拔最高的大型湖泊。

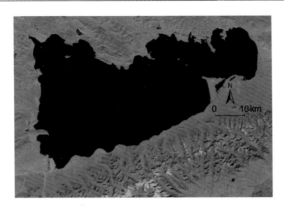

图 5-20　纳木错影像

纳木错为念青唐古拉山西北侧大型断陷洼地中发育的构造湖泊，为典型内流湖。本次调查水深为 5.5～37.9 m[均值为（20.4±16.4）m]，透明度为（10.75±1.77）m，湖心见底，湖泊浊度为（0.34±1.22）NTU，pH 的变化范围是 10.60～15.72，平均值为 12.69，说明该湖泊属碱性水体；盐度为（0.943±0.005）‰，为微咸水湖。调查期间湖泊水温为（13.2±0.3）℃，电导率为（1428.2±12.4）μS/cm，溶解氧浓度为（5.80±0.09）mg/L，氧化还原电位平均值为（48.67±6.34）mV。湖泊总氮浓度为（0.4±0.1）mg/L，总磷浓度为 0.03 mg/L，叶绿素 a 浓度为（1.0±0.7）μg/L，整体营养水平偏低，属寡营养水平，但湖泊溶解性有机碳浓度略高，均值可达（11.6±2.5）mg/L。总悬浮颗粒物浓度平均值为（5.02±1.41）mg/L；无机悬浮颗粒物浓度平均值为（2.70±1.20）mg/L；有机悬浮颗粒物浓度平均值为（2.32±0.24）mg/L；无机悬浮颗粒物占总悬浮颗粒物的 54%，说明无机悬浮颗粒物是纳木错总悬浮物的主要成分。

湖水中主要离子组成：Na^+ 浓度为 325.0 mg/L，K^+ 浓度为 53.4 mg/L，Mg^{2+} 浓度为 89.9 mg/L，Ca^{2+} 浓度为 2.9 mg/L，SO_4^{2-} 浓度为 225.0 mg/L，HCO_3^- 浓度为 774.7 mgL，CO_3^{2-} 浓度为 132.0 mg/L，Cl^- 浓度为 66.8 mg/L，F^- 浓度为 5.8 mg/L。

2019 年 8 月调查的显微镜鉴定结果发现，纳木错共鉴定出浮游植物 3 门 13 属，分别为：硅藻门，棒杆藻、波缘藻、辐节藻、菱形藻、桥弯藻、曲壳藻、小环藻、异极藻、舟形藻；甲藻门，多甲藻、裸甲藻；绿藻门，卵囊藻、转板藻。浮游植物细胞密度为 $5.39×10^4$ ind./L，平均生物量为 24.41 μg/L。优势种为波缘藻。香农-维纳多样性指数为 1.76，辛普森指数为 0.72，均匀度指数为 0.69。

分子测序结果发现，纳木错浮游植物共 9 门 312 种，其中最多为绿藻门，有 165 种，占比为 52.88%；其次为轮藻门，有 41 种，占比为 13.14%；硅藻门 39 种，占比为 12.5%；金藻门 29 种，占比为 9.29%；蓝藻门 15 种，占比为 4.81%；甲藻门 13 种，占比为 4.17%；隐藻门 6 种，占比为 1.92%；定鞭藻门 3 种，占比为 0.96%；黄藻门 1 种，占比为 0.32%。通过与同期调查的青藏高原湖泊对比，可以发现纳木错的浮游植物种类数明显少于崩错的 616 种，也少于懂错的 354 种和江错的 397 种，但是明显多于张乃错等湖泊，表明纳木错调查样品中的浮游植物种类组成处于中等丰富水平。

1992 年 6 月西藏自治区环境监测站的调查记录了纳木错有浮游动物 6 种，主要是轮虫和甲壳动物，数量甚少；2002 年袁军等对纳木错的研究记录了 19 种浮游动物，南部浮游动物总数为 1122 ind./L，其中轮虫 660 ind./L，枝角类 132 ind./L，桡足类 66 ind./L；东部浮游动物总数为 850 ind./L，其中轮虫 500 ind./L，枝角类 100 ind./L，桡足类 50 ind./L。

本次调查在同一断面不同水深的敞水区共采集定量标本 3 个，采样点平均盐度为 0.95 g/L，采样点水深变化范围为 5.5～37.9 m。根据定量标本，共见到 5 个种类，其中桡足类 1 种和轮虫 4 种。浮游甲壳动物优势种为梳刺北镖水蚤（*Arctodiaptomus altissimus pectinatus*），轮虫优势种为独角聚花轮虫（*Conochilus unicornis*）。浮游动物密度变化范围为 1.5～7.3 ind./L，中间水深处浮游动物密度最高。桡足类和轮虫的密度变化范围分别为 1.1～5.2 ind./L 和 0.3～2.2 ind./L。浮游甲壳动物优势种梳刺北镖水蚤密度为 0.1～0.5 ind./L，中间水深处密度最高。轮虫优势种独角聚花轮虫密度为 0.3～2.0 ind./L，在中间水深处达到最大值。浮游动物生物量变化范围为 0.012～0.056 mg/L，中间水深处浮游动物生物量最高。桡足类和轮虫的生物量变化范围分别为 0.011～0.055 mg/L 和 0.0001～0.0006 mg/L。浮游甲壳动物优势种梳刺北镖水蚤生物量为 0.005～0.026 mg/L。

5.21　乃日平错

乃日平错经纬度位置为 91.46°E、31.29°N（图 5-21）。湖滨为广阔的冲积平原，面积为 69.6 km²，湖面海拔为 5420 m。湖水主要由地表径流补给。

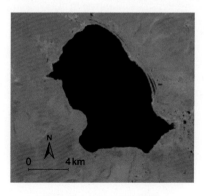

图 5-21　乃日平错影像

　　乃日平错为典型内流湖，盐度为（9.2±0.04）‰，为微咸水湖。调查水深为
4.5～11.7 m[均值为（7.9±3.6）m]，透明度为（3.1±0.8）m，湖泊浊度为（1.7±0.5）
NTU，调查期间湖泊水温为（15.9±0.2）℃，电导率可达（12 965.1±77.6）μS/cm，
溶解氧浓度为（5.0±0.2）mg/L。湖泊总氮浓度为（1.53±0.07）mg/L，总磷浓度
为（0.13±0.04）mg/L，叶绿素 a 浓度为（0.6±0.2）μg/L，整体营养水平偏低，
属寡营养水平，但湖泊溶解性有机碳浓度较高，均值可达（24.2±2.1）mg/L，主
要是由流域内经河流输入的有机碳在湖内长年累月累积，湖泊蒸发浓缩所致。总
悬浮颗粒物浓度为（18.37±1.39）mg/L；无机悬浮颗粒物浓度为（11.66±0.39）
mg/L；有机悬浮颗粒物浓度为（6.71±1.76）mg/L；无机悬浮颗粒物占总悬浮颗
粒物的 63%。

　　湖水中主要离子组成：Na^+ 浓度为 4790.0 mg/L，K^+ 浓度为 780.0 mg/L，Mg^{2+}
浓度为 77.8 mg/L，Ca^{2+} 浓度为 8.1 mg/L，SO_4^{2-} 浓度为 2887.1 mg/L，HCO_3^- 浓度
为 3891.8 mg/L，CO_3^{2-} 浓度为 2400.0 mg/L，Cl^- 浓度为 1174.1 mg/L。

　　2019 年 8 月调查的显微镜鉴定结果发现，乃日平错共鉴定出浮游植物 3 门 8
属，分别为：硅藻门，菱形藻、卵形藻、小环藻、羽纹藻、舟形藻；甲藻门，多
甲藻；绿藻门，卵囊藻、蹄形藻。浮游植物细胞密度为 1.28×10^4 ind./L，平均生
物量为 21.61 μg/L。优势种为多甲藻。香农-维纳多样性指数为 1.32，辛普森指数
为 0.64，均匀度指数为 0.64。

　　分子测序结果发现，乃日平错浮游植物共 8 门 48 种，其中最多为绿藻门，有
15 种，占比为 31.25%；其次为甲藻门，有 7 种，占比为 14.58%；蓝藻门 6 种，
占比为 12.5%；定鞭藻门 6 种，占比为 12.5%；轮藻门 6 种，占比为 12.5%；硅藻
门 4 种，占比为 8.33%；金藻门 3 种，占比为 6.25%；隐藻门 1 种，占比为 2.08%。
通过与同期调查的青藏高原崩错、懂错、江错等几个湖泊对比，可以发现乃日平
错的浮游植物种类数明显少于上述三湖，表明乃日平错调查样品中的浮游植物种
类组成相对单一。

　　乃日平错同一断面不同水深的敞水区共采集定量标本 3 个，采样点水深最深
处为 11.7 m。根据定量标本，共见到 3 个种类，其中枝角类 1 种、桡足类 2 种，
未发现轮虫。浮游甲壳动物优势种为西藏溞（*Daphnia tibetana*）和亚洲后镖水蚤
（*Metadiaptomus asiaticus*）。浮游动物密度变化范围为 9.0～19.8 ind./L，水深最深
处浮游动物密度最高。枝角类和桡足类的密度变化范围分别为 3.2～7.9 ind./L 和
3.6～11.9 ind./L。浮游甲壳动物优势种西藏溞和亚洲后镖水蚤密度分别为 3.2～7.9
ind./L 和 2.8～9.2 ind./L，水深最深处密度最高。浮游动物生物量变化范围为
1.518～3.515 mg/L，水深最深处浮游动物生物量最高。枝角类和桡足类的生物量
变化范围分别为 1.042～2.572 mg/L 和 0.262～0.943 mg /L。浮游甲壳动物优势种
西藏溞和亚洲后镖水蚤生物量分别为 1.042～2.572 mg/L 和 0.221～0.741 mg/L。

乃日平错底栖动物采样调查共获得 3 种底栖动物，其中短粗前脉摇蚊（*Procladius crassinervis*）相对丰度为 67.5%，沼梭甲（*Helophorus lamicola*）相对丰度为 32.4%，二者密度分别为 200 ind./m^2 和 90 ind./m^2，另外，还有少量玄黑摇蚊（*Chironomus annularius*）出现。

在乃日平错表层沉积物主要生源要素中，总有机碳含量为 24.6 g/kg，总氮含量为 4.0 g/kg，C/N 值为 7.1，表明湖泊沉积物有机质的主要来源为湖泊自生藻类等低等植物。总磷含量为 902.5 mg/kg。乃日平错表层沉积物常量元素中，Ca 含量最高，达到 76.1 g/kg，其次分别为 Al（61.3 g/kg）、Fe（29.5 g/kg）、Mg（22.8 g/kg）、K（22.6 g/kg）和 Na（20.9 g/kg）。在主要潜在危害元素中，As、Cd、Cr、Cu、Ni、Pb 和 Zn 的含量分别为 29.7 mg/kg、0.15 mg/kg、66.7 mg/kg、17.1 mg/kg、53.9 mg/kg、23.7 mg/kg 和 71.5 mg/kg。乃日平错表层沉积物中 Cd、Cu、Pb 和 Zn 的含量均低于沉积物质量基准的阈值效应含量，As 和 Cr 含量介于阈值效应含量和可能效应含量之间，而 Ni 含量已经超过可能效应含量。根据生态风险等级标准，Cd、Cu、Pb 和 Zn 不会对湖泊生物产生毒性效应，而 As、Cr 和 Ni 可能会对湖泊生物产生毒性效应。乃日平错表层沉积物的主要矿物组成：石英含量为 11.6%，长石含量为 6.1%，文石含量为 17%，方解石含量为 7.7%，白云石含量为 2.8%，云母族矿物含量为 35.6%，高岭石族矿物含量为 13.1%，绿泥石族矿物含量为 5%，另含堇青石等变质矿物 1.1%。乃日平错表层沉积物中，粒度基本呈正态分布特征，中值粒径为 9.24 μm，粉砂含量最高，为 72.73%，黏土和砂含量相对较低，分别为 18.03% 和 9.24%。

5.22　错　　鄂

错鄂经纬度位置为 91.50°E、31.44°N（图 5-22），面积为 244 km^2，流域面积为 8985 km^2，湖面海拔为 4528 m。

错鄂主要入湖河流有永珠藏布和普种藏布，为内流湖。调查水深为 4.5～7.5 m ［均值为（6.0±2.1）m］，透明度为（0.78±0.04）m，对应湖泊浊度为（6.1±0.7）NTU，pH 的变化范围是 10.75～14.02，平均值为 12.38，说明该湖泊属碱性水体；盐度为（4.19±0.01）‰，为淡水湖。调查期间湖泊水温为（14.6±0.3）℃，电导率可达（6041.9±28.6）μS/cm，溶解氧浓度为（5.9±0.1）mg/L，氧化还原电位的变化范围是 -21.20～20.80 mV，平均值为（-0.20±21.00）mV。湖泊总氮浓度为（1.89±0.03）mg/L，总磷浓度为（0.06±0.01）mg/L，叶绿素 a 浓度为（3.6±1.4）μg/L，整体营养水平偏低，属寡营养水平，但湖泊溶解性有机碳浓度较高，均值可达（23.3±8.1）mg/L。总悬浮颗粒物浓度的变化范围是 12.44～13.58 mg/L，平均值为（13.01±0.57）mg/L；无机悬浮颗粒物浓度的变化范围是 6.82～7.02 mg/L，

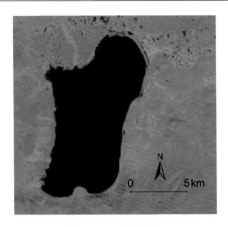

图 5-22　错鄂影像

平均值为（6.92±0.10）mg/L；有机悬浮颗粒物浓度的变化范围是 5.62～6.56 mg/L，平均值为（6.09±0.47）mg/L；无机悬浮颗粒物占总悬浮颗粒物的 53%，说明无机悬浮颗粒物是错鄂总悬浮物的主要成分。

湖水中主要离子组成：Na^+ 浓度为 1815.0 mg/L，K^+ 浓度为 255.0 mg/L，Mg^{2+} 浓度为 143.5 mg/L，Ca^{2+} 浓度为 4.8 mg/L，SO_4^{2-} 浓度为 1268.2 mg/L，HCO_3^- 浓度为 1762.9 mg/L，CO_3^{2-} 浓度为 600.0 mg/L，Cl^- 浓度为 839.7 mg/L，F^- 浓度为 3.3 mg/L。

2019 年 8 月调查的显微镜鉴定结果发现，错鄂敞水区浮游植物种类数量较少，共鉴定出浮游植物 2 门 2 属，分别为：硅藻门，小环藻；绿藻门，卵囊藻。浮游植物细胞密度为 $8.33×10^3$ ind./L，平均生物量为 11.40 μg/L。优势种为卵囊藻。香农–维纳多样性指数为 0.46，辛普森指数为 0.28，均匀度指数为 0.66。

分子测序结果发现，错鄂浮游植物共 8 门 121 种，其中轮藻门最多，为 88 种，占比为 72.73%；其次为绿藻门，有 18 种，占比为 14.88%；甲藻门 5 种，占比为 4.13%；蓝藻门 4 种，占总数的 3.31%；硅藻门 2 种，占比为 1.65%；金藻门 2 种，占比为 1.65%；隐藻门和定鞭藻门各 1 种，占比均为 0.83%。通过与同期调查的青藏高原崩错、懂错、江错等几个湖泊对比，可以发现错鄂的浮游植物种类数明显少于上述三湖，表明错鄂调查样品中的浮游植物种类组成相对单一。

错鄂同一断面不同水深的敞水区共采集定量标本 2 个，采样点水深最深处为 7.5 m。根据定量标本，共见到 4 个种类，其中枝角类 1 种、桡足类 2 种和轮虫 1 种。浮游甲壳动物优势种为梳刺北镖水蚤（*Arctodiaptomus altissimus pectinatus*）和英勇剑水蚤（*Cyclops strenuus*），轮虫优势种为壶状臂尾轮虫（*Brachionus urceolaris*）。浮游动物密度变化范围为 21.3～48.7 ind./L，水深较浅处浮游动物密度较高。枝角类、桡足类和轮虫的密度变化范围分别为 0～0.2 ind./L、8.4～21.8 ind./L 和 12.9～26.7 ind./L。浮游甲壳动物优势种梳刺北镖水蚤和英勇剑水蚤密度分别为 2.6～6.1 ind./L 和 1.7～6.3 ind./L，水深较浅处密度较高。轮虫优势种壶状臂尾轮虫密度为 12.9～26.7 ind./L，水深较浅处密度较高。浮游动物生物量变化范围为 0.616～1.800 mg/L，水深较浅处浮游动物生物量较高。枝角类、桡足类和轮虫的生物量变化范围分别为 0～0.057 mg/L、0.525～1.556 mg/L 和 0.092～0.187 mg/L。浮游甲壳动物优势种梳刺北镖水蚤和英勇剑水蚤生物量分为 0.136～0.258 mg/L 和 0.246～0.885 mg/L，轮虫优势种壶状臂尾轮虫生物量为 0.092～0.187 mg/L。

错鄂底栖动物种类多样，以颤蚓、钩虾、球蚬和摇蚊较为常见（王宝强，2019；王苏民和窦鸿身，1998）。经过底栖动物常规采样，共获得 6 种底栖动物，其中以钩虾和摇蚊为主要类群，首次在错鄂发现了水蛭（蚂蟥）。6 种底栖生物的相对丰度分别为湖沼钩虾（*Gammarus lacustris*）38.5%、巴比刀摇蚊（*Psectrocladius barbimanus*）28.8%、短粗前脉摇蚊（*Procladius crassinervis*）19.2%、冰川小突摇蚊（*Micropsectra glacies*）9.6%、水蛭（Hurididae sp.）2.0% 和玄黑摇蚊（*Chironomus annularius*）1.9%。定量采样显示，湖沼钩虾密度为 200 ind./m^2，摇蚊密度为 300 ind./m^2，水蛭密度低于 10 ind./m^2，其中湖沼钩虾是生物量的主要贡献者。

在错鄂表层沉积物主要生源要素中，总有机碳含量为 17.4 g/kg，总氮含量为 2.6 g/kg，C/N 值为 7.9，表明湖泊沉积物有机质的主要来源为湖泊自生藻类等低等植物。总磷含量为 768.0 mg/kg。错鄂表层沉积物常量元素中，Ca 含量最高，达到 101.6 g/kg，其次分别为 Al（51.8 g/kg）、Mg（47.2 g/kg）、Fe（28.8 g/kg）、K（18.1 g/kg）和 Na（10.0 g/kg）。在主要潜在危害元素中，As、Cd、Cr、Cu、Ni、Pb 和 Zn 的含量分别为 17.1 mg/kg、0.13 mg/kg、119.4 mg/kg、25.4 mg/kg、90.3 mg/kg、16.0 mg/kg 和 60.1 mg/kg。错鄂表层沉积物中 Cd、Cu、Pb 和 Zn 的含量均低于沉积物质量基准的阈值效应含量，As 含量介于阈值效应含量和可能效应含量之间，而 Cr 和 Ni 含量已经超过可能效应含量。根据生态风险等级标准，Cd、Cu、Pb 和 Zn 不会对湖泊生物产生毒性效应，而 As、Cr 和 Ni 可能会对湖泊生物产生毒性效应。错鄂表层沉积物的主要矿物组成：石英含量为 11.44%，长石含量为 4.12%，文石含量为 26.17%，方解石含量为 21.59%，白云石含量为 1.96%，云母族矿物含量为 26.56%，高岭石族矿物含量为 8.16%。错鄂粒度组成除黏土组分存在较小的峰值外，基本呈较好的正态分布特征，可能指示了其物源和影响因素相对单一。粒度黏土组分含量为 24.13%，粉砂含量为 75.22%，砂质组分含量极少，仅为 0.65%。其中值粒径为 7.44 μm。

5.23　错　　那

错那经纬度位置为 91.46°E、32.01°N（图 5-23）。错那是怒江的源头湖，面积约 300 km^2，湖面海拔 4528 m。

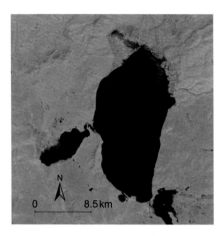

图 5-23　错那影像

错那是内流湖，唐古拉山山脉南部河溪均汇入错那再流入怒江。本次调查其水深为 22.7 m，湖泊浊度为 0.06 NTU，盐度为 0.3‰，为淡水湖。调查期间湖泊水温为 14.2℃，电导率可达 465 μS/cm，溶解氧浓度为 5.7 mg/L。湖泊总氮浓度为 0.62 mg/L，总磷浓度为 0.03 mg/L，叶绿素 a 浓度为 0.97 μg/L，整体营养水平偏低，属寡营养水平，湖泊溶解性有机碳浓度很低，均值为 2.7 mg/L。总悬浮颗粒物浓度为 7.24 mg/L。

湖水中主要离子组成：Na^+ 浓度为 53.5 mg/L，K^+ 浓度为 6.5 mg/L，Mg^{2+} 浓度为 32.8 mg/L，Ca^{2+} 浓度为 27.4 mg/L，SO_4^{2-} 浓度为 102.0 mg/L，HCO_3^- 浓度为 268.4 mg/L，Cl^- 浓度为 22.5 mg/L，F^- 浓度为 1.4 mg/L。

2019 年 8 月调查的显微镜鉴定结果发现，错那敞水区浮游植物种类数量较少，共鉴定出浮游植物 4 门 6 属，分别为：硅藻门，冠盘藻、小环藻；甲藻门，角甲藻；蓝藻门，微囊藻；绿藻门，卵囊藻、韦斯藻。浮游植物细胞密度为 $1.48×10^5$ ind./L，平均生物量为 19.74 μg/L。优势种为角甲藻、卵囊藻。香农-维纳多样性指数为 1.28，辛普森指数为 0.69，均匀度指数为 0.72。

分子测序结果发现，错那浮游植物共 8 门 168 种，其中轮藻门最多，为 89 种，占比为 52.98%；其次为绿藻门，有 34 种，占比为 20.24%；蓝藻门 16 种，占比为 9.52%；甲藻门 12 种，占比为 7.14%；定鞭藻门 6 种，占比为 3.57%；硅藻门 5 种，占比为 2.98%；金藻门 4 种，占比为 2.38%；隐藻门 2 种，占比为 1.19%。通过与同期调查的青藏高原崩错、懂错、江错等几个湖泊对比，可以发现错那的浮游植物种类数明显少于上述三湖，表明错那调查样品中的浮游植物种类组成相对单一。

错那共采集定量标本 1 个，采样点水深为 22.7 m。根据定量标本，共见到 9

个种类，其中枝角类 1 种、桡足类 1 种和轮虫 7 种。浮游甲壳动物优势种为长刺溞（*Daphnia longispina*）和英勇剑水蚤（*Cyclops strenuus*），轮虫优势种为独角聚花轮虫（*Conochilus unicornis*）和无常胶鞘轮虫（*Collotheca mutabilis*）。浮游动物密度为 5.0 ind./L，其中枝角类、桡足类和轮虫的密度分别为 0.6 ind./L、1.5 ind./L 和 2.9 ind./L。浮游甲壳动物优势种长刺溞和英勇剑水蚤密度分别为 0.6 ind./L 和 0.03 ind./L，水深较浅处密度较高。轮虫优势种独角聚花轮虫和无常胶鞘轮虫密度分别为 1.3 ind./L 和 1.2 ind./L。浮游动物生物量为 0.082 mg/L，其中枝角类、桡足类和轮虫的生物量分别为 0.042 mg/L、0.032 mg/L 和 0.008 mg/L。浮游甲壳动物优势种长刺溞和英勇剑水蚤生物量分别为 0.042 mg/L 和 0.006 mg/L，轮虫优势种独角聚花轮虫和无常胶鞘轮虫生物量分别为 0.0003 mg/L 和 0.000 07 mg/L。

错那底栖动物仅有 1 种，为玄黑摇蚊（*Chironomus annularius*）。

在错那表层沉积物主要生源要素中，总有机碳含量为 10.7 g/kg，总氮含量为 1.9 g/kg，C/N 值为 6.6，表明湖泊沉积物有机质的主要来源为湖泊自生藻类等低等植物。总磷含量为 741.9 mg/kg。错那表层沉积物常量元素中，Ca 含量最高，达到 104.8 g/kg，其次分别为 Al（69.2 g/kg）、Fe（33.3 g/kg）、K（24.2 g/kg）、Mg（12.2 g/kg）和 Na（3.1 g/kg）。在主要潜在危害元素中，As、Cd、Cr、Cu、Ni、Pb 和 Zn 的含量分别为 100.5 mg/kg、0.15 mg/kg、84.9 mg/kg、18.0 mg/kg、52.4 mg/kg、22.9 mg/kg 和 78.2 mg/kg。错那表层沉积物中 Cd、Cu、Pb 和 Zn 的含量均低于沉积物质量基准的阈值效应含量，Cr 含量介于阈值效应含量和可能效应含量之间，而 As 和 Ni 含量已经超过可能效应含量。根据生态风险等级标准，Cd、Cu、Pb 和 Zn 不会对湖泊生物产生毒性效应，而 As、Cr 和 Ni 可能会对湖泊生物产生毒性效应。错那表层沉积物粒度呈不均匀分布特征，虽然常规砂、粉砂和黏土分级组分的含量逐渐减少，分别为 52.29%、43.7%和 4.01%，但错那湖泊中值粒径较小，为 3.57 μm。

5.24 羊 卓 雍 错

羊卓雍错经纬度位置为 90.68°E、28.93°N（图 5-24），面积为 675 km²。羊卓雍错是青藏高原南部最大的封闭性内流湖泊，湖面海拔 4441 m，平均深度约 23.6 m，蓄水量约 16 km³，湖岸线为 250 km，流域面积为 6100 km²，湖水储量约 160 亿 m³。

羊卓雍错与空母错通过河道相连，西北方向的上游经杂塘错、则雄错承接来水，下游无出湖河口，为典型内流湖。调查水深为 27～30.6 m[均值为（29.2±1.9）m]，透明度为（6.8±1.1）m，湖泊浊度为（0.2±0.1）NTU，pH 的平均值为 8.33，说明该湖泊属碱性水体；盐度为 1.25‰，为微咸水湖。调查期间

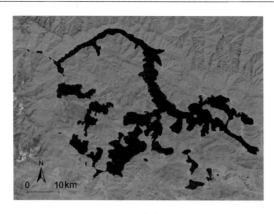

图 5-24　羊卓雍错影像

湖泊水温为(15.4±0.3)℃，电导率可达(2406±3)μS/cm，溶解氧浓度为 6.1 mg/L。湖泊总氮浓度为（0.58±0.07）mg/L，总磷浓度为（0.02±0.01）mg/L，叶绿素 a 浓度为（0.3±0.1）μg/L，整体营养水平偏低，属寡营养水平，湖泊溶解性有机碳浓度较高，均值可达（6.5±0.1）mg/L，主要是由流域内经河流输入的有机碳在湖内长年累月累积，湖泊蒸发浓缩所致。总悬浮颗粒物浓度的变化范围是 0.26～3.24 mg/L，平均值为（1.87±1.14）mg/L；有机悬浮颗粒物占总悬浮颗粒物的 75%，说明有机悬浮颗粒物是羊卓雍错总悬浮物的主要成分。

　　湖水中主要离子组成：Na^+浓度为 306.0 mg/L，K^+浓度为 41.8 mg/L，Mg^{2+}浓度为 215.0 mg/L，Ca^{2+}浓度为 11.7 mg/L，SO_4^{2-}浓度为 871.4 mg/L，HCO_3^-浓度为 439.2 mg/L，CO_3^{2-}浓度为 150.0 mg/L，Cl^-浓度为 49.9 mg/L。

　　2020 年 8 月调查的显微镜鉴定结果发现，羊卓雍错共鉴定出浮游植物 3 门 5 属，分别为：硅藻门，菱形藻、小环藻；蓝藻门，微囊藻；绿藻门，小球藻、卵囊藻。浮游植物细胞密度为 $2.08×10^4$ ind./L，平均生物量为 5.84 μg/L。优势种为卵囊藻。香农-维纳多样性指数为 0.76，辛普森指数为 0.41，均匀度指数为 0.47。

　　分子测序结果发现，羊卓雍错浮游植物共 8 门 171 种，其中最多为绿藻门，有 65 种，占比为 38.01%；其次为轮藻门，有 36 种，占比为 21.05%；金藻门 23 种，占比为 13.45%；甲藻门 13 种，占比为 7.6%；隐藻门 10 种，占比为 5.85%；定鞭藻门 9 种，占比为 5.26%；蓝藻门 9 种，占总数的 5.26%；硅藻门 6 种，占比为 3.51%。通过与同期调查的青藏高原嘎仁错、浪错、扎日南木错等几个湖泊对比，可以发现羊卓雍错的浮游植物种类数明显少于上述三湖，其中嘎仁错 430 种、浪错 395 种、扎日南木错 356 种，表明羊卓雍错调查样品中的浮游植物种类组成相对单一。

　　羊卓雍错同一断面不同水深的敞水区共采集定量标本 3 个，采样点水深最深处为 30.6 m。根据定量标本，共见到 5 个种类，其中枝角类 2 种、桡足类 2 种和轮虫 1 种。浮游动物优势种为长刺溞（*Daphnia longispina*）和新月北镖水蚤（*Arctodiaptomus stewartianus*）。浮游动物密度变化范围为 5.4～12.2 ind./L，水深最浅处浮游动物密度最高。枝角类、桡足类和轮虫的密度变化范围分别为 2.4～8.2 ind./L、2.9～5.5 ind./L 和 0～0.1 ind./L。浮游动物长刺溞和新月北镖水蚤密度分别为 2.3～7.8 ind./L 和 1.9～3.1 ind./L。枝角类在水深最浅处丰度最高，桡足类在水深最深处丰度最高。浮游动物生物量变化范围为 0.123～0.370 mg/L，水深最浅处浮游动物生物量最高。枝角类、桡足类和轮虫的生物量变化范围分别为 0.061～0.296 mg/L、0.063～0.109 mg/L 和 0～0.000 005 mg/L。浮游动物优势种长刺溞和新月北镖水蚤生物量分别为 0.056～0.287 mg/L 和 0.056～0.093 mg/L。

羊卓雍错底栖动物较为丰富，如仙女虫、颤蚓、钩虾和多种摇蚊等（崔永德等，2021；王宝强，2019）。本次调查利用抓斗、底拖网分别对羊卓雍错底栖动物进行定量和定性采样，共获得 7 种底栖动物。其中，以摇蚊幼虫居多，玄黑摇蚊（*Chironomus annularius*）相对丰度为 75.2%，卡氏拟长跗摇蚊（*Paratanytarsus kaszabi*）相对丰度为 8.8%，拟突摇蚊（*Paracladius* sp.）相对丰度为 1.0%，短粗前脉摇蚊（*Procladius crassinervis*）相对丰度为 1.0%，湖沼钩虾（*Gammarus lacustris*）相对丰度为 12.5%，仅有少量介形虫和水蛭出现。玄黑摇蚊密度约为 300 ind./m^2。

在羊卓雍错表层沉积物主要生源要素中，总有机碳含量为 13.2 g/kg，总氮含量为 2.1 g/kg，C/N 值为 7.2，表明湖泊沉积物有机质的主要来源为湖泊自生藻类等低等植物。总磷含量为 738.6 mg/kg。羊卓雍错表层沉积物常量元素中，Ca 含量最高，达到 176.3 g/kg，其次分别为 Al（40.4 g/kg）、Fe（20.6 g/kg）、K（10.8 g/kg）、Mg（8.5 g/kg）和 Na（5.4 g/kg）。在主要潜在危害元素中，As、Cd、Cr、Cu、Ni、Pb 和 Zn 的含量分别为 45.2 mg/kg、0.09 mg/kg、52.8 mg/kg、25.4 mg/kg、27.8 mg/kg、14.4 mg/kg 和 47.4 mg/kg。羊卓雍错表层沉积物中 Cd、Cu、Pb 和 Zn 的含量均低于沉积物质量基准的阈值效应含量，Cr 和 Ni 含量介于阈值效应含量和可能效应含量之间，而 As 含量已经超过可能效应含量。根据生态风险等级标准，Cd、Cu、Pb 和 Zn 不会对湖泊生物产生毒性效应，而 As、Cr 和 Ni 可能会对湖泊生物产生毒性效应。羊卓雍错表层沉积物粒径分布范围在 0.46～76.0 μm，中值粒径为 7.9 μm，粒径分布存在双峰特征，分别出现在 0.76 μm 和 14.5 μm 处，粉砂含量占 67.94%，黏土和砂质含量分别为 31.68% 和 0.38%。

5.25　珍　　错

珍错经纬度位置为 90.55°E、28.95°N（图 5-25），面积约为 39 km^2，海拔为 4417 m，主要依靠西部的卡鲁雄曲河流补给。

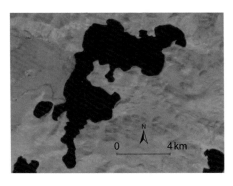

图 5-25　珍错影像

珍错经过河道与空母错相连，无出湖河口，为典型内流湖。调查水深为 30 m，透明度为（12.3±0.4）m，湖泊浊度为（0.4±0.1）NTU，pH 的变化范围是 8.33～8.34，平均值为 8.34，说明该湖泊属碱性水体；盐度为 0.86‰，为淡水湖。调查期间湖泊水温为 15.7℃，电导率可达（1692±1）μS/cm，溶解氧浓度为（6.3±0.1）mg/L；湖泊总氮浓度为（0.19±0.06）mg/L，总磷浓度为（0.02±0.01）mg/L，叶绿素 a 浓度为（0.2±0.1）μg/L，整体营养水平偏低，属寡营养水平。湖泊溶解性有机碳浓度均值为（3.3±0.2）mg/L。总悬浮颗粒物浓度为 1.22 mg/L，其中有机悬浮颗粒物浓度为 1.12 mg/L，无机悬浮颗粒物浓度为 0.1 mg/L。

湖水中主要离子组成：Na^+ 浓度为 179.0 mg/L，K^+ 浓度为 25.8 mg/L，Mg^{2+} 浓度为 74.9 mg/L，Ca^{2+} 浓度为 114.0 mg/L，SO_4^{2-} 浓度为 962.7 mg/L，HCO_3^- 浓度为 170.8 mg/L。

2020 年 8 月调查的显微镜鉴定结果发现，珍错共鉴定出浮游植物 1 门 1 属，为：硅藻门，小环藻。浮游植物细胞密度为 $1.82×10^4$ ind./L，平均生物量为 12.01 μg/L。优势种为小环藻。

分子测序结果发现，珍错浮游植物共 8 门 177 种，其中，最多为绿藻门，有 63 种，占比为 35.59%；其次为金藻门，有 36 种，占比为 20.34%；轮藻门 20 种，占比为 11.30%；蓝藻门 16 种，占比为 9.04%；硅藻门 14 种，占比为 7.91%；隐藻门 12 种，占比为 6.78%；定鞭藻门 10 种，占比为 5.65%；甲藻门 6 种，占比为 3.39%。通过与同期调查的青藏高原嘎仁错、浪错、扎日南木错等几个湖泊对比，可以发现珍错的浮游植物种类数明显少于上述三湖，其中嘎仁错 430 种、浪错 395 种、扎日南木错 356 种，表明珍错调查样品中的浮游植物种类组成相对单一。

珍错同一断面不同水深的敞水区共采集定量标本 2 个，采样点水深最深处为 30 m。根据定量标本，共见到 8 个种类，其中枝角类 2 种、桡足类 2 种和轮虫 4 种。浮游动物优势种为方形网纹溞（*Ceriodaphnia quadrangula*）和新月北镖水蚤（*Arctodiaptomus stewartianus*）。浮游动物密度为 23.9 ind./L。枝角类、桡足类和轮虫的密度分别为 4.8 ind./L、14.8 ind./L 和 4.4 ind./L。浮游动物优势种方形网纹溞和新月北镖水蚤密度分别为 3.7 ind./L 和 5.2 ind./L。浮游动物生物量为 0.316 mg/L。枝角类、桡足类和轮虫的生物量分别为 0.111 mg/L、0.189 mg/L 和 0.015 mg/L。浮游动物优势种方形网纹溞和新月北镖水蚤生物量分别为 0.072 mg/L 和 0.132 mg/L。

本次采样是首次对珍错进行底栖动物调查。利用抓斗、底拖网对珍错底栖动物进行定性和定量采样，共获得 7 种底栖动物，其中大部分为摇蚊幼虫，还含有少量带丝蚓科某种（Lumbriculidae sp.），相对丰度为 4.3%，摇蚊幼虫当中以拟长跗摇蚊（Paratanytarsus sp.）和北结脉摇蚊（Corynoneura arctica）居多，相对丰度分别为 52.6% 和 19.0%，玄黑摇蚊（Chironomus annularius）相对丰度为 11.9%，短粗前脉摇蚊（Procladius crassinervis）相对丰度为 6.5%，拟脉摇蚊（Paracladius sp.）相对丰度为 5.4%，纤长跗摇蚊（Tanytarsus gracilentus）相对丰度为 1.1%。拟长跗摇蚊（Paratanytarsus sp.）和北结脉摇蚊（Corynoneura arctica）密度分别为 95 ind./m² 和 35 ind./m²。

在珍错表层沉积物主要生源要素中，总有机碳含量为 17.7 g/kg，总氮含量为 2.4 g/kg，C/N 值为 8.4，表明湖泊沉积物有机质的主要来源为湖泊自生藻类等低等植物。总磷含量为 1178.4 mg/kg。珍错表层沉积物常量元素中，Al 含量最高，达到 74.3 g/kg，其次分别为 Ca（64.9 g/kg）、Fe（41.1 g/kg）、K（19.5 g/kg）、Mg（9.2 g/kg）和 Na（7.2 g/kg）。在主要潜在危害元素中，As、Cd、Cr、Cu、Ni、Pb 和 Zn 的含量分别为 331.8 mg/kg、0.11 mg/kg、94.2 mg/kg、47.3 mg/kg、50.9 mg/kg、26.3 mg/kg 和 96.8 mg/kg。珍错表层沉积物中 Cd、Pb 和 Zn 的含量均低于沉积物质量基准的阈值效应含量，Cr 和 Cu 含量介于阈值效应含量和可能效应含量之间，而 As 和 Ni 含量已经超过可能效应含量。根据生态风险等级标准，Cd、Pb 和 Zn 不会对湖泊生物产生毒性效应，而 As、Cr、Cu 和 Ni 可能会对湖泊生物产生毒性效应。珍错表层沉积物的主要矿物组成：石英含量为 21.1%，长石含量为 9.6%，方解石含量为 21.5%，云母族矿物含量为 32.7%，绿泥石族矿物含量为 15.1%。

5.26 空母错

空母错经纬度位置为 90.45°E、29.02°N（图 5-26），面积为 40.4 km²，海拔 4440 m，主要补给来自卡鲁雄曲。

空母错北部经狭长水道与羊卓雍错相连，为典型内流湖。调查水深为 17.4～20 m[均值为（19.0±1.4）m]，透明度为（11.8±1.5）m，湖泊浊度为（0.3±0.1）NTU。pH 平均值为 8.33，说明该湖泊属碱性水体，盐度为 0.25‰，为淡水湖。调查期间湖泊水温为（15.8±0.1）℃，电导率可达（521±1）μS/cm，溶解氧浓度为（6.28±0.02）mg/L。湖泊总氮浓度为（0.58±0.07）mg/L，总磷浓度为

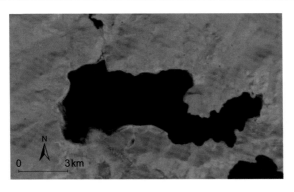

图 5-26　空母错影像

（0.02±0.01）mg/L，叶绿素 a 浓度为（0.3±0.1）μg/L，整体营养水平偏低，属
寡营养水平，湖泊溶解性有机碳浓度为（1.5±0.2）mg/L。总悬浮颗粒物浓度平
均值为（0.38±0.10）mg/L；有机悬浮颗粒物浓度为（0.60±0.04）mg/L。

湖水中主要离子组成：Na^+ 浓度为 6.9 mg/L，K^+ 浓度为 2.0 mg/L，Mg^{2+} 浓度
为 12.6 mg/L，Ca^{2+} 浓度为 69.5 mg/L，SO_4^{2-} 浓度为 216.0 mg/L，HCO_3^- 浓度为
115.9 mg/L。

2020 年 8 月调查的显微镜鉴定结果发现，空母错共鉴定出浮游植物 5 门 10
属，分别为：硅藻门，布纹藻、菱形藻、双壁藻、小环藻；甲藻门，角甲藻；蓝
藻门，微囊藻、泽丝藻；绿藻门，小球藻；金藻门，金杯藻、锥囊藻。浮游植物
细胞密度为 $1.04×10^5$ ind./L，平均生物量为 25.54 μg/L。优势种为角甲藻。香农-
维纳多样性指数为 0.61，辛普森指数为 0.24，均匀度指数为 0.27。

分子测序结果发现，空母错浮游植物共 8 门 321 种，其中最多为绿藻门，有
127 种，占比为 39.56%；其次为金藻门，有 65 种，占比为 20.25%；轮藻门 40
种，占比为 12.46%；甲藻门 40 种，占比为 12.46%；硅藻门 20 种，占比为 6.23%；
隐藻门 11 种，占比为 3.43%；蓝藻门 10 种，占总数的 3.12%；定鞭藻门 8 种，
占比为 2.49%。通过与同期调查的青藏高原嘎仁错、浪错、扎日南木错等几个湖
泊对比，可以发现空母错的浮游植物种类数与这些组成相对丰富的湖泊相近，表
明空母错调查样品中的浮游植物种类组成处于较丰富水平。

在同一断面不同水深的敞水区共采集定量标本 3 个，采样点水深变化范围为
17.4～20 m。根据定量标本，共见到 8 个种类，其中枝角类 2 种、桡足类 2 种和
轮虫 4 种。浮游甲壳动物优势种为长刺溞（*Daphnia longispina*）和新月北镖水蚤
（*Arctodiaptomus stewartianus*），轮虫优势种为郝氏皱甲轮虫（*Ploesoma hudsoni*）。
浮游动物密度变化范围为 13.3～19.4 ind./L，水深最深处浮游动物密度最高。枝角
类、桡足类和轮虫的密度变化范围分别为 0.4～8.1 ind./L、8.6～12.6 ind./L 和 0.3～
5.3 ind./L。浮游甲壳动物优势种长刺溞和新月北镖水蚤密度分别为 0～6.8 ind./L

和 4.4～6.4 ind./L，轮虫优势种郝氏皱甲轮虫密度为 0～5.2 ind./L。浮游动物生物量变化范围为 0.362～0.526 mg/L，水深较深处浮游动物生物量较高。枝角类、桡足类和轮虫的生物量变化范围分别为 0.172～0.370 mg/L、0.148～0.202 mg/L 和 0.002～0.008 mg/L。浮游甲壳动物优势种长刺溞和新月北镖水蚤生物量分别为 0.168～0.363 mg/L 和 0.127～0.172 mg/L，轮虫优势种郝氏皱甲轮虫生物量为 0～ 0.007 mg/L。

在空母错，底栖动物曾记录有颤蚓、水丝蚓、舌蛭、球蚬、钩虾和摇蚊等生物（崔永德等，2021；王宝强，2019）。本次调查利用抓斗、底拖网对空母错底栖动物进行定量和定性采样，共获得 5 种底栖动物，其中湖沼钩虾（*Gammarus lacustris*）占优势，相对丰度为 89.2%，卡氏拟长跗摇蚊（*Paratanytarsus kaszabi*）相对丰度为 6%，玄黑摇蚊（*Chironomus annularius*）相对丰度为 2.4%，带丝蚓某种（*Lumbriculidae sp.*）相对丰度为 1.6%，冰川小突摇蚊（*Micropsectra glacies*）相对丰度为 0.8%。湖沼钩虾密度约为 220 ind./m^2。

在空母错表层沉积物主要生源要素中，总有机碳含量为 21.9 g/kg，总氮含量为 3.3 g/kg，C/N 值为 7.7，表明湖泊沉积物有机质的主要来源为湖泊自生藻类等低等植物。总磷含量为 1078.6 mg/kg。空母错表层沉积物常量元素中，Al 含量最高，达到 103.4 g/kg，其次分别为 Fe（51.4 g/kg）、K（24.5 g/kg）、Ca（11.1 g/kg）、Na（9.5 g/kg）和 Mg（8.7 g/kg）。在主要潜在危害元素中，As、Cd、Cr、Cu、Ni、Pb 和 Zn 的含量分别为 181.2 mg/kg、0.10 mg/kg、123.1 mg/kg、43.5 mg/kg、59.7 mg/kg、34.9 mg/kg 和 105.5 mg/kg。空母错表层沉积物中 Cd、Pb 和 Zn 的含量均低于沉积物质量基准的阈值效应含量，Cu 含量介于阈值效应含量和可能效应含量之间，而 As、Cr 和 Ni 含量已经超过可能效应含量。根据生态风险等级标准，Cd、Pb 和 Zn 不会对湖泊生物产生毒性效应，而 As、Cr、Cu 和 Ni 可能会对湖泊生物产生毒性效应。空母错表层沉积物的主要矿物组成为：石英含量为 19.0%，长石含量为 9.8%，云母族矿物含量为 45.5%，高岭石族矿物含量为 9.1%，绿泥石族矿物含量为 16.6%。空母错表层沉积物粒径分布范围在 0.3～182.0 μm，粒度峰值出现在 6.5 μm 处，沉积物中级粒径为 6.2 μm，粉砂含量最高，占 61.5%，砂质组分含量较低，占 4.0%，黏土含量约为 34.5%。

5.27　普 莫 雍 错

普莫雍错经纬度位置为 90.46°E、28.59°N（图 5-27），面积为 295 km^2，海拔为 5008 m。

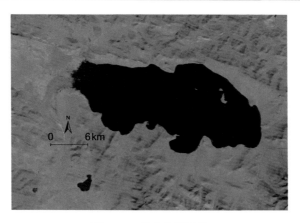

图 5-27　普莫雍错影像

普莫雍错上游经由加曲承接来水，下游无出湖河口，为典型内流湖。湖泊浊度为(5.7±2.6)NTU，pH 的平均值为 8.35，说明该湖泊属碱性水体，盐度为 0.24‰，为淡水湖。1976 年的调查结果显示，湖区水域属藏南山地灌丛草原半干旱气候，年均气温为 2～4℃，矿化度为 370.9 mg/L，湖泊 pH 为 8.7，表示普莫雍错正在酸化。调查期间湖泊水温为（11.9±0.1）℃，电导率可达 493 μS/cm，溶解氧浓度为（6.2±0.1）mg/L。湖泊总氮浓度为（0.23±0.02）mg/L，总磷浓度为（0.03±0.02）mg/L，叶绿素 a 浓度为（0.4±0.3）μg/L，整体营养水平偏低，属寡营养水平，湖泊溶解性有机碳浓度均值为（3.8±0.5）mg/L。总悬浮颗粒物浓度平均值为（4.42±3.43）mg/L；无机悬浮颗粒物浓度平均值为（2.85±3.09）mg/L；有机悬浮颗粒物浓度平均值为（1.57±0.34）mg/L；无机悬浮颗粒物占总悬浮颗粒物的 64%，说明无机悬浮颗粒物是普莫雍错总悬浮物的主要成分。

湖水中主要离子组成：Na^+ 浓度为 22.5 mg/L，K^+ 浓度为 6.2 mg/L，Mg^{2+} 浓度为 35.4 mg/L，Ca^{2+} 浓度为 29.0 mg/L，SO_4^{2-} 浓度为 79.3 mg/L，HCO_3^- 浓度为 244.0 mg/L，Cl^- 浓度为 13.0 mg/L。

2020 年 8 月调查的显微镜鉴定结果发现，普莫雍错敞水区共鉴定出浮游植物 3 门 4 属，分别为：硅藻门，沟链藻、小环藻；甲藻门，裸甲藻；蓝藻门，微囊藻。普莫雍错浮游植物平均细胞密度为 $6.25×10^4$ ind./L，平均生物量为 17.49 μg/L。优势种为沟链藻。香农-维纳多样性指数为 0.96，辛普森指数为 0.56，均匀度指数为 0.69。

2020 年 8 月进行的分子测序结果发现，普莫雍错浮游植物共 8 门 208 种，其中最多为绿藻门 82 种，占比为 39.42%；其次为金藻门，有 39 种，占比为 18.75%；轮藻门 28 种，占比为 13.46%；硅藻门 25 种，占比为 12.02%；甲藻门 11 种，占比为 5.29%；隐藻门 9 种，占比为 4.33%；蓝藻门 8 种，占总数的 3.85%；定鞭藻门 6 种，占比为 2.88%。通过与同期调查的青藏高原嘎仁错、浪错、扎日南木错等几个湖泊对比，可以发现普莫雍错的浮游植物种类数明显少于上述三湖，其中嘎仁错 430 种、浪错 395 种、扎日南木错 356 种，表明普莫雍错调查样品中的浮游植物种类组成相对单一。

普莫雍错中未采集到底栖动物。

在普莫雍错表层沉积物主要生源要素中，总有机碳含量为 12.5 g/kg，总氮含量为 2.1 g/kg，C/N 值为 7.2，表明湖泊沉积物有机质的主要来源为湖泊自生藻类等低等植物。总磷含量为 897.9 mg/kg。普莫雍错表层沉积物常量元素中，Ca 含量最高，达到 70.4 g/kg，其次分别为 Al（43.1 g/kg）、Na（26.2 g/kg）、Fe（21.2 g/kg）、K（15.2 g/kg）和 Mg（13.7 g/kg）。在主要潜在危害元素中，As、Cd、Cr、Cu、Ni、Pb 和 Zn 的含量分别为 10.8 mg/kg、0.11 mg/kg、47.8 mg/kg、19.0 mg/kg、26.3 mg/kg、14.6 mg/kg 和 55.0 mg/kg。普莫雍错表层沉积物中 Cd、Cu、Pb 和 Zn 的含量均低于沉积物质量基准的阈值效应含量，As、Cr 和 Ni 含量介于阈值效应含量和可能效应含量之间。根据生态风险等级标准，Cd、Cu、Pb 和 Zn 不会对湖泊生物产生毒性效应，而 As、Cr 和 Ni 可能会对湖泊生物产生毒性效应。普莫雍错表层沉积物的主要矿物组成：石英含量为 21.6%，长石含量为 5.9%，方解石含量为 33.4%，云母族矿物含量为 18.5%，高岭石族矿物含量为 9.3%，绿泥石族矿物含量为 8%。

5.28　浪　　错

浪错经纬度位置为 87.42°E、29.21°N（图 5-28），地处西藏自治区日喀则市昂仁县东南部，雅鲁藏布江北岸。面积为 12.1 km^2，湖面海拔 4300 m。

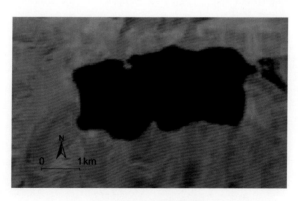

图 5-28　浪错影像图

浪错周边有河道来水，无出湖河口，为典型内流湖。调查水深为 1.2～34.9 m [均值为（9.4±13.3）m]，透明度为（2.0±0.8）m，湖泊浊度为（1.3±0.8）NTU。pH 的变化范围为 8.31～8.32，平均值为 8.32，说明该湖泊属碱性水体；盐度为（1.0±0.3）‰，为微咸水湖。1976 年的调查结果显示，浪错属雅鲁藏布江水系的外流湖，矿化度为 1.97 mg/L，湖泊 pH 为 9.5，表明浪错正在逐渐酸化。调查期间湖泊水温为（18.1±1.2）℃，电导率可达（1958±541）μS/cm，溶解氧浓度为（6.7±0.8）mg/L。湖泊总氮浓度为（1.34±0.35）mg/L，总磷浓度为（0.06±0.01）mg/L，叶绿素 a 浓度为（3.4±2.6）μg/L，整体营养水平偏低，属寡营养水平，但湖泊溶解性有机碳浓度较高，均值可达（7.0±1.3）mg/L，主要是由流域内经河流输入的有机碳在湖内长年累月累积，湖泊蒸发浓缩所致。总悬浮颗粒物浓度平均值为（3.47±0.37）mg/L；无机悬浮颗粒物浓度平均值为（1.63±0.37）mg/L；有机悬浮颗粒物浓度平均值为（1.84±0.15）mg/L；有机悬浮颗粒物占总悬浮颗粒物的 53%，说明有机悬浮颗粒物是浪错总悬浮物的主要成分。

湖水中主要离子组成：Na^+ 浓度为 534.0 mg/L，K^+ 浓度为 13.7 mg/L，Mg^{2+} 浓度为 60.1 mg/L，Ca^{2+} 浓度为 4.7 mg/L，SO_4^{2-} 浓度为 7.6 mg/L，HCO_3^- 浓度为 988.2 mg/L，CO_3^{2-} 浓度为 348.0 mg/L，Cl^- 浓度为 108.4 mg/L。

2020 年 8 月调查的显微镜鉴定结果发现，浪错共鉴定出浮游植物 4 门 11 属，分别为：硅藻门，骨条藻、桥弯藻、曲壳藻、小环藻、肘形藻；蓝藻门，微囊藻；裸藻门：囊裸藻；绿藻门，卵囊藻、四角藻、网球藻、小球藻。浮游植物细胞密度为 $4.49×10^4$ ind./L，平均生物量为 2.68 μg/L。优势种为卵囊藻。香农-维纳多样性指数为 1.66，辛普森指数为 0.69，均匀度指数为 0.69。

分子测序结果发现，浪错浮游植物共 9 门 395 种，其中最多为绿藻门，有 228 种，占比为 57.72%；其次为轮藻门，有 60 种，占比为 15.19%；硅藻门 31 种，占比为 7.85%；蓝藻门 28 种，占比为 7.09%；金藻门 21 种，占比为 5.32%；甲藻门 18 种，占比为 4.56%；另有隐藻门 5 种，黄藻门 2 种，定鞭藻门 2 种，占比均较低。通过与同期调查的青藏高原湖泊对比，可以发现浪错的浮游植物种类数较高，表明浪错调查样品中的浮游植物种类组成相对丰富。

浪错同一断面不同水深的敞水区共采集定量标本 9 个，采样点水深变化范围为 2.3～34.9 m。根据定量标本，共见到 27 个种类，其中枝角类 5 种、桡足类 6 种和轮虫 16 种。浮游甲壳动物优势种为长刺溞（*Daphnia longispina*）和新月北镖水蚤（*Arctodiaptomus stewartianus*），轮虫优势种为大肚须足轮虫（*Euchlanis dilatata*）。浮游动物密度变化范围为 3.4～94.0 ind./L，水深较浅处浮游动物丰度较高。枝角类、桡足类和轮虫的密度变化范围分别为 1.1～45.1 ind./L、0.9～13.9 ind./L 和 0.1～74.0 ind./L，枝角类、桡足类和轮虫在水深较浅处丰度较高。浮游甲壳动物优势种长刺溞和新月北镖水蚤密度分别为 1.1～12.6 ind./L 和 0.5～8.9

ind./L，轮虫优势种大肚须足轮虫密度为 0.1～0.9 ind./L。浮游动物生物量变化范围为 0.056～0.883 mg/L。枝角类、桡足类和轮虫的生物量变化范围分别为 0.023～0.798 mg/L、0.017～0.366 mg/L 和 0.000 03～0.028 mg/L。浮游甲壳动物优势种长刺溞和新月北镖水蚤生物量分别为 0.023～0.792 mg/L 和 0.016～0.309 mg/L，轮虫优势种大肚须足轮虫生物量为 0.0001～0.001 mg/L。

在对浪错进行的定量和定性采样中，共检出 10 种底栖动物，相对丰度分别为湖沼钩虾（*Gammarus lacustris*）44.6%、纹饰环足摇蚊（*Cricotopus ornatus*）22.8%、卡氏拟长跗摇蚊（*Paratanytarsus kaszabi*）13.2%、内华刀摇蚊（*Psectrocladius nevalis*）6.9%，还有少量湖球蚬（*Sphaerium lacustre*）、划蝽（Corixidae sp.）、短粗前脉摇蚊（*Procladius crassinervis*）、异环摇蚊（*Acricotopus* spp.）和环足摇蚊（*Cricotopus* sp.）出现。在定量样品中，湖沼钩虾密度为 270 ind./m²，环足摇蚊密度为 138 ind./m²，拟长跗摇蚊密度为 80 ind./m²，玄黑摇蚊密度为 45 ind./m²。

在浪错表层沉积物主要生源要素中，总有机碳含量为 9.9 g/kg，总氮含量为 1.8 g/kg，C/N 值为 6.3，表明湖泊沉积物有机质的主要来源为湖泊自生藻类等低等植物。总磷含量为 778.7 mg/kg。浪错表层沉积物常量元素中，Al 含量最高，达到 108.8 g/kg，其次分别为 Fe（43.3 g/kg）、Ca（39.0 g/kg）、K（33.6 g/kg）、Mg（16.7 g/kg）和 Na（8.3 g/kg）。在主要潜在危害元素中，As、Cd、Cr、Cu、Ni、Pb 和 Zn 的含量分别为 38.9 mg/kg、0.15 mg/kg、131.4 mg/kg、59.8 mg/kg、63.0 mg/kg、29.2 mg/kg 和 105 mg/kg。浪错表层沉积物中 Cd、Pb 和 Zn 的含量均低于沉积物质量基准的阈值效应含量，Cu 含量介于阈值效应含量和可能效应含量之间，而 As、Cr 和 Ni 含量已经超过可能效应含量。根据生态风险等级标准，Cd、Pb 和 Zn 不会对湖泊生物产生毒性效应，而 As、Cr、Cu 和 Ni 可能会对湖泊生物产生毒性效应。浪错表层沉积物的主要矿物组成：石英含量为 23.2%，长石含量为 11%，方解石含量为 20.7%，云母族矿物含量为 26.2%，高岭石族矿物含量为 7.2%，绿泥石族矿物含量为 11.7%。浪错表层沉积物粒度较细，粒径分布范围在 0.3～91.0 μm，粒径峰值出现在 4.4 μm 处，中值粒径为 3.5 μm，黏土、粉砂和砂含量依次减少，含量分别为 55.5%、44.4%和 0.1%。

5.29　昂仁金错

昂仁金错经纬度位置为 87.17°E、29.32°N（图 5-29），面积约为 24 km²，海拔为 4031 m，主要由热龙琼勃等河流补给。

昂仁金错为典型内流湖，调查水深为 8.0～11.4 m[均值为（9.5±1.4）m]，透明度为 0.2 m，对应湖泊浊度为（50.5±2.2）NTU，pH 的变化范围是 8.32～9.31，平均值为 8.57，说明该湖泊属碱性水体；盐度为（4.07±0.06）‰，为微咸水湖。

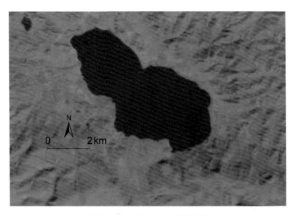

图 5-29　昂仁金错影像

1976 年的调查结果显示，昂仁金错湖区年均气温为 4～6℃，湖泊 pH 为 9.7，表示昂仁金错属碳酸盐型咸水湖，且在最近 44 年内逐渐酸化。调查期间湖泊水温为（18.1±1.7）℃，电导率可达（7346±111）μS/cm，溶解氧浓度为（7.1±0.7）mg/L。湖泊总氮浓度为（2.66±0.77）mg/L，总磷浓度为（3.96±0.26）mg/L，叶绿素 a 浓度为（2.1±0.9）μg/L。整体营养水平偏低，属寡营养水平，但湖泊溶解性有机碳浓度较高，均值可达（39.0±0.8）mg/L。

湖水中主要离子组成：Na^+ 浓度为 2090.0 mg/L，K^+ 浓度为 5.1 mg/L，Mg^{2+} 浓度为 9.3 mg/L，Ca^{2+} 浓度为 6.0 mg/L；SO_4^{2-} 浓度为 647.7 mg/L，HCO_3^- 浓度为 1689.7 mg/L，CO_3^{2-} 浓度为 1050.0 mg/L，Cl^- 浓度为 107.6 mg/L。

2020 年 8 月调查的显微镜鉴定结果发现，昂仁金错共鉴定出浮游植物 4 门 8 属，分别为：硅藻门，菱形藻、小环藻、异极藻；蓝藻门，棒胶藻、微囊藻；绿藻门，刚毛藻、肾形藻；隐藻门，蓝隐藻。浮游植物细胞密度为 2.90×10^4 ind./L，平均生物量为 3.10 μg/L。优势种为肾形藻。香农-维纳多样性指数为 0.81，辛普森指数为 0.37，均匀度指数为 0.39。

分子测序结果发现，昂仁金错浮游植物共 8 门 180 种，其中最多为绿藻门，有 89 种，占比为 49.44%；其次为轮藻门，有 62 种，占比为 34.44%；甲藻门 9 种，占比为 5%；金藻门 6 种，占比为 3.33%；蓝藻门 5 种，占比为 2.78%；硅藻门 5 种，占比为 2.78%；隐藻门 3 种，占比为 1.67%；定鞭藻门 1 种，占比为 0.56%。通过与同期调查的青藏高原嘎仁错、浪错、扎日南木错等几个湖泊对比，可以发现昂仁金错的浮游植物种类数明显少于上述三湖，其中嘎仁错 430 种、浪错 395 种、扎日南木错 356 种，表明昂仁金错调查样品中的浮游植物种类组成相对单一。

昂仁金错同一断面不同水深的敞水区共采集定量标本 3 个，采样点水深变化范围为 9～11.4 m。根据定量标本，共见到 5 个种类，其中枝角类 4 种和桡足类 1 种。浮游动物优势种为大型溞（*Daphnia magna*）和圆形盘肠溞（*Chydorus sphaericus*)。浮游动物密度变化范围为 1.2～10.9 ind./L，水深较浅处浮游动物丰度较高。枝角类和桡足类的密度变化范围分别为 0.1～0.7 ind./L 和 1.0～10.2 ind./L。浮游甲壳动物优势种大型溞和圆形盘肠溞密度分别为 0.05～0.1 ind./L 和 0.45～0.1 ind./L。桡足类以剑水蚤幼体居多。浮游动物生物量变化范围为 0.005～0.020 mg/L。枝角类和桡足类的生物量变化范围分别为 0.004～0.018 mg/L 和 0.0001～0.002 mg/L。浮游甲壳动物优势种大型溞和圆形盘肠溞生物量分别为 0.005～0.012 mg/L 和 0.0009～0.005 mg/L。

前期文献无对昂仁金错底栖动物的相关记载。本次调查利用抓斗、底拖网分别对昂仁金错底栖动物进行定量和定性采样，共获得 4 种底栖动物，相对丰度分别为湖沼钩虾（*Gammarus lacustris*）34.5%、划蝽（Corixidae sp.）34.5%、玄黑摇蚊（*Chironomus annularius*）23.0%，还有少量摇蚊幼虫出现。在定量样品中，湖沼钩虾密度为 30 ind./m²，划蝽密度为 30 ind./m²，玄黑摇蚊密度为 20 ind./m²。

在昂仁金错表层沉积物主要生源要素中，总有机碳含量为 6.2 g/kg，总氮含量为 1.3 g/kg，C/N 值 5.7，表明湖泊沉积物有机质的主要来源为湖泊自生藻类等低等植物。总磷含量为 866.5 mg/kg。昂仁金错表层沉积物常量元素中，Al 含量最高，达到 104.0 g/kg，其次分别为 Fe（53.9 g/kg）、K（30.9 g/kg）、Ca（30.5 g/kg）、Mg（21.4 g/kg）和 Na（13.0 g/kg）。在主要潜在危害元素中，As、Cd、Cr、Cu、Ni、Pb 和 Zn 的含量分别为 31.0 mg/kg、0.17 mg/kg、163.8 mg/kg、69.5 mg/kg、118.1 mg/kg、24.2 mg/kg 和 120.0 mg/kg。昂仁金错表层沉积物中 Cd、Pb 和 Zn 的含量均低于沉积物质量基准的阈值效应含量，As 和 Cu 含量介于阈值效应含量和可能效应含量之间，而 Cr 和 Ni 含量已经超过可能效应含量。根据生态风险等级标准，Cd、Pb 和 Zn 不会对湖泊生物产生毒性效应，而 As、Cr、Cu 和 Ni 可能会对湖泊生物产生毒性效应。昂仁金错表层沉积物的主要矿物组成：石英含量为 10.3%，长石含量为 8.9%，文石含量为 5.6%，方解石含量为 4.9%，云母族矿物含量为 41%，高岭石族矿物含量为 11.9%，绿泥石族矿物含量为 17.4%。昂仁金错表层沉积物粒度较细，中值粒径为 3.35 μm，基本无砂质，粉砂和黏土含量分别占 58.6% 和 41.3%，含量峰值出现在 3.8 μm 处。

5.30 打加错

打加错经纬度位置为 85.75°E、29.80°N（图 5-30），面积为 114.5 km²，海拔为 5122 m。

打加错水下光场良好，上游有河道来水，下游无出湖河口，为典型内流湖。调查水深为 9.0～22.0 m[均值为（15.8±6.5）m]，透明度为（6.4±0.1）m，湖泊浊度为（0.8±0.1）NTU。调查期间湖泊水温为（12.0±0.1）℃，电导率为（4413±18）

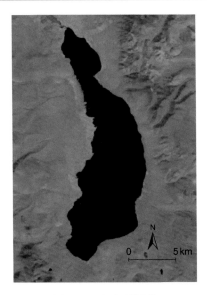

图 5-30　打加错影像

μS/cm，溶解氧浓度为（6.2±0.2）mg/L。pH 的平均值为 8.35，说明该湖泊属碱性水体。盐度为（2.36±0.01）‰，为微咸水湖。湖泊总氮浓度为（1.09±0.03）mg/L，总磷浓度为（0.75±0.01）mg/L，化学需氧量为（4.35±0.89）mg/L，叶绿素 a 浓度为（1.1±0.2）μg/L，整体营养水平偏低，属寡营养水平。湖泊溶解性有机碳浓度较高，均值可达（10.9±0.3）mg/L，主要是由流域内湖泊西侧河流输入的有机碳在湖内长年累月累积，加之湖泊蒸发浓缩所致。总悬浮颗粒物浓度为（6.89±1.31）mg/L；无机悬浮颗粒物浓度为（4.14±1.03）mg/L；有机悬浮颗粒物浓度为（2.74±0.28）mg/L；无机悬浮颗粒物占总悬浮颗粒物的 60%，说明无机悬浮颗粒物是打加错总悬浮物的主要成分。

湖水中主要离子组成：Na^+ 浓度为 1014.0 mg/L，K^+ 浓度为 89.8 mg/L，Mg^{2+}浓度为 44.8 mg/L，Ca^{2+} 浓度为 8.0 mg/L；SO_4^{2-} 浓度为 886.4 mg/L，HCO_3^-浓度为 616.1 mg/L，CO_3^{2-} 浓度为 402.0 mg/L，Cl^-浓度为 151.9 mg/L。

2020 年 8 月调查的显微镜鉴定结果发现，打加错共鉴定出浮游植物 4 门 11 属，分别为：硅藻门，菱形藻、小环藻、舟形藻、肘形藻；蓝藻门，微囊藻；绿藻门，卵囊藻、肾形藻、蹄形藻、网球藻、小球藻；隐藻门，蓝隐藻。浮游植物细胞密度为 $1.05×10^5$ ind./L，平均生物量为 12.50 μg/L。优势种为小环藻、卵囊藻。香农-维纳多样性指数为 1.53，辛普森指数为 0.73，均匀度指数为 0.64。

分子测序结果发现，打加错浮游植物共 8 门 284 种，其中最多为绿藻门，有 204 种，占比为 71.83%；其次为轮藻门，有 43 种，占比为 15.14%；蓝藻门 13 种，占比为 4.58%；甲藻门 8 种，占比为 2.82%；金藻门 8 种，占比为 2.82%；硅藻门 6 种，占比为 2.11%；隐藻门 1 种，占比为 0.35%；定鞭藻门 1 种，占比为 0.35%。通过与同期调查的青藏高原嘎仁错、浪错、扎日南木错等几个湖泊对比，可以发现打加错的浮游植物种类数明显少于上述三湖，其中嘎仁错 430 种、浪错 395 种、扎日南木错 356 种，表明打加错调查样品中的浮游植物丰富度较这些湖泊偏低，但是 284 种也处于相对较丰富的水平。

打加错同一断面不同水深的敞水区共采集定量标本 3 个，采样点水深变化范围为 9~22 m。根据定量标本，共见到 8 个种类，其中枝角类 2 种、桡足类 3 种和轮虫 3 种。浮游动物优势种为新月北镖水蚤（*Arctodiaptomus stewartianus*）。浮游动物密度变化范围为 3.2~14.1 ind./L，水深最浅处浮游动物密度最高。枝角类、桡足类和轮虫的密度变化范围分别为 0.1~0.3 ind./L、3.1~13.4 ind./L 和 0.1~0.4 ind./L。浮游动物优势种新月北镖水蚤密度为 1.3~2.8 ind./L，其他种类丰度低。浮游动物生物量变化范围为 0.054~0.135 mg/L，水深最浅处浮游动物生物量较高。枝角类、桡足类和轮虫的生物量变化范围分别为 0.0004~0.002 mg/L、0.054~0.133 mg/L 和 0.000 02~0.0004 mg/L。浮游动物优势种新月北镖水蚤生物量为 0.041~0.081 mg/L。

在打加错共采集到 8 种底栖动物，相对丰度分别为短粗前脉摇蚊（*Procladius crassinervis*）31.9%，异环摇蚊（*Acricotopus* spp.）28.3%，冰川小突摇蚊（*Micropsectra glacies*）14.2%，卡氏拟长跗摇蚊（*Paratanytarsus kaszabi*）7.1%，还有少量雪伪山摇蚊（*Pseudodiamesa nivosa*）、纤长跗摇蚊（*Tanytarsus gracilentus*）和玄黑摇蚊（*Chironomus annularius*）出现。

打加错表层沉积物的主要矿物组成：石英含量为 30.0%，长石含量为 11.0%，方解石含量为 38.5%，云母族矿物含量为 9.8%，另含变质矿物 10.7%。

5.31　帕茹错

帕茹错经纬度位置为 85.20°E、30.46°N（图 5-31），面积约为 3 km²，海拔为 4852 m。

帕茹错水下光场良好，周边河流补给稀少，无出湖河口，为典型内流湖。调查水深为 2.8~5.2 m[均值为（4.0±1.7）m]，透明度为（2.2±0.6）m，湖泊浊度为（2.4±0.4）NTU。调查期间湖泊水温为（14.8±0.2）℃，电导率为（1614±76）μS/cm，溶解氧浓度为（7.2±1.3）mg/L。pH 的平均值为 8.33，说明该湖泊属碱性水体。盐度为（0.82±0.04）‰，为淡水湖。湖泊总氮浓度为（0.99±0.03）mg/L，总磷浓度为 0.02 mg/L，化学需氧量为（5.28±0.24）mg/L，叶绿素 a 浓度为（0.13±0.04）μg/L，整体营养水平偏低，属寡营养水平。湖泊溶解性有机碳浓度较高，均值可达（8.7±0.2）mg/L，主要是由于缺乏有效的河流直接补给，加之

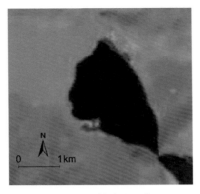

图 5-31　帕茹错影像

湖泊蒸发浓缩所致。总悬浮颗粒物浓度为（11.10±4.00）mg/L；无机悬浮颗粒物浓度为（7.95±3.85）mg/L；有机悬浮颗粒物浓度为（3.15±0.15）mg/L；无机悬浮颗粒物占总悬浮颗粒物的 72%，说明无机悬浮颗粒物是帕茹错总悬浮物的主要成分。

2020 年 8 月调查的显微镜鉴定结果发现，帕茹错共鉴定出浮游植物 4 门 15 属，分别为：硅藻门，菱形藻、卵形藻、桥弯藻、曲壳藻、双菱藻、细齿藻、小环藻、异极藻、羽纹藻、舟形藻、肘形藻；蓝藻门，棒胶藻、束球藻；绿藻门，小球藻；隐藻门，隐藻。浮游植物细胞密度为 $3.46×10^4$ ind./L，平均生物量为 5.25 μg/L。优势种为双菱藻。香农–维纳多样性指数为 1.43，辛普森指数为 0.60，均匀度指数为 0.53。

分子测序结果发现，帕茹错浮游植物共 8 门 84 种，其中最多为绿藻门，有 46 种，占比为 54.76%；其次为蓝藻门，有 18 种，占比为 21.43%；轮藻门 9 种，占比为 10.71%；另有金藻门 4 种，硅藻门 2 种，甲藻门 2 种，隐藻门 2 种，定鞭藻门 1 种，各门类占比均较低。通过与同期调查的青藏高原嘎仁错、浪错、扎日南木错等几个湖泊对比，可以发现帕茹错的浮游植物种类数明显少于上述三湖，其中嘎仁错 430 种、浪错 395 种、扎日南木错 356 种，表明帕茹错调查样品中的浮游植物种类组成相对单一。

帕茹错同一断面不同水深的敞水区共采集定量标本 2 个，采样点水深变化范围为 2.8～5.2 m。根据定量标本，共见到 9 个种类，其中枝角类 3 种、桡足类 3 种和轮虫 3 种。浮游甲壳动物优势种为长刺溞（*Daphnia longispina*）和梳刺北镖水蚤（*Arctodiaptomus altissimus pectinatus*），轮虫优势种为矩形龟甲轮虫（*Keratella quadrata*）。浮游动物密度变化范围为 23.0～57.7 ind./L，水深较深处浮游动物丰度较高。枝角类、桡足类和轮虫的密度变化范围分别为 3.8～26.1 ind./L、15.7～28.9 ind./L 和 2.8～3.6 ind./L，枝角类和桡足类在水深较深处丰度较高，水深较浅处轮虫丰度较高。浮游甲壳动物优势种长刺溞和梳刺北镖水蚤密度分别为 1.7～

22.1 ind./L 和 5.3～11.7 ind./L，轮虫优势种矩形龟甲轮虫密度为 1.5～3 ind./L。浮游动物生物量变化范围为 0.384～2.426 mg/L。枝角类、桡足类和轮虫的生物量变化范围分别为 0.160～1.250 mg/L、0.222～1.175 mg/L 和 0.001～0.001 mg/L。浮游甲壳动物优势种长刺溞和梳刺北镖水蚤生物量分别为 0.099～1.156 mg/L 和 0.156～0.925 mg/L，轮虫优势种矩形龟甲轮虫生物量为 0.0006～0.001 mg/L。

帕茹错共采集到 4 种底栖动物，分别为湖沼钩虾（*Gammarus lacustris*）和几种摇蚊幼虫，湖沼钩虾（*Gammarus lacustris*）相对丰度为 24.4%，摇蚊幼虫以玄黑摇蚊（*Chironomus annularius*）居多。

在帕茹错表层沉积物主要生源要素中，总有机碳含量为 13.0 g/kg，总氮含量为 1.7 g/kg，C/N 值为 9.1，表明湖泊沉积物有机质的主要来源为湖泊自生藻类等低等植物。总磷含量为 359.6 mg/kg。帕茹错表层沉积物常量元素中，Ca 含量最高，达到 133.1 g/kg，其次分别为 Al（44.0 g/kg）、Mg（24.2 g/kg）、K（19.1 g/kg）、Fe（18.1 g/kg）和 Na（6.1 g/kg）。在主要潜在危害元素中，As、Cd、Cr、Cu、Ni、Pb 和 Zn 的含量分别为 12.8 mg/kg、0.10 mg/kg、34.6 mg/kg、10.9 mg/kg、17.4 mg/kg、22.0 mg/kg 和 57.0 mg/kg。帕茹错表层沉积物中 Cd、Cr、Cu、Ni、Pb 和 Zn 的含量均低于沉积物质量基准的阈值效应含量，而 As 含量介于阈值效应含量和可能效应含量之间。根据生态风险等级标准，Cd、Cr、Cu、Ni、Pb 和 Zn 不会对湖泊生物产生毒性效应，而 As 可能会对湖泊生物产生毒性效应。帕茹错表层沉积物的主要矿物组成：石英含量为 8%，长石含量为 3.7%，方解石含量为 68.7%，云母族矿物含量为 8.8%，高岭石族矿物含量为 2.9%，绿泥石族矿物含量为 3.1%。

5.32 嘎荣错

嘎荣错经纬度位置为 85.21°E、30.45°N（图 5-32），面积约为 3 km²，海拔为 4855 m。

嘎荣错水下光场良好，湖泊东南方向有部分溪流来水，无出湖河口，为典型内流湖。调查水深为 2.0 m（均值为 2.0 m），透明度为（0.5±0.1）m，对应湖泊浊度为（12.6±3.3）NTU。调查期间湖泊水温为（14.7±0.5）℃，电导率为（849±21）µS/cm，溶解氧浓度为 6.1 mg/L。pH 的变化范围为 8.33～8.34，平均值为 8.34，说明该湖泊属碱性水体。盐度为（0.42±0.01）‰，为淡水湖。湖泊总氮浓度为（0.72±0.03）mg/L，总磷浓度为 0.02 mg/L，化学需氧量为（5.07±0.03）mg/L，叶绿素 a 浓度为（1.5±0.1）µg/L，整体营养水平偏低，属寡营养水平。湖泊溶解性有机碳浓度均值为（6.4±0.5）mg/L，主要是由周边经溪流输入的有机碳在湖内长年累月累积和高原湖泊蒸发浓缩所致。总悬浮颗粒物浓度为（3.25±0.72）mg/L；无机悬浮颗粒物浓度为（0.92±0.62）mg/L；有机悬浮颗粒物浓度为

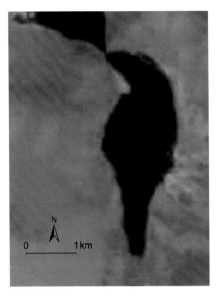

图 5-32 嘎荣错影像

（2.33±0.10）mg/L；有机悬浮颗粒物占总悬浮颗粒物的 72%，说明有机悬浮颗粒物是嘎荣错总悬浮物的主要成分。

湖水中主要离子组成：Na^+浓度为 134.5 mg/L，K^+浓度为 17.5 mg/L，Mg^{2+}浓度为 21.7 mg/L，Ca^{2+}浓度为 16.9 mg/L；SO_4^{2-}浓度为 54.2 mg/L，HCO_3^-浓度为 176.9 mg/L，CO_3^{2-}浓度为 60.0 mg/L，Cl^-浓度为 54.0 mg/L。

2020 年 8 月调查的显微镜鉴定结果发现，嘎荣错共鉴定出浮游植物 3 门 15 属，分别为：硅藻门，波缘藻、等片藻、菱形藻、卵形藻、桥弯藻、小环藻、羽纹藻、舟形藻；蓝藻门，棒胶藻、微囊藻；绿藻门，单针藻、空球藻、蹄形藻、纤维藻、小球藻。浮游植物细胞密度为 $3.70×10^5$ ind./L，平均生物量为 94.01 μg/L。优势种为波缘藻。香农-维纳多样性指数为 1.43，辛普森指数为 0.70，均匀度指数为 0.53。

分子测序结果发现，嘎容错浮游植物共 8 门 239 种，其中最多为绿藻门，有 182 种，占比为 76.15%；其次为轮藻门，有 21 种，占比为 8.79%；蓝藻门 17 种，占比为 7.11%；金藻门 10 种，占比为 4.18%；甲藻门 4 种，占比为 1.67%；硅藻门 3 种，占比为 1.26%；隐藻门 1 种，占比为 0.42%；定鞭藻门 1 种，占比为 0.42%。通过与同期调查的青藏高原嘎仁错、浪错、扎日南木错等几个湖泊对比，可以发现嘎容错的浮游植物种类数明显少于上述三湖，其中嘎仁错 430 种、浪错 395 种、扎日南木错 356 种，表明嘎容错调查样品中的浮游植物种类组成相对单一，但与其他组成更为单一的湖泊相比，仍处于较为丰富的水平。

嘎荣错同一断面不同水深的敞水区共采集定量标本 2 个，采样点水深为 2 m。

根据定量标本，共见到 8 个种类，其中枝角类 5 种、桡足类 2 种和轮虫 1 种。浮游甲壳动物优势种为长刺溞（*Daphnia longispina*）、方形网纹溞（*Ceriodaphnia quadrangular*）和梳刺北镖水蚤（*Arctodiaptomus altissimus pectinatus*）。浮游动物密度变化范围为 25.5～45.1 ind./L。枝角类、桡足类和轮虫的密度变化范围分别为 15.4～20.7 ind./L、10.0～24.4 ind./L 和 0～0.2 ind./L。浮游甲壳动物优势种长刺溞、方形网纹溞和梳刺北镖水蚤密度分别为 6.9～10.5 ind./L、8.3～10.2 ind./L 和 4.2～17.7 ind./L。浮游动物生物量变化范围为 0.835～1.348 mg/L。枝角类和桡足类的生物量变化范围分别为 0.642～0.682 mg/L 和 0.194～0.667 mg/L。浮游甲壳动物优势种长刺溞、方形网纹溞和梳刺北镖水蚤生物量分别为 0.285～0.301 mg/L、0.353～0.381 mg/L 和 0.137～0.572 mg/L。

嘎荣错共采集到 6 种底栖动物，其中萝卜螺（*Radix* sp.）相对丰度为 50%，湖沼钩虾（*Gammarus lacustris*）相对丰度为 30%，其余都是摇蚊幼虫，玄黑摇蚊（*Chironomus annularius*）相对丰度为 15%，还有少量前脉摇蚊、环足摇蚊和异环摇蚊。萝卜螺密度约为 50 ind./m^2，湖沼钩虾密度为 30 ind./m^2。

在嘎荣错表层沉积物主要生源要素中，总有机碳含量为 19.4 g/kg，总氮含量为 2.5 g/kg，C/N 值为 8.9，表明湖泊沉积物有机质的主要来源为湖泊自生藻类等低等植物。总磷含量为 306.0 mg/kg。嘎荣错表层沉积物常量元素中，Ca 含量最高，达到 169.9 g/kg，其次分别为 Al（34.0 g/kg）、Fe（15.7 g/kg）、K（14.0 g/kg）、Mg（13.5 g/kg）和 Na（4.6 g/kg）。在主要潜在危害元素中，As、Cd、Cr、Cu、Ni、Pb 和 Zn 的含量分别为 9.4 mg/kg、0.06 mg/kg、34.8 mg/kg、9.5 mg/kg、14.4 mg/kg、17.8 mg/kg 和 47.8 mg/kg。嘎荣错表层沉积物中 As、Cd、Cr、Cu、Ni、Pb 和 Zn 的含量均低于沉积物质量基准的阈值效应含量，表明这些微量元素不会对湖泊生物产生毒性效应。嘎荣错表层沉积物的主要矿物组成：石英含量为 9.2%，长石含量为 6.3%，文石含量为 3.3%，方解石含量为 60.6%，白云石含量为 1.0%，云母族矿物含量为 12.8%，高岭石族矿物含量为 6.8%。

5.33　嘎 仁 错

嘎仁错经纬度位置为 85.00°E、30.77°N（图 5-33），面积约为 66 km^2，海拔为 4636 m。

嘎仁错水下光场良好，东侧有雪水汇集而成的水道来水，无出湖河口，为典型内流湖。调查水深为 2.4～12.7 m[均值为（8.3±4.4）m]，透明度为（3.0±0.4）m，湖泊浊度为（0.7±0.1）NTU。调查期间湖泊水温为（15.8±0.1）℃，电导率为（470±8）μS/cm，溶解氧浓度为（6.0±0.5）mg/L。pH 的平均值为 8.33，说明该湖泊属碱性水体。盐度为（0.23±0.01）‰，为淡水湖。湖泊总氮浓度为（0.63±0.06）

mg/L，总磷浓度为（0.04±0.02）mg/L，化学需氧量为（2.72±0.79）mg/L，叶绿素 a 浓度为（2.2±0.8）μg/L，整体营养水平偏低，属寡营养水平。湖泊溶解性有机碳浓度均值为（3.9±0.1）mg/L，主要是由湖泊东侧入湖河流长时间输入有机碳所致。总悬浮颗粒物浓度为（2.67±0.09）mg/L；无机悬浮颗粒物浓度为（0.43±0.09）mg/L；有机悬浮颗粒物浓度为（2.24±0.07）mg/L；有机悬浮颗粒物占总悬浮颗粒物的 84%，说明有机悬浮颗粒物是嘎仁错总悬浮物的主要成分。

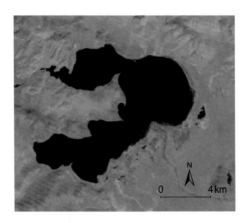

图 5-33　嘎仁错影像

湖水中主要离子组成：Na^+ 浓度为 43.0 mg/L，K^+ 浓度为 6.2 mg/L，Mg^{2+} 浓度为 14.7 mg/L，Ca^{2+} 浓度为 28.8 mg/L，SO_4^{2-} 浓度为 84.0 mg/L，HCO_3^- 浓度为 170.8 mg/L，Cl^- 浓度为 13.2 mg/L。

2020 年 8 月调查的显微镜鉴定结果发现，嘎仁错共鉴定出浮游植物 7 门 28 属，分别为：硅藻门，肋缝藻、菱形藻、卵形藻、曲壳藻、小环藻、羽纹藻、舟形藻；甲藻门，角甲藻；蓝藻门，假鱼腥藻、微囊藻、隐球藻；裸藻门，囊裸藻；绿藻门，弓形藻、鼓藻、链带藻、卵囊藻、四链藻、蹄形藻、韦斯藻、小球藻、衣藻、月牙藻、栅藻、纺锤藻；隐藻门，蓝隐藻、隐藻；金藻门，金杯藻、锥囊藻。浮游植物细胞密度为 $3.45×10^6$ ind./L，平均生物量为 219.89 μg/L。优势种为卵囊藻、角甲藻、肋缝藻。香农-维纳多样性指数为 1.74，辛普森指数为 0.76，均匀度指数为 0.54。

分子测序结果发现，嘎仁错浮游植物共 7 门 430 种，其中最多为绿藻门，有 289 种，占比为 67.21%；其次为轮藻门，有 43 种，占比为 10%；金藻门 39 种，占比为 9.07%；蓝藻门 32 种，占比为 7.44%；甲藻门 12 种，占比为 2.79%；硅藻门 11 种，占比为 2.56%；隐藻门 4 种，占比为 0.93%。通过与同期调查的青藏高原浪错、扎日南木错等几个湖泊对比，可以发现嘎仁错的调查样品中的浮游植物种类组成相对丰富。

嘎仁错同一断面不同水深的敞水区共采集定量标本 3 个，采样点水深变化范围为 8.2～12.7 m。根据定量标本，共见到 14 个种类，其中枝角类 6 种、桡足类 5 种和轮虫 3 种。浮游甲壳动物优势种为长刺溞（*Daphnia longispina*）和新月北镖水蚤（*Arctodiaptomus stewartianus*），轮虫优势种为矩形龟甲轮虫（*Keratella quadrata*）。浮游动物密度变化范围为 2.0～37.6 ind./L，水深最深处浮游动物丰度最高。枝角类、桡足类和轮虫的密度变化范围分别为 0.9～16.8 ind./L、1.0～24.9 ind./L 和 0～0.8 ind./L，枝角类和桡足类在水深较深处丰度较高。浮游甲壳动物优势种长刺溞和新月北镖水蚤密度分别为 0.1～16.2 ind./L 和 0.1～24.0 ind./L，轮虫优势种矩形龟甲轮虫密度为 0～0.5 ind./L。浮游动物生物量变化范围为 0.036～1.023 mg/L。枝角类、桡足类和轮虫的生物量变化范围分别为 0.018～0.416 mg/L、0.018～0.701 mg/L 和 0～0.0006 mg/L。浮游甲壳动物优势种长刺溞和新月北镖水蚤生物量分别为 0.004～0.408 mg/L 和 0.001～0.698 mg/L，轮虫优势种矩形龟甲轮虫生物量为 0～0.0001 mg/L。

嘎仁错底栖动物仅有前期粗略报道，包括仙女虫、球蚬、钩虾和摇蚊等生物（崔永德等，2021；王宝强，2019）。本次在嘎仁错共采集到 4 种底栖动物，均为摇蚊幼虫，分别是短粗前脉摇蚊（*Procladius crassinervis*）相对丰度为 58.1%，内华刀摇蚊（*Psectrocladius nevalis*）相对丰度为 20.3%，玄黑摇蚊（*Chironomus annularius*）相对丰度为 20.3%，还有少数异环摇蚊（*Acricotopus* spp.）；密度分别为 100 ind./m^2、35 ind./m^2、35 ind./m^2。

嘎仁错表层沉积物的主要矿物组成：石英含量为 14.2%，长石含量为 8.1%，文石含量为 7.3%，方解石含量为 47.0%，白云石含量为 1.5%，云母族矿物含量为 15.9%，绿泥石族矿物含量为 4.9%，石盐含量为 1.1%。

5.34　蔡几错

蔡几错经纬度位置为 85.44°E、31.19°N（图 5-34），湖面海拔为 4658 m。湖区年均气温为 0～2℃，年均降水量约 200 mm。湖水主要靠地表径流补给，集水区面积为 1142 km^2。

蔡几错水下光场良好，北侧、西侧上游均有雪山融水补给，东侧通过河道与齐格错相连，为典型内流湖。调查水深为 11.0～16.5 m［均值为（14.2±2.8）m］，透明度为（2.6±0.2）m，湖泊浊度为（1.2±0.2）NTU。调查期间湖泊水温为（15.0±0.05）℃，电导率为（2005±1）μS/cm，溶解氧浓度为（5.68±0.01）mg/L。pH 的平均值为 8.33，说明该湖泊属碱性水体。盐度为 1.03‰，为微咸水湖。湖泊总氮浓度为（0.92±0.04）mg/L，总磷浓度为（0.05±0.01）mg/L，化学需氧量为

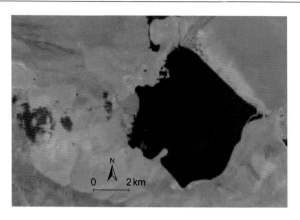

图 5-34　蔡几错影像

（3.24±0.50）mg/L，叶绿素 a 浓度为（4.0±3.0）μg/L，整体营养水平偏低，属寡营养水平。湖泊溶解性有机碳浓度均值为（3.5±0.1）mg/L，虽然流域内富含有机碳水源补给较少，但是湖泊蒸发浓缩导致有机碳浓度增加。总悬浮颗粒物浓度为（3.68±0.23）mg/L；无机悬浮颗粒物浓度为（0.65±0.15）mg/L；有机悬浮颗粒物浓度为（3.03±0.08）mg/L；有机悬浮颗粒物占总悬浮颗粒物的 82%，说明有机悬浮颗粒物是蔡几错总悬浮物的主要成分。

湖水中主要离子组成：Na^+浓度为 291.0 mg/L，K^+浓度为 52.0 mg/L，Mg^{2+}浓度为 50.5 mg/L，Ca^{2+}浓度为 24.6 mg/L，SO_4^{2-}浓度为 411.4 mg/L，HCO_3^-浓度为 341.6 mg/L，CO_3^{2-}浓度为 30.0 mg/L，Cl^-浓度为 135.0 mg/L。

2020 年 8 月调查的显微镜鉴定结果发现，蔡几错共鉴定出浮游植物 5 门 17 属，分别为：硅藻门，沟链藻、曲壳藻、小环藻、舟形藻；蓝藻门，棒胶藻、假鱼腥藻、微囊藻；裸藻门，囊裸藻；绿藻门，鼓藻、卵囊藻、蹄形藻、小球藻、衣藻、栅藻、纺锤藻；隐藻门，蓝隐藻、隐藻。浮游植物细胞密度为 $4.91×10^5$ ind./L，平均生物量为 30.28 μg/L。优势种为小环藻、卵囊藻。香农-维纳多样性指数为 1.93，辛普森指数为 0.80，均匀度指数为 0.70。

分子测序结果发现，蔡几错浮游植物共 8 门 198 种，其中最多为绿藻门，有 156 种，占比为 78.79%；其次为蓝藻门，有 15 种，占比为 7.58%；轮藻门 11 种，占比为 5.56%；硅藻门 5 种，占比为 2.53%；金藻门 4 种，占比为 2.02%；隐藻门 4 种，占比为 2.02%；甲藻门 2 种，占比为 1.01%；定鞭藻门 1 种，占比为 0.51%。通过与同期调查的青藏高原嘎仁错、浪错、扎日南木错等几个湖泊对比，可以发现蔡几错的浮游植物种类数明显少于上述三湖，其中嘎仁错 430 种、浪错 395 种、扎日南木错 356 种，表明蔡几错调查样品中的浮游植物种类组成相对单一。

蔡几错同一断面不同水深的敞水区共采集定量标本 3 个，采样点水深变化范围为 11~16.5 m。根据定量标本，共见到 6 个种类，其中枝角类 2 种、桡足类 2 种和轮虫 2 种。浮游甲壳动物优势种为方形网纹溞（*Ceriodaphnia quadrangula*）和新月北镖水蚤（*Arctodiaptomus stewartianus*），轮虫所占比重很小。浮游动物密度变化范围为 18.7~63.9 ind./L，中间水深处浮游动物密度最高。枝角类、桡足类和轮虫的密度变化范围分别为 8.1~26.4 ind./L、10.5~40.3 ind./L 和 0~0.1 ind./L。浮游甲壳动物优势种方形网纹溞和新月北镖水蚤密度分别为 5.2~21.2 ind./L 和 6.9~34.2 ind./L，在水深较浅处丰度较高。浮游动物生物量变化范围为 0.533~0.741 mg/L，中间水深处浮游动物生物量最高。枝角类、桡足类和轮虫的生物量变化范围分别为 0.204~0.692 mg/L、0.329~1.178 mg/L 和 0~0.000 06 mg/L。浮游甲壳动物优势种方形网纹溞和新月北镖水蚤生物量分别为 0.123~0.553 mg/L 和 0.220~1.132 mg/L。

蔡几错底栖动物主要由钩虾和摇蚊组成，前者密度是 180 ind./m²，后者密度是 150 ind./m²，其中摇蚊主要由玄黑摇蚊（*Chironomus annularius*）、短粗前脉摇蚊（*Procladius crassinervis*）、拟脉摇蚊（*Paracladius* sp.）组成。本书是对蔡几错底栖动物的首次报道。

在蔡几错表层沉积物主要生源要素中，总有机碳含量为 34.6 g/kg，总氮含量为 3.8 g/kg，C/N 值为 10.6，表明湖泊沉积物有机质的主要来源为湖泊自生藻类等低等植物。总磷含量为 461.0 mg/kg。蔡几错表层沉积物常量元素中，Ca 含量最高，达到 158.9 g/kg，其后分别为 Al（33.5 g/kg）、Mg（22.9 g/kg）、Fe（13.3 g/kg）、K（12.1 g/kg）和 Na（7.5 g/kg）。在主要潜在危害元素中，As、Cd、Cr、Cu、Ni、Pb 和 Zn 的含量分别为 40.7 mg/kg、0.13 mg/kg、23.9 mg/kg、10.1 mg/kg、13.4 mg/kg、15.0 mg/kg 和 38.2 mg/kg。蔡几错表层沉积物中 Cd、Cr、Cu、Ni、Pb 和 Zn 的含量均低于沉积物质量基准的阈值效应含量，而 As 含量已经超过可能效应含量。根据生态风险等级标准，Cd、Cr、Cu、Ni、Pb 和 Zn 不会对湖泊生物产生毒性效应，而 As 可能会对湖泊生物产生毒性效应。蔡几错表层沉积物的主要矿物组成：石英含量为 6.8%，长石含量为 7.8%，文石含量为 33.7%，方解石含量为 23.8%，白云石含量为 6.7%，云母族矿物含量为 13.1%，绿泥石族矿物含量为 8.1%。蔡几错表层沉积物呈多峰分布，粒径分布范围较广，矿物颗粒在 0.3~700 μm 粒径都有分布。蔡几错沉积物中主要组分为粉砂，含量为 60.46%，砂和黏土的含量分别是 16.92% 和 22.62%。中值粒径为 11.7 μm。

5.35 齐 格 错

齐格错经纬度位置为 85. 52°E、31.18°N（图 5-35），面积约为 20 km²，海拔为 4652 m。

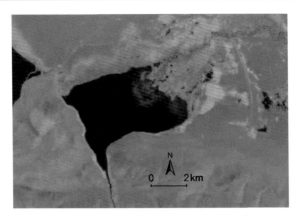

图 5-35　齐格错影像

　　齐格错水下光场良好，南侧为主要的河流来水补给区域，西侧与蔡几错通过水道相连，为典型内流湖。调查水深为 0.4～0.5 m［均值为（0.5±0.1）m］，透明度为 0.2 m，湖泊浊度为（45.5±2.9）NTU。调查期间湖泊水温为（16.9±0.5）℃，电导率为（430±73）μS/cm，溶解氧浓度为（5.4±0.2）mg/L。pH 的变化范围是 8.32～8.33，平均值为 8.32，说明该湖泊属碱性水体。盐度为（0.21±0.04）‰，为淡水湖。湖泊总氮浓度为（1.57±0.05）mg/L，总磷浓度为（0.06±0.01）mg/L，化学需氧量为（9.85±0.01）mg/L，叶绿素 a 浓度为（3.7±1.0）μg/L，整体营养水平偏低，属寡营养水平。湖泊溶解性有机碳浓度较高，均值可达（8.7±0.3）mg/L，主要是由流域内经河流输入的有机碳在湖内长年累月累积，加之湖泊蒸发浓缩所致。总悬浮颗粒物浓度为（44.95±8.49）mg/L；无机悬浮颗粒物浓度为（32.61±8.37）mg/L；有机悬浮颗粒物浓度为（12.34±0.34）mg/L；无机悬浮颗粒物占总悬浮颗粒物的 73%，说明无机悬浮颗粒物是齐格错总悬浮物的主要成分。

　　湖水中主要离子组成：Na^+ 浓度为 62.0 mg/L，K^+ 浓度为 5.1 mg/L，Mg^{2+} 浓度为 7.8 mg/L，Ca^{2+} 浓度为 19.2 mg/L；SO_4^{2-} 浓度为 46.8 mg/L，HCO_3^- 浓度为 152.5 mg/L，Cl^- 浓度为 8.8 mg/L。

　　2020 年 8 月调查的显微镜鉴定结果发现，齐格错共鉴定出浮游植物 6 门 23 属，分别为：硅藻门，等片藻、菱形藻、卵形藻、内丝藻、桥弯藻、曲壳藻、小环藻、羽纹藻、舟形藻、肘形藻；黄藻门，黄丝藻；甲藻门，薄甲藻；蓝藻门，棒胶藻；绿藻门，集星藻、卵囊藻、四角藻、四链藻、小球藻、衣藻、月牙藻、栅藻；隐藻门，蓝隐藻、隐藻。浮游植物细胞密度为 $1.45×10^7$ ind./L，平均生物量为 110.56 μg/L。优势种为舟形藻、曲壳藻。香农-维纳多样性指数为 2.38，辛普森指数为 0.87，均匀度指数为 0.77。

　　分子测序结果发现，齐格错浮游植物共 8 门 299 种，其中，最多为绿藻门，有 211 种，占比为 70.57%；其次为蓝藻门，有 28 种，占比为 9.36%；金藻门 19 种，占比为 6.35%；硅藻门 18 种，占比为 6.02%；轮藻门 18 种，占比为 6.02%；隐藻门 3 种，占比为 1%；定鞭藻门 1 种，占比为 0.33%；甲藻门 1 种，占比为 0.33%。通过与同期调查的青藏高原嘎仁错、浪错、扎日南木错等几个湖泊对比，可以发现齐格错的浮游植物种类数明显少于上述三湖，其中嘎仁错 430 种、浪错 395 种、扎日南木错 356 种，表明齐格错调查样品中的浮游植物种类组成相对单一，但与其他组成更为单一的湖泊相比，仍处于较为丰富的水平。

齐格错同一断面不同水深的敞水区共采集定量标本 2 个，采样点水深变化范围为 0.4～0.5 m。根据定量标本，共见到 25 个种类，其中枝角类 7 种、桡足类 4 种和轮虫 14 种。浮游甲壳动物优势种为方形网纹溞（*Ceriodaphnia quadrangula*）和梳刺北镖水蚤（*Arctodiaptomus altissimus pectinatus*），轮虫优势种为矩形龟甲轮虫（*Keratella quadrata*）。浮游动物密度变化范围为 129.3～132.7 ind./L。枝角类、桡足类和轮虫的密度变化范围分别为 3.9～4.3 ind./L、24.1～29.4 ind./L 和 95.6～104.8 ind./L。浮游甲壳动物优势种方形网纹溞和梳刺北镖水蚤密度分别为 1.6～2.6 ind./L 和 4.5～6.2 ind./L，轮虫优势种矩形龟甲轮虫密度为 77.5～101.5 ind./L。浮游动物生物量变化范围为 0.554～0.667 mg/L。枝角类、桡足类和轮虫的生物量变化范围分别为 0.083～0.089 mg/L、0.431～0.556 mg/L 和 0.028～0.035 mg/L。浮游甲壳动物优势种方形网纹溞和梳刺北镖水蚤生物量分别为 0.024～0.070 mg/L 和 0.235～0.386 mg/L，轮虫优势种矩形龟甲轮虫生物量为 0.024～0.034 mg/L。

齐格错共采集到 5 种底栖动物，主要类群是摇蚊和湖沼钩虾，其中摇蚊主要由摇蚊属、拟长跗摇蚊属、刀摇蚊属及结脉摇蚊属组成。湖沼钩虾密度较低，为 30 ind./m²，而摇蚊密度则为 132 ind./m²。

在齐格错表层沉积物主要生源要素中，总有机碳含量为 30.8 g/kg，总氮含量为 3.0 g/kg，C/N 值为 11.9，表明湖泊沉积物有机质的主要来源为湖泊自生藻类等低等植物。总磷含量为 400.0 mg/kg。齐格错表层沉积物常量元素中，Ca 含量最高，达到 220.9 g/kg，其次分别为 Al（20.9 g/kg）、Fe（8.9 g/kg）、K（7.4 g/kg）、Mg（6.9 g/kg）和 Na（2.7 g/kg）。在主要潜在危害元素中，As、Cd、Cr、Cu、Ni、Pb 和 Zn 的含量分别为 15.7 mg/kg、0.07 mg/kg、15.5 mg/kg、6.5 mg/kg、7.3 mg/kg、9.0 mg/kg 和 23.3 mg/kg。齐格错表层沉积物中 Cd、Cr、Cu、Ni、Pb 和 Zn 的含量均低于沉积物质量基准的阈值效应含量，As 含量介于阈值效应含量和可能效应含量之间。根据生态风险等级标准，Cd、Cr、Cu、Ni、Pb 和 Zn 不会对湖泊生物产生毒性效应，而 As 可能会对湖泊生物产生毒性效应。齐格错表层沉积物的主要矿物组成：石英含量为 4.8%，长石含量为 5%，文石含量为 4%，方解石含量为 71.8%，云母族矿物含量为 9.6%，高岭石族矿物含量为 4.8%。

5.36　扎日南木错

扎日南木错经纬度位置为 85.39°E、30.92°N（图 5-36），面积为 1017 km²，流域面积为 1643 km²，海拔为 4598 m。

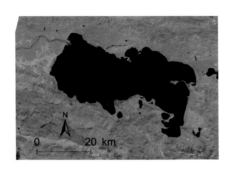

图 5-36　扎日南木错影像

扎日南木错水下光场良好，上游河流自西侧湖岸入湖，下游无出湖河口，为典型内流湖。调查水深为 7.2～7.8 m [均值为（7.5±0.4）m]，透明度为（0.5±0.1）m，湖泊浊度为（10.5±1.9）NTU。调查期间湖泊水温为（14.8±0.1）℃，电导率为（14 502±124）μS/cm，溶解氧浓度为（5.4±0.2）mg/L。pH 的平均值为 8.33，说明该湖泊属碱性水体。盐度为（8.46±0.08）‰，为微咸水湖。叶绿素 a 浓度为（1.3±0.1）μg/L，整体营养水平偏低，属寡营养水平。湖泊溶解性有机碳浓度较高，均值可达（8.1±0.5）mg/L，主要是由流域内河流将南部广大流域的有机碳输入湖内并长年累月累积，加之高原湖泊蒸发浓缩所致。总悬浮颗粒物浓度为（37.05±4.38）mg/L；无机悬浮颗粒物浓度为（32.23±4.63）mg/L；有机悬浮颗粒物浓度为（4.82±0.25）mg/L；无机悬浮颗粒物占总悬浮颗粒物的 87%，说明无机悬浮颗粒物是扎日南木错总悬浮物的主要成分。

湖水中主要离子组成：Na^+ 浓度为 4100.0 mg/L，K^+ 浓度为 492.0 mg/L，Mg^{2+} 浓度为 264.0 mg/L，Ca^{2+} 浓度为 6.0 mg/L；SO_4^{2-} 浓度为 4927.6 mg/L，HCO_3^- 浓度为 860.1 mg/L，CO_3^{2-} 浓度为 1152.0 mg/L，Cl^- 浓度为 1234.8 mg/L。

2020 年 8 月调查的显微镜鉴定结果发现：扎日南木错共鉴定出浮游植物 4 门 6 属，分别为：硅藻门，菱形藻、小环藻；蓝藻门，假鱼腥藻；绿藻门，卵囊藻、小球藻；隐藻门，隐藻。浮游植物细胞密度为 $2.28×10^4$ ind./L，平均生物量为 1.06 μg/L。优势种为小环藻。香农-维纳多样性指数为 1.34，辛普森指数为 0.68，均匀度指数为 0.75。

分子测序结果发现，扎日南木错浮游植物共 9 门 356 种，其中，最多为绿藻门，有 200 种，占比为 56.18%；其次为蓝藻门，有 41 种，占比为 11.52%；轮藻门 36 种，占比为 10.11%；甲藻门 33 种，占比为 9.27%；金藻门 23 种，占比为 6.46%；硅藻门 12 种，占比为 3.37%；定鞭藻门 6 种，占比为 1.69%；隐藻门 4 种，占比为 1.12%；黄藻门 1 种，占比为 0.28%。通过与同期调查的青藏高原嘎仁错、浪错等几个湖泊对比，可以发现扎日南木错的浮游植物种类数虽然少于嘎仁错、浪错等湖泊，但是 356 种仍表明其浮游植物种类组成处于较丰富的水平。

扎日南木错同一断面不同水深的敞水区共采集定量标本 3 个，采样点水深变化范围为 7~7.8 m。根据定量标本，共见到 3 个种类，均为桡足类。浮游甲壳动物优势种为拉达克剑水蚤（*Cyclops ladakanus*）。浮游动物密度为 11.5 ind./L。浮游甲壳动物优势种拉达克剑水蚤成体密度为 0.85 ind./L，浮游动物生物量为 0.234 mg/L，浮游甲壳动物优势种拉达克剑水蚤成体生物量为 0.068 mg/L。

扎日南木错共采集到 4 种底栖动物，主要由湖沼钩虾和摇蚊组成，其中纹饰环足摇蚊（*Cricotopus ornatus*）是优势种群，相对丰度达 67%。定量采样得知湖沼钩虾密度是 120 ind./m^2，而摇蚊密度则高达 561 ind./m^2。本书对湖中的底栖动物进行了首次报道。

在扎日南木错表层沉积物主要生源要素中，总有机碳含量为 19.2 g/kg，总氮含量为 2.8 g/kg，C/N 值为 8.1，表明湖泊沉积物有机质的主要来源为湖泊自生藻类等低等植物。总磷含量为 705.8 mg/kg。扎日南木错表层沉积物常量元素中，Ca 含量最高，达到 107.0 g/kg，其次分别为 Al（51.1 g/kg）、K（22.1 g/kg）、Fe（20.6 g/kg）、Na（15.5 g/kg）和 Mg（14.4 g/kg）。在主要潜在危害元素中，As、Cd、Cr、Cu、Ni、Pb 和 Zn 的含量分别为 54.4 mg/kg、0.21 mg/kg、30.3 mg/kg、16.6 mg/kg、16.3 mg/kg、32.0 mg/kg 和 80.2 mg/kg。扎日南木错表层沉积物中 Cd、Cr、Cu、Ni、Pb 和 Zn 的含量均低于沉积物质量基准的阈值效应含量，而 As 含量已经超过可能效应含量。根据生态风险等级标准，Cd、Cr、Cu、Ni、Pb 和 Zn 不会对湖泊生物产生毒性效应，而 As 可能会对湖泊生物产生毒性效应。扎日南木错表层沉积物的主要矿物组成：石英含量为 16.9%，长石含量为 11.3%，文石含量为 31.9%，方解石含量为 6.3%，云母族矿物含量为 33.6%。

5.37　达　瓦　错

达瓦错经纬度位置为 84.97°E、31.21°N（图 5-37），面积为 114.4 km^2，湖面海拔为 4626 m。湖水主要靠冰雪融水径流补给。

达瓦错水下光场良好，北侧、南侧均有河流补给，无出湖河口，为典型内流湖。调查水深为 34.4~43 m［均值为（38.1±4.4）m］，透明度为（6.1±0.4）m，湖泊浊度为（0.5±0.3）NTU。调查期间湖泊水温为（14.9±0.3）℃，电导率为

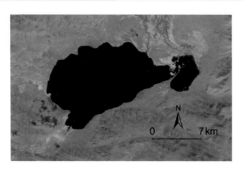

图 5-37　达瓦错影像

（25 602±17）μS/cm，溶解氧浓度为（5.2±0.1）mg/L。pH 的平均值为 8.33，说明该湖泊属碱性水体。盐度为（15.67±0.01）‰，为微咸水湖。湖泊总氮浓度为（1.76±0.19）mg/L，总磷浓度为（0.24±0.18）mg/L，化学需氧量为（4.99±0.34）mg/L，叶绿素 a 浓度为（0.6±0.2）μg/L，整体营养水平偏低，属寡营养水平。湖泊溶解性有机碳浓度较高，均值可达（15.8±1.5）mg/L，主要是由流域内经河流输入的有机碳在湖内长年累月累积，加之湖泊蒸发浓缩所致。总悬浮颗粒物浓度为（26.07±0.87）mg/L；无机悬浮颗粒物浓度为（23.55±0.72）mg/L；有机悬浮颗粒物浓度为（2.51±0.18）mg/L；无机悬浮颗粒物占总悬浮颗粒物的 90%，说明无机悬浮颗粒物是达瓦错总悬浮物的主要成分。

湖水中主要离子组成：Na^+ 浓度为 6280.0 mg/L，K^+ 浓度为 824.0 mg/L，Mg^{2+} 浓度为 798.0 mg/L，Ca^{2+} 浓度为 15.0 mg/L；HCO_3^- 浓度为 256.2 mg/L，CO_3^{2-} 浓度为 1170.0 mg/L。

2020 年 8 月调查的显微镜鉴定结果发现，达瓦错共鉴定出浮游植物 4 门 6 属，分别为：硅藻门，沟链藻、菱形藻、小环藻；黄藻门，膝口藻；蓝藻门，微囊藻；绿藻门，网球藻。浮游植物细胞密度为 $2.65×10^4$ ind./L，平均生物量为 3.55 μg/L。优势种为沟链藻。香农-维纳多样性指数为 0.80，辛普森指数为 0.45，均匀度指数为 0.44。

分子测序结果发现，达瓦错浮游植物共 9 门 274 种，其中最多为绿藻门，有 125 种，占比为 45.62%；其次为轮藻门为 55 种，占比为 20.07%；甲藻门 26 种，占比为 9.49%；金藻门 26 种，占比为 9.49%；蓝藻门 17 种，占比为 6.2%；硅藻门 9 种，占比为 3.28%；定鞭藻门 8 种，占比为 2.92%；隐藻门 7 种，占比为 2.55%；黄藻门 1 种，占比为 0.36%。通过与同期调查的青藏高原嘎仁错、浪错、扎日南木错等几个湖泊对比，可以发现达瓦错的浮游植物种类数明显少于上述三湖，其中嘎仁错 430 种、浪错 395 种、扎日南木错 356 种，表明达瓦错调查样品中的浮游植物种类组成相对单一，但是与其他组成更为单一的湖泊相比，仍处于较为丰富的水平。

达瓦错同一断面不同水深的敞水区共采集定量标本 4 个，采样点水深变化范围为 34.4～43 m。根据定量标本，共见到 4 个种类，其中枝角类 1 种、桡足类 2 种和轮虫 1 种。浮游甲壳动物优势种为西藏溞（*Daphnia tibetana*）和亚洲后镖水蚤（*Metadiaptomus asiaticus*），轮虫优势种为壶状臂尾轮虫（*Brachionus urceolaris*）。浮游动物密度变化范围为 1.8～5.8 ind./L，水深最浅处浮游动物丰度最高。枝角类、桡足类和轮虫的密度变化范围分别为 0.1～2.8 ind./L、1.5～3.0 ind./L 和 0～0.2 ind./L，枝角类和桡足类在水深较浅处丰度较高。浮游甲壳动物优势种西藏溞和亚洲后镖水蚤密度分别为 0.1～2.8 ind./L 和 0.6～2.3 ind./L，轮虫优势种壶状臂尾轮虫密度为 0～0.2 ind./L。浮游动物生物量变化范围为 0.076～0.666 mg/L。枝角类、桡足类和轮虫的生物量变化范围分别为 0.019～0.535 mg/L、0.057～0.132 mg/L 和 0～0.0005 mg/L。浮游甲壳动物优势种西藏溞和亚洲后镖水蚤生物量分别为 0.019～0.535 mg/L 和 0.054～0.112 mg/L，轮虫优势种壶状臂尾轮虫生物量为 0～0.0005 mg/L。

达瓦错共获得底栖动物 4 种，其中以沼梭甲（*Helophorus lamicola*）和短粗前脉摇蚊（*Procladius crassinervis*）为绝对优势种，相对丰度分别为 68% 和 31%，其他两种底栖动物为拟脉摇蚊（*Paracladius* sp.）和冰川小突摇蚊（*Micropsectra glacies*），数量较少。沼梭甲的密度可以达到 1200 ind./m^2，摇蚊密度则达 558 ind./m^2。本书对湖中的底栖动物进行了首次报道。

在达瓦错表层沉积物主要生源要素中，总有机碳含量为 10.5 g/kg，总氮含量为 1.6 g/kg，C/N 值为 7.9，表明湖泊沉积物有机质的主要来源为湖泊自生藻类等低等植物。总磷含量为 359.1 mg/kg。达瓦错表层沉积物常量元素中，Ca 含量最高，达到 89.2 g/kg，其次分别为 Al（48.7 g/kg）、Na（47.5 g/kg）、Mg（24.9 g/kg）、K（22.9 g/kg）和 Fe（19.9 g/kg）。在主要潜在危害元素中，As、Cd、Cr、Cu、Ni、Pb 和 Zn 的含量分别为 48.8 mg/kg、0.20 mg/kg、40.1 mg/kg、14.8 mg/kg、19.0 mg/kg、23.6 mg/kg 和 55.8 mg/kg。达瓦错表层沉积物中 Cd、Cr、Cu、Ni、Pb 和 Zn 的含量均低于沉积物质量基准的阈值效应含量，而 As 含量已经超过可能效应含量。根据生态风险等级标准，Cd、Cr、Cu、Ni、Pb 和 Zn 不会对湖泊生物产生毒性效应，而 As 可能会对湖泊生物产生毒性效应。达瓦错表层沉积物的主要矿物组成：石英含量为 12.0%，长石含量为 4.0%，文石含量为 20.4%，方解石含量为 16.9%，白云石含量为 2.4%，云母族矿物含量为 24.5%，高岭石族矿物含量为 9.9%，绿泥石族矿物含量为 9.9%。

5.38　塔　若　错

塔若错经纬度位置为 83.95°E、31.18°N（图 5-38），面积为 486.6 km^2，海拔

为 4539 m。

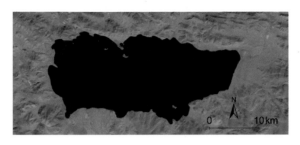

图 5-38　塔若错影像

塔若错水下光场良好，补给河道主要从西南侧入湖，无出湖河口，为典型内流湖。调查水深为 32.1～55.7 m［均值为（43.5±11.8）m］，透明度为（5.9±0.5）m，湖泊浊度为（0.2±0.1）NTU。调查期间湖泊水温为（13.7±0.2）℃，电导率为（987±1）μS/cm，溶解氧浓度为 6.2 mg/L。pH 的平均值为 8.34，说明该湖泊属碱性水体。盐度为 0.49‰，为淡水湖。湖泊总氮浓度为（0.43±0.02）mg/L，总磷浓度为（0.09±0.04）mg/L，化学需氧量为（1.78±0.08）mg/L，叶绿素 a 浓度为（0.7±0.1）μg/L，整体营养水平偏低，属寡营养水平。湖泊溶解性有机碳浓度均值为 3.6 mg/L，主要是由流域内经河流输入的有机碳在湖内长年累月累积，加之湖泊蒸发浓缩所致。总悬浮颗粒物浓度为（2.94±0.08）mg/L；无机悬浮颗粒物浓度为（1.37±0.13）mg/L；有机悬浮颗粒物浓度为（1.57±0.21）mg/L；有机悬浮颗粒物占总悬浮颗粒物的 53%，说明有机悬浮颗粒物是塔若错总悬浮物的主要成分。

湖水中主要离子组成：Na^+ 浓度为 200.5 mg/L，K^+ 浓度为 22.7 mg/L，Mg^{2+} 浓度为 20.8 mg/L，Ca^{2+} 浓度为 10.3 mg/L；SO_4^{2-} 浓度为 50.4 mg/L，HCO_3^- 浓度为 286.7 mg/L，CO_3^{2-} 浓度为 54.0 mg/L，Cl^- 浓度为 65.2 mg/L。

2020 年 8 月调查的显微镜鉴定结果发现，塔若错共鉴定出浮游植物 5 门 18 属，分别为：硅藻门，沟链藻、骨条藻、菱形藻、小环藻、肘形藻；黄藻门，黄丝藻；甲藻门，角甲藻；蓝藻门，棒胶藻、微囊藻、隐球藻、泽丝藻；绿藻门，鼓藻、空球藻、卵囊藻、肾形藻、蹄形藻、小球藻、纺锤藻。浮游植物细胞密度为 $1.43×10^6$ ind./L，平均生物量为 74.74 μg/L。优势种为卵囊藻、小环藻。香农-维纳多样性指数为 1.89，辛普森指数为 0.80，均匀度指数为 0.66。

分子测序结果发现，塔若错浮游植物共 9 门 225 种，其中，最多为绿藻门，有 141 种，占比为 62.67%；其次为轮藻门，有 33 种，占比为 14.67%；硅藻门 20 种，占比为 8.89%；金藻门 11 种，占比为 4.89%；黄藻门 7 种，占比为 3.11%；蓝藻门 6 种，占比为 2.67%；甲藻门 4 种，占比为 1.78%；隐藻门 2 种，占比为

0.89%；定鞭藻门 1 种，占比为 0.44%。通过与同期调查的青藏高原嘎仁错、浪错、扎日南木错等几个湖泊对比，可以发现塔若错的浮游植物种类数明显少于上述三湖，其中嘎仁错 430 种、浪错 395 种、扎日南木错 356 种，表明塔若错调查样品中的浮游植物种类组成相对单一，但与其他组成更为单一的湖泊相比，仍处于较为丰富的水平。

塔若错同一断面不同水深的敞水区共采集定量标本 3 个，采样点水深变化范围为 32.1～55.7 m。根据定量标本，共见到 2 个种类，均为桡足类。浮游甲壳动物优势种为新月北镖水蚤（*Arctodiaptomus stewartianus*）。浮游动物密度变化范围为 1.2～2.0 ind./L，水深最深处浮游动物丰度最高。桡足类的密度变化范围为 1.2～2.0 ind./L。浮游甲壳动物优势种新月北镖水蚤密度为 0.4～1.1 ind./L。浮游动物生物量变化范围为 0.016～0.061 mg/L。桡足类的生物量变化范围为 0.016～0.061 mg/L。浮游甲壳动物优势种新月北镖水蚤生物量为 0.010～0.049 mg/L。

塔若错共获得底栖动物 4 种，全部都是摇蚊幼虫，其中以单齿山摇蚊（*Monodiamesa* spp.）和短粗前脉摇蚊（*Procladius crassinervis*）为绝对优势种，相对丰度分别为 57% 和 34%，摇蚊密度达 264 ind./m^2。本书对湖中的底栖动物进行了首次报道。

在塔若错表层沉积物主要生源要素中，总有机碳含量为 17.0 g/kg，总氮含量为 1.9 g/kg，C/N 值为 10.2，表明湖泊沉积物有机质的主要来源为湖泊自生藻类等低等植物。总磷含量为 785.0 mg/kg。塔若错表层沉积物常量元素中，Ca 含量最高，达到 80.9 g/kg，其次分别为 Al（55.8 g/kg）、K（22.1 g/kg）、Fe（21.0 g/kg）、Na（11.9 g/kg）和 Mg（8.7 g/kg）。在主要潜在危害元素中，As、Cd、Cr、Cu、Ni、Pb 和 Zn 的含量分别为 68.7 mg/kg、0.23 mg/kg、37.8 mg/kg、11.0 mg/kg、18.3 mg/kg、35.6 mg/kg 和 81.5 mg/kg。塔若错表层沉积物中 Cd、Cr、Cu、Ni、Pb 和 Zn 的含量均低于沉积物质量基准的阈值效应含量，而 As 含量已经超过可能效应含量。根据生态风险等级标准，Cd、Cr、Cu、Ni、Pb 和 Zn 不会对湖泊生物产生毒性效应，而 As 可能会对湖泊生物产生毒性效应。塔若错表层沉积物的主要矿物组成：石英含量为 39.3%，长石含量为 20.7%，方解石含量为 16.4%，云母族矿物含量为 15%，高岭石族矿物含量为 7%，绿泥石族矿物含量为 1.6%。塔若错表层沉积物粒径分布范围在 0.4～724.4 μm，呈显著的双峰分布特征，粒径峰值分别出现在 11.5 μm 和 158.5 μm 处，沉积物粒度较粗，中值粒径为 49.6 μm，粉砂和砂含量基本相等，含量分别占 41.5% 和 45.7%，黏土组分含量最少，仅占 12.8%。

5.39 昂拉仁错

昂拉仁错经纬度位置为 83.38°E、31.44°N（图 5-39），面积为 512.7km^2，流

域面积为 10 983 km²。地处西藏自治区日喀则市仲巴县西北端，冈底斯山北麓，湖面海拔 4715 m。湖形不规则，湖中多岛屿。湖水主要依靠阿毛藏布和新沙藏布等河流补给。湖区属高寒草原半干旱气候。湖水微咸，矿化度为 17.48 g/L。

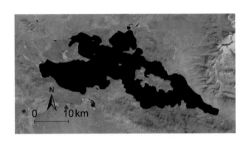

图 5-39　昂拉仁错影像

昂拉仁错水下光场良好，周边有河道水流补给，无出湖河口，为典型内流湖。调查水深为 3.7～23.4 m[均值为（13.2±9.9）m]，透明度为（4.8 ±1.1）m，湖泊浊度为（0.4±0.2）NTU。调查期间湖泊水温为（14.5±0.5）℃，电导率为（20 926±28）μS/cm，溶解氧浓度为（5.6±0.1）mg/L。pH 的变化范围是 8.33～8.34，平均值为 8.34，说明该湖泊属碱性水体。盐度为（12.58±0.02）‰，为微咸水湖。湖泊总氮浓度为（1.04±0.03）mg/L，总磷浓度为（2.12±0.06）mg/L，化学需氧量为（6.10±0.20）mg/L，叶绿素 a 浓度为（0.2±0.1）μg/L，整体营养水平偏低，属寡营养水平。湖泊溶解性有机碳浓度较高，均值可达（15.7±1.3）mg/L，主要是由流域内经河流输入的有机碳在湖内长年累月累积，加之湖泊蒸发浓缩所致。总悬浮颗粒物浓度为（7.17±1.54）mg/L；无机悬浮颗粒物浓度为（6.39±1.34）mg/L；有机悬浮颗粒物浓度为（0.78±0.21）mg/L；无机悬浮颗粒物占总悬浮颗粒物的 89%，说明无机悬浮颗粒物是昂拉仁错总悬浮物的主要成分。

湖水中主要离子组成：Na^+ 浓度为 4380.0 mg/L，K^+ 浓度为 494.0 mg/L，Mg^{2+} 浓度为 264.0 mg/L，Ca^{2+} 浓度为 15.6 mg/L；SO_4^{2-} 浓度为 6843.5 mg/L，HCO_3^- 浓度为 280.6 mg/L，CO_3^{2-} 浓度为 1716.0 mg/L，Cl^- 浓度为 2207.7 mg/L。

2020 年 8 月调查的显微镜鉴定结果发现，昂拉仁错共鉴定出浮游植物 3 门 4 属，分别为：硅藻门，小环藻；蓝藻门，棒胶藻、微囊藻；绿藻门，卵囊藻。浮游植物细胞密度为 2.56×10⁴ ind./L，平均生物量为 2.62 μg/L。优势种为小环藻。香农-维纳多样性指数为 0.33，辛普森指数为 0.14，均匀度指数为 0.24。

分子测序结果发现，昂拉仁错浮游植物共 9 门 349 种，其中最多为绿藻门，有 130 种，占比为 37.25%；其次为轮藻门，有 79 种，占比为 22.64%；甲藻门 44 种，占比为 12.61%；金藻门 29 种，占比为 8.31%；硅藻门 28 种，占比为 8.02%；蓝藻门 21 种，占比为 6.02%；黄藻门 9 种，占比为 2.58%；隐藻门 6 种，占比为 1.72%；定鞭藻门 3 种，占比为 0.86%。通过与同期调查的青藏高原嘎仁错、浪错、扎日南木错等几个湖泊对比，可以发现昂拉仁错的浮游植物种类数与上述三湖相似，其中嘎仁错 430 种、浪错 395 种、扎日南木错 356 种，表明昂拉仁错调查样品中的浮游植物种类组成相对丰富。

昂拉仁错同一断面不同水深的敞水区共采集定量标本 3 个，采样点水深变化范围为 3.7～23.4 m。根据定量标本，共见到 2 个种类，其中枝角类 1 种和桡足类 1 种。浮游甲壳动物优势种为西藏溞（*Daphnia tibetana*）。浮游动物密度变化范围为 0.5～1.5 ind./L，水深最浅处浮游动物丰度最高。枝角类和桡足类的密度变化范围分别为 0.3～0.9 ind./L 和 0.2～0.7 ind./L，枝角类和桡足类在水深较浅处丰度较高。浮游甲壳动物优势种西藏溞密度为 0.3～0.9 ind./L。浮游动物生物量变化范围为 0.058～0.089 mg/L。枝角类和桡足类的生物量变化范围分别为 0.055～0.080 mg/L 和 0.004～0.009 mg/L。浮游甲壳动物优势种西藏溞生物量为 0.055～0.080 mg/L。

昂拉仁错共获得底栖动物 3 种，其中湖沼钩虾（*Gammarus lacustris*）64% 和冰川小突摇蚊（*Micropsectra glacies*）36% 为绝对优势种，相对丰度分别为 63% 和 36%。湖沼钩虾的密度可达到 1050 ind./m^2，摇蚊密度为 630 ind./m^2。本书对湖中的底栖动物进行了首次报道。

在昂拉仁错表层沉积物主要生源要素中，总有机碳含量为 19.1 g/kg，总氮含量为 3.2 g/kg，C/N 值为 7.0，表明湖泊沉积物有机质的主要来源为湖泊自生藻类等低等植物。总磷含量为 686.3 mg/kg。昂拉仁错表层沉积物常量元素中，Ca 含量最高，达到 142.5 g/kg，其次分别为 Al（38.6 g/kg）、Na（24.1 g/kg）、K（16.2 g/kg）、Fe（15.8 g/kg）和 Mg（13.3 g/kg）。在主要潜在危害元素中，As、Cd、Cr、Cu、Ni、Pb 和 Zn 的含量分别为 154.5 mg/kg、0.19 mg/kg、29.5 mg/kg、20.2 mg/kg、16.33 mg/kg、32.0 mg/kg 和 54.1 mg/kg。昂拉仁错表层沉积物中 Cd、Cr、Cu、Ni、Pb 和 Zn 的含量均低于沉积物质量基准的阈值效应含量，而 As 含量已经超过可能效应含量。根据生态风险等级标准，Cd、Cr、Cu、Ni、Pb 和 Zn 不会对湖泊生物产生毒性效应，而 As 可能会对湖泊生物产生毒性效应。昂拉仁错表层沉积物的主要矿物组成：石英含量为 9.9%，长石含量为 10.5%，文石含量为 45.3%，方解石含量为 13.4%，云母族矿物含量为 11.5%，高岭石族矿物含量为 4.6%，绿泥石族矿物含量为 4.8%。昂拉仁错表层沉积物粒径相对较粗，中值粒径为 19.99 μm，主要组分为粉砂，含量为 76.52%，砂和黏土组分含量相似，分别为 13.4% 和 10.08%。

5.40　仁青休布错

仁青休布错经纬度位置为 81.43°E、31.33°N（图 5-40），面积为 187.1 km^2，

海拔为 4761 m。

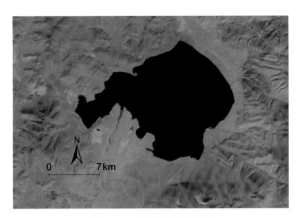

图 5-40   仁青休布错影像

仁青休布错水下光场良好，湖水主要靠冰雪融水径流补给，无出湖河口，为典型内流湖。调查水深为 15.8～50.8 m[均值为（36.7±18.5）m]，透明度为（2.8 ±0.2）m，湖泊浊度为（1.1±0.2）NTU。调查期间湖泊水温为（13.3±1.4）℃，电导率可达（4782±14）μS/cm，溶解氧浓度为（6.1±0.1）mg/L。盐度为（2.58±0.01）‰，为微咸水湖。pH 的变化范围为 8.33～8.35，平均值为 8.34，说明该湖泊属碱性水体。湖泊总氮浓度为（0.82±0.05）mg/L，总磷浓度为（0.21±0.05）mg/L，化学需氧量为（3.74±0.00）mg/L，叶绿素 a 浓度为 1.1 μg/L，整体营养水平偏低，属寡营养水平。湖泊溶解性有机碳浓度较高，均值可达（8.9±0.1）mg/L，主要是由流域内经河流输入的有机碳在湖内长年累月累积，加之高原湖泊蒸发浓缩所致。总悬浮颗粒物浓度为（3.53±0.34）mg/L；无机悬浮颗粒物浓度为（2.68±0.39）mg/L；有机悬浮颗粒物浓度为（0.85±0.06）mg/L；无机悬浮颗粒物占总悬浮颗粒物的 76%，说明无机悬浮颗粒物是仁青休布错总悬浮物的主要成分。

湖水中主要离子组成：Na^+ 浓度为 1148.0 mg/L，K^+ 浓度为 114.8 mg/L，Mg^{2+} 浓度为 22.6 mg/L，Ca^{2+} 浓度为 6.1 mg/L；SO_4^{2-} 浓度为 520.1 mg/L，HCO_3^- 浓度为 774.7 mg/L，CO_3^{2-} 浓度为 624.0 mg/L，Cl^- 浓度为 279.5 mg/L。

2020 年 8 月调查的显微镜鉴定结果发现，仁青休布错共鉴定出浮游植物 4 门 7 属，分别为：硅藻门，菱形藻、小环藻、舟形藻；蓝藻门，棒胶藻；绿藻门，卵囊藻、小球藻；隐藻门，蓝隐藻。浮游植物细胞密度为 $3.28×10^5$ ind./L，平均生物量为 38.62 μg/L。优势种为小环藻。香农-维纳多样性指数为 0.48，辛普森指数为 0.24，均匀度指数为 0.44。

分子测序结果发现，仁青休布错浮游植物共 8 门 216 种，其中，最多为绿藻门，有 135 种，占比为 62.5%；其次为轮藻门，有 37 种，占比为 17.13%；金藻门 17 种，占比为 7.87%；硅藻门 10 种，占比为 4.63%；蓝藻门 10 种，占比为 4.63%；隐藻门 3 种，占比为 1.39%；甲藻门 2 种，占比为 0.93%；定鞭藻门 2 种，占比为 0.93%。通过与同期调查的青藏高原嘎仁错、浪错、扎日南木错等几个湖泊对比，可以发现仁青休布错的浮游植物种类数明显少于上述三湖，其中嘎仁错 430 种、浪错 395 种、扎日南木错 356 种，表明仁青休布错调查样品中的浮游植物种类组成相对单一，但与其他组成更为单一的湖泊相比，仍处于较为丰富的水平。

仁青休布错共获得 4 种底栖动物，以摇蚊幼虫为主，其中卡氏拟长跗摇蚊（*Paratanytarsus kaszabi*）为绝对优势种，相对丰度为 80.6%；湖沼钩虾（*Gammarus lacustris*）次之，相对丰度为 16.1%；其他 2 种摇蚊占比为 3.3%。

在仁青休布错表层沉积物主要生源要素中，总有机碳含量为 11.2 g/kg，总氮含量为 1.5 g/kg，C/N 值为 8.8，表明湖泊沉积物有机质的主要来源为湖泊自生藻类等低等植物。总磷含量为 682.2 mg/kg。仁青休布错表层沉积物常量元素中，Al 含量最高，达到 73.8 g/kg，其次分别为 Ca（57.1 g/kg）、K（31.9 g/kg）、Fe（29.6 g/kg）、Na（18.7 g/kg）和 Mg（10.6 g/kg）。在主要潜在危害元素中，As、Cd、Cr、Cu、Ni、Pb 和 Zn 的含量分别为 66.4 mg/kg、0.23 mg/kg、26.4 mg/kg、22.5 mg/kg、13.6 mg/kg、53.9 mg/kg 和 117.8 mg/kg。仁青休布错表层沉积物中 Cd、Cr、Cu、Ni 和 Zn 的含量均低于沉积物质量基准的阈值效应含量，Pb 含量介于阈值效应含量和可能效应含量之间，而 As 含量已经超过可能效应含量。根据生态风险等级标准，Cd、Cr、Cu、Ni 和 Zn 不会对湖泊生物产生毒性效应，而 As 和 Pb 可能会对湖泊生物产生毒性效应。仁青休布错表层沉积物的主要矿物组成：石英含量为 17.4%，长石含量为 24.1%，方解石含量为 2.6%，白云石含量为 3.3%，云母族矿物含量为 23.1%，高岭石族矿物含量为 11.3%，绿泥石族矿物含量为 3.9%，另含榍石等矿物 14.3%。仁青休布错表层沉积物粒径分布范围在 0.4~316.2 μm，呈不规则正态分布特征，粒径峰值出现在 6.6 μm 处，中值粒径为 6.6 μm，粉砂含量最高，占 62.6%，黏土组分含量次之，占 34.6%，砂质组分含量最少，仅占 2.8%。

5.41 别若则错

别若则错经纬度位置为 82.95°E、32.44°N（图 5-41），面积为 33.2 km²，湖面海拔为 4395 m。湖水主要靠西南岸入湖的帕姆藏布、罗尔根藏布补给，集水区面积为 2123 km²，补给系数为 63。湖水中硼、锂含量较高。

别若则错水下光场不佳，径流补给较少，下游无出湖河口，为典型内流湖。调查水深为 3.4~3.6 m[均值为（3.5±0.1）m]，透明度为（3±0.3）m，湖泊浊度为（259.8±272.6）NTU。调查期间湖泊水温为（17.7±2.7）℃，电导率可达

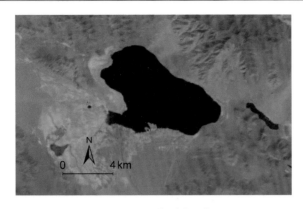

图 5-41　别若则错影像

（27 118±18 446）μS/cm，溶解氧浓度为（4.2±1.7）mg/L。pH 的变化范围是 8.31～8.33，平均值为 8.32，说明该湖泊属碱性水体。盐度为（17.02±12.58）‰，为微咸水湖。湖泊总氮浓度为（1.71±0.01）mg/L，总磷浓度为（3.06±0.11）mg/L，化学需氧量为（8.38±0.19）mg/L，叶绿素 a 浓度为（0.2±0.1）μg/L，整体营养水平偏低，属寡营养水平。湖泊溶解性有机碳浓度较高，均值可达（18.6±3.8）mg/L，主要是由流域内经河流输入的有机碳在湖内长年累月累积，加之较强的湖泊蒸发浓缩所致。总悬浮颗粒物浓度为（5.98±1.42）mg/L；无机悬浮颗粒物浓度为（5.12±1.34）mg/L；有机悬浮颗粒物浓度为（0.86±0.08）mg/L；无机悬浮颗粒物占总悬浮颗粒物的 86%，说明无机悬浮颗粒物是别若则错总悬浮物的主要成分。

　　湖水中主要离子组成：Na^+ 浓度为 4295.0 mg/L，K^+ 浓度为 438.5 mg/L，Mg^{2+} 浓度为 620.0 mg/L，Ca^{2+} 浓度为 37.0 mg/L；SO_4^{2-} 浓度为 7527.7 mg/L，HCO_3^- 浓度为 433.1 mg/L，CO_3^{2-} 浓度为 600.0 mg/L，Cl^- 浓度为 4235.1 mg/L。

　　2020 年 8 月调查的显微镜鉴定结果发现，别若则错共鉴定出浮游植物 3 门 6 属，分别为：硅藻门，菱形藻、内丝藻、小环藻、舟形藻；蓝藻门，微囊藻；绿藻门，卵囊藻。浮游植物细胞密度为 $2.14×10^4$ ind./L，平均生物量为 2.58 μg/L。优势种为卵囊藻、小环藻。香农-维纳多样性指数为 1.15，辛普森指数为 0.61，均匀度指数为 0.64。

　　分子测序结果发现，别若则错浮游植物共 8 门 129 种，其中，最多为绿藻门，有 40 种，占比为 31.01%；其次为轮藻门，有 33 种，占比为 25.58%；蓝藻门 18 种，占比为 13.95%；金藻门 14 种，占比为 10.85%；硅藻门 10 种，占比为 7.75%；甲藻门 8 种，占比为 6.20%；隐藻门 3 种，占比为 2.33%；定鞭藻门 3 种，占比为 2.33%。通过与同期调查的青藏高原嘎仁错、浪错、扎日南木错等几个湖泊对比，可以发现别若则错的浮游植物种类数明显少于上述三湖，其中嘎仁错 430 种、浪错 395 种、扎日南木错 356 种，表明别若则错调查样品中的浮游植物种类组成相对单一。

别若则错同一断面不同水深的敞水区共采集定量标本 3 个，采样点水深变化范围为 3.4~3.6 m。根据定量标本，共见到 2 个种类，其中枝角类 1 种、桡足类 1 种。浮游动物优势种为西藏溞（*Daphnia tibetana*）。浮游动物密度变化范围为 3.2~7.1 ind./L。枝角类、桡足类的密度变化范围分别为 2.9~6.8 ind./L 和 0.3~0.7 ind./L。浮游甲壳动物优势种西藏溞密度为 2.9~6.8 ind./L。浮游动物生物量变化范围为 0.429~1.154 mg/L。枝角类、桡足类的生物量变化范围分别为 0.427~1.153 mg/L 和 0.0007~0.009 mg/L。浮游甲壳动物优势种西藏溞生物量为 0.427~1.153 mg/L。

别若则错为中盐度湖泊，前期仅报道了摇蚊幼虫和牙甲（崔永德等，2021）。本次调查共获得两种底栖动物，几乎全是摇蚊幼虫，短粗前脉摇蚊（*Procladius crassinervis*）占据绝对优势（丰度>99.9%），密度达到 900 ind./m²，还有少数沼梭甲（*Helophorus lamicola*）分布其中，密度为 30 ind./m²。

在别若则错表层沉积物主要生源要素中，总有机碳含量为 5.2 g/kg，总氮含量为 0.9 g/kg，C/N 值为 6.8，表明湖泊沉积物有机质的主要来源为湖泊自生藻类等低等植物。总磷含量为 421.6 mg/kg。别若则错表层沉积物常量元素中，Ca 含量最高，达到 132.9 g/kg，其次分别为 Al（40.1 g/kg）、Mg（36.8 g/kg）、Fe（17.5 g/kg）、K（14.7 g/kg）和 Na（12.2 g/kg）。在主要潜在危害元素中，As、Cd、Cr、Cu、Ni、Pb 和 Zn 的含量分别为 520.3 mg/kg、0.07 mg/kg、46.9 mg/kg、13.8 mg/kg、30.8 mg/kg、14.0 mg/kg 和 37.5 mg/kg。别若则错表层沉积物中 Cd、Cu、Pb 和 Zn 的含量均低于沉积物质量基准的阈值效应含量，Cr 和 Ni 含量介于阈值效应含量和可能效应含量之间，而 As 含量已经超过可能效应含量。根据生态风险等级标准，Cd、Cu、Pb 和 Zn 不会对湖泊生物产生毒性效应，而 As、Cr 和 Ni 可能会对湖泊生物产生毒性效应。

5.42　达　绕　错

达绕错经纬度位置为 83.21°E、32.50°N（图 5-42），面积约为 25 km²，海拔为 4437 m。

达绕错水下光场良好，北与吉多错相接，东南有雪山融水补给，无出湖河口，为典型内流湖。调查水深为 4.6~5.3 m[均值为（4.9±0.4）m]，透明度为（1.8±0.2）m，湖泊浊度为（2.8±0.2）NTU。调查期间湖泊水温为（15.0±0.3）℃，电导率可达（2442±56）μS/cm，溶解氧浓度为（5.7±0.2）mg/L。pH 的平均值为 8.33，说明该湖泊属碱性水体。盐度为（1.26±0.03）‰，为微咸水湖。湖泊总氮浓度为（0.69±0.06）mg/L，总磷浓度为 0.04 mg/L，化学需氧量为（4.30±0.07）mg/L，叶绿素 a 浓度为（1.1±0.1）μg/L，整体营养水平偏低，属寡营养水平。

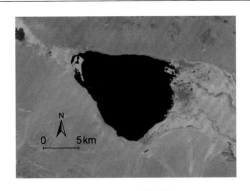

图 5-44　洞错影像

明该湖泊属碱性水体。盐度为（27.56±0.12）‰，为咸水湖。湖泊总氮浓度为（2.01±0.02）mg/L，总磷浓度为（0.11±0.01）mg/L，化学需氧量为（9.98±1.87）mg/L，叶绿素 a 浓度为（1.3±0.1）μg/L，整体营养水平偏低，属寡营养水平。湖泊溶解性有机碳浓度较高，均值可达（20.2±1.1）mg/L，主要是由缺乏有效水源补给，同时高原持续蒸发作用所致。总悬浮颗粒物浓度为（16.35±3.86）mg/L；无机悬浮颗粒物浓度为（14.51±3.46）mg/L；有机悬浮颗粒物浓度为（1.84±0.41）mg/L；无机悬浮颗粒物占总悬浮颗粒物的89%，说明无机悬浮颗粒物是洞错总悬浮物的主要成分。

　　湖水中主要离子组成：Na^+浓度为 10 350.0 mg/L，K^+浓度为 2810.0 mg/L，Mg^{2+}浓度为 1145.0 mg/L，Ca^{2+}浓度为 45.0 mg/L；SO_4^{2-}浓度为 20 630.5 mg/L，HCO_3^-浓度为 317.2 mg/L，CO_3^{2-}浓度为 822.0 mg/L，Cl^-浓度为 6615.9 mg/L。

　　2020 年 8 月调查的显微镜鉴定结果发现，洞错共鉴定出浮游植物 3 门 7 属，分别为：硅藻门，菱形藻、小环藻、肘形藻；蓝藻门，微囊藻；绿藻门，卵囊藻、蹄形藻、小球藻。浮游植物细胞密度为 $3.39×10^4$ ind./L，平均生物量为 4.01 μg/L。优势种为卵囊藻。香农-维纳多样性指数为 1.38，辛普森指数为 0.66，均匀度指数为 0.71。

　　分子测序结果发现，洞错浮游植物共 8 门 108 种，其中最多为绿藻门，有 48 种，占比为 44.44%；其次为轮藻门，有 20 种，占比为 18.52%；金藻门 11 种，占比为 10.19%；蓝藻门 8 种，占比为 7.41%；甲藻门 8 种，占比为 7.41%；硅藻门 7 种，占比为 6.48%；定鞭藻门 4 种，占比为 3.7%；隐藻门 2 种，占比为 1.85%。通过与同期调查的青藏高原嘎仁错、浪错、扎日南木错等几个湖泊对比，可以发现洞错的浮游植物种类数明显少于上述三湖，其中嘎仁错 430 种、浪错 395 种、扎日南木错 356 种，表明洞错调查样品中的浮游植物种类组成相对单一。

　　洞错同一断面不同水深的敞水区共采集定量标本 3 个，采样点水深变化范围为 2～4.1 m。根据定量标本，共见到 3 个种类，其中桡足类 1 种和轮虫 2 种。浮游动物优势种为亚洲后镖水蚤（*Metadiaptomus asiaticus*）。浮游动物密度变化范围为 0.9～3.3 ind./L。桡足类和轮虫的密度变化范围分别为 0.9～3.1 ind./L 和 0～0.2 ind./L。浮游甲壳动物优势种亚洲后镖水蚤密度为 0.2～1.0 ind./L。浮游动物生物量变化范围为 0.009～0.049 mg/L。桡足类和轮虫的生物量变化范围分别为 0.009～0.049 mg/L 和 0～0.0002 mg/L。浮游甲壳动物优势种亚洲后镖水蚤生物量为 0.006～0.038 mg/L。

洞错仅有水蝇和牙甲等底栖生物报道（崔永德等，2021）。本次调查中，洞错共获得 3 种底栖动物，其中水蝇（*Ephydra* sp.）占据绝对优势（丰度>99.9%），沼梭甲（*Helophorus lamicola*）和异环摇蚊（*Acricotopus* spp.）次之。其中水蝇密度为 900 ind./m^2。

在洞错表层沉积物主要生源要素中，总有机碳含量为 18.5 g/kg，总氮含量为 2.7 g/kg，C/N 值为 7.9，表明湖泊沉积物有机质的主要来源为湖泊自生藻类等低等植物。总磷含量为 659.7 mg/kg。洞错表层沉积物常量元素中，Ca 含量最高，达到 132.7 g/kg，其次分别为 Al（43.5 g/kg）、Mg（39.2 g/kg）、K（20.3 g/kg）、Fe（19.6 g/kg）和 Na（18.1 g/kg）。在主要潜在危害元素中，As、Cd、Cr、Cu、Ni、Pb 和 Zn 的含量分别为 51.5 mg/kg、0.18 mg/kg、66.6 mg/kg、19.9 mg/kg、38.3 mg/kg、20.2 mg/kg 和 54.9 mg/kg。洞错表层沉积物中 Cd、Cu、Pb 和 Zn 的含量均低于沉积物质量基准的阈值效应含量，Cr 和 Ni 含量介于阈值效应含量和可能效应含量之间，而 As 含量已经超过可能效应含量。根据生态风险等级标准，Cd、Cu、Pb 和 Zn 不会对湖泊生物产生毒性效应，而 As、Cr 和 Ni 可能会对湖泊生物产生毒性效应。洞错表层沉积物的主要矿物组成：石英含量为 13.2%，长石含量为 4.6%，文石含量为 11.5%，方解石含量为 16.9%，白云石含量为 13.8%，云母族矿物含量为 29.7%，高岭石族矿物含量为 3.8%，绿泥石族矿物含量为 5%，石盐含量为 1.5%。

5.45 昂孜错

昂孜错经纬度位置为 87.1°E、31.0°N（图 5-45），面积为 493.39 km^2，海拔为 4663 m。

昂孜错水下光场良好，水源来自周围山峰径流和邻近地区更小湖泊的出水，无出湖河口，为典型内流湖。调查水深为 6.2～13.0 m[均值为（9.9±3.4）m]，透明度为（3.3±0.2）m，湖泊浊度为（0.5±0.1）NTU。调查期间湖泊水温为（15.8±0.1）℃，电导率为（11 659±8）μS/cm，溶解氧浓度为（5.5±0.2）mg/L。盐度为（6.68±0.01）‰，为微咸水湖。湖泊总氮浓度为（2.67±0.02）mg/L，总磷浓度为（0.33±0.01）mg/L，化学需氧量为（11.73±0.19）mg/L，叶绿素 a 浓

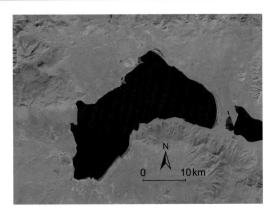

图 5-45　昂孜错影像

度为（1.6±0.2）μg/L，整体营养水平偏低，属寡营养水平。湖泊溶解性有机碳浓度较高，均值可达（34.3±1.5）mg/L，主要是由流域内经河流输入的有机碳在湖内长年累月累积，加之湖泊蒸发浓缩所致。总悬浮颗粒物浓度为（5.32±0.73）mg/L；无机悬浮颗粒物浓度为（3.78±0.81）mg/L；有机悬浮颗粒物浓度为（1.55±0.10）mg/L；无机悬浮颗粒物占总悬浮颗粒物的 71%，说明无机悬浮颗粒物是昂孜错总悬浮物的主要成分。

湖水中主要离子组成：Na^+ 浓度为 3120.0 mg/L，K^+ 浓度为 333.0 mg/L，Mg^{2+} 浓度为 25.2 mg/L，Ca^{2+} 浓度为 7.5 mg/L；SO_4^{2-} 浓度为 1616.1 mg/L，HCO_3^- 浓度为 1830.0 mg/L，CO_3^{2-} 浓度为 1422.0 mg/L，Cl^- 浓度为 843.7 mg/L。

2020 年 8 月调查的显微镜鉴定结果发现，昂孜错共鉴定出浮游植物 4 门 6 属，分别为：硅藻门，小环藻；裸藻门，囊裸藻；绿藻门，卵囊藻、小球藻、衣藻；隐藻门，蓝隐藻。浮游植物细胞密度为 $7.58×10^4$ ind./L，平均生物量为 22.79 μg/L。优势种为卵囊藻。香农-维纳多样性指数为 0.86，辛普森指数为 0.45，均匀度指数为 0.48。

分子测序结果发现，昂孜错浮游植物共 8 门 163 种，其中最多为绿藻门，有 66 种，占比为 40.49%；其次为轮藻门，有 25 种，占比为 15.34%；硅藻门 20 种，占比为 12.27%；蓝藻门 18 种，占比为 11.04%；金藻门 17 种，占比为 10.43%；甲藻门 11 种，占比为 6.75%；隐藻门 3 种，占比为 1.84%；定鞭藻门 3 种，占比为 1.84%。通过与同期调查的青藏高原嘎仁错、浪错、扎日南木错等几个湖泊对比，可以发现昂孜错的浮游植物种类数明显少于上述三湖，其中嘎仁错 430 种、浪错 395 种、扎日南木错 356 种，表明昂孜错调查样品中的浮游植物种类组成相对单一。

昂孜错同一断面不同水深的敞水区共采集定量标本 3 个，采样点水深变化范围为 6.2～13 m。根据定量标本，共见到 4 个种类，其中枝角类 2 种、桡足类 1

种和轮虫 1 种。浮游动物优势种为西藏溞（*Daphnia tibetana*）和草绿刺剑水蚤（*Acanthocyclops viridis*）。浮游动物密度变化范围为 1.8～4.5 ind./L，水深较浅处浮游动物丰度较高。枝角类、桡足类和轮虫的密度变化范围分别为 1.0～3.3 ind./L、0.6～1.2 ind./L 和 0～0.1 ind./L，枝角类、桡足类和轮虫在水深较浅处丰度较高。浮游甲壳动物优势种西藏溞和草绿刺剑水蚤密度分别为 0.8～3.3 ind./L 和 0.5～0.9 ind./L。浮游动物生物量变化范围为 0.087～0.354 mg/L。枝角类、桡足类和轮虫的生物量变化范围分别为 0.036～0.300 mg/L、0.044～0.055 mg/L 和 0～0.000 003 mg/L。浮游甲壳动物优势种西藏溞和草绿刺剑水蚤生物量分别为 0.033～0.300 mg/L 和 0.044～0.052 mg/L。

昂孜错在本次调查中仅发现一种底栖生物：短粗前脉摇蚊（*Procladius crassinervis*），其密度达 1500 ind./m^2。

在昂孜错表层沉积物主要生源要素中，总有机碳含量为 50.8 g/kg，总氮含量为 8.1 g/kg，C/N 值为 7.4，表明湖泊沉积物有机质的主要来源为湖泊自生藻类等低等植物。总磷含量为 961.5 mg/kg。昂孜错表层沉积物常量元素中，Ca 含量最高，达到 131.3 g/kg，其后分别为 Al（37.9 g/kg）、Na（37.6 g/kg）、K（17.5 g/kg）、Fe（17.0 g/kg）和 Mg（14.4 g/kg）。在主要潜在危害元素中，As、Cd、Cr、Cu、Ni、Pb 和 Zn 的含量分别为 34.7 mg/kg、0.27 mg/kg、25.7 mg/kg、14.7 mg/kg、15.6 mg/kg、35.2 mg/kg 和 78.9 mg/kg。昂孜错表层沉积物中 Cd、Cr、Cu、Ni、Pb 和 Zn 的含量均低于沉积物质量基准的阈值效应含量，而 As 含量已经超过可能效应含量。根据生态风险等级标准，Cd、Cr、Cu、Ni、Pb 和 Zn 不会对湖泊生物产生毒性效应，而 As 可能会对湖泊生物产生毒性效应。昂孜错表层沉积物的主要矿物组成：石英含量为 12.9%，长石含量为 8.2%，文石含量为 33.4%，方解石含量为 17.3%，云母族矿物含量为 28.2%。

5.46 当 穷 错

当穷错经纬度位置为 86.73°E、31.55°N（图 5-46），面积为 54.5 km^2，海拔为 4449 m。

当穷错水下光场良好，补给主要依赖于周边雪山融水，无出湖河口，为典型内流湖。调查水深为 12.0～14.9 m[均值为（13.5±1.5）m]，透明度为（6.4±0.5）m，湖泊浊度为（1.0±0.1）NTU。调查期间湖泊水温为（15.8±0.3）℃，电导率为（137 329±62）μS/cm，溶解氧浓度为（2.92±0.01）mg/L。pH 的平均值为 8.33，说明该湖泊属碱性水体。盐度为（106.41±0.1）‰，为咸水湖。湖泊总氮浓度为（14.79±0.32）mg/L，总磷浓度为（4.50±0.12）mg/L，化学需氧量为（65.86±9.83）mg/L，叶绿素 a 浓度为（0.9±0.3）μg/L，整体营养水平偏低，属寡营养水平。

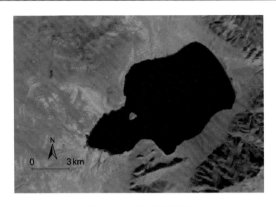

图 5-46　当穹错影像

湖泊溶解性有机碳浓度较高，均值可达（55.8±6.4）mg/L，主要是由流域内经河流输入的有机碳在湖内长年累月累积，加之湖泊蒸发浓缩所致。总悬浮颗粒物浓度为（14.60±5.23）mg/L；无机悬浮颗粒物浓度为（13.65±5.06）mg/L；有机悬浮颗粒物浓度为（0.95±0.19）mg/L；无机悬浮颗粒物占总悬浮颗粒物的 94%，说明无机悬浮颗粒物是当穹错总悬浮物的主要成分。

湖水中主要离子组成：Na^+ 浓度为 38 700.0 mg/L，K^+ 浓度为 10 000.0 mg/L，Mg^{2+} 浓度为 104.0 mg/L，Ca^{2+} 浓度为 62.0 mg/L；SO_4^{2-} 浓度为 4838.8 mg/L，HCO_3^- 浓度为 4385.9 mg/L，CO_3^{2-} 浓度为 9348.0 mg/L，Cl^- 浓度为 1903.8 mg/L。

2020 年 8 月调查的显微镜鉴定结果发现，当穹错共鉴定出浮游植物 2 门 4 属，分别为：硅藻门，菱形藻、桥弯藻；蓝藻门，假鱼腥藻、蓝纤维藻。浮游植物细胞密度为 $5.45×10^3$ ind./L，平均生物量为 0.14 µg/L。优势种为假鱼腥藻。香农-维纳多样性指数为 1.30，辛普森指数为 0.70，均匀度指数为 0.93。

分子测序结果发现，当穹错浮游植物共 8 门 146 种，其中最多为绿藻门，有 70 种，占比为 47.95%；其次为甲藻门，有 25 种，占比为 17.12%；轮藻门 15 种，占比为 10.27%；金藻门 12 种，占比为 8.22%；硅藻门 10 种，占比为 6.85%；蓝藻门 7 种，占比为 4.79%；隐藻门 4 种，占比为 2.74%；定鞭藻门 3 种，占比为 2.05%。通过与同期调查的青藏高原嘎仁错、浪错、扎日南木错等几个湖泊对比，可以发现当穹错的浮游植物种类数明显少于上述三湖，其中嘎仁错 430 种、浪错 395 种、扎日南木错 356 种，表明当穹错调查样品中的浮游植物种类组成相对单一。

当穹错同一断面不同水深的敞水区共采集定量标本 3 个，采样点水深变化范围为 12～14.9 m。根据定量标本，仅发现少量无节幼体。浮游动物密度变化范围为 0～0.1 ind./L，浮游动物生物量变化范围为 0～0.0004 mg/L。

当穹错未发现底栖动物，仅有大量仙女虫（浮游动物：卤虫）悬浮在湖水上。

在当穹错表层沉积物主要生源要素中，总有机碳含量为 10.3 g/kg，总氮含量为 1.7 g/kg，C/N 值为 7.2，表明湖泊沉积物有机质的主要来源为湖泊自生藻类等低等植物。总磷含量为 432.8 mg/kg。当穹错表层沉积物常量元素中，Ca 含量最高，达到 112.0 g/kg，其次分别为 Na（62.9 g/kg）、Al（42.6 g/kg）、K（28.0 g/kg）、Fe（19.0 g/kg）和 Mg（15.8 g/kg）。在主要潜在危害元素中，As、Cd、Cr、Cu、Ni、Pb 和 Zn 的含量分别为 1089.1 mg/kg、0.07 mg/kg、52.7 mg/kg、12.4 mg/kg、35.5 mg/kg、18.2 mg/kg 和 46.3 mg/kg。当穹错表层沉积物中 Cd、Cu、Pb 和 Zn 的含量均低于沉积物质量基准的阈值效应含量，Cr 和 Ni 含量介于阈值效应含量和可能效应含量之间，而 As 含量已经超过可能效应含量。根据生态风险等级标准，Cd、Cu、Pb 和 Zn 不会对湖泊生物产生毒性效应，而 As、Cr 和 Ni 可能会对湖泊生物产生毒性效应。当穹错表层沉积物的主要矿物组成：石英含量为 10.4%，长石含量为 5.9%，文石含量为 9.6%，方解石含量为 13.5%，白云石含量为 16.6%，云母族矿物含量为 24.8%，高岭石族矿物含量为 4.8%，绿泥石族矿物含量为 4.1%，石盐含量为 10.3%。当穹错粒度呈不规则的单峰分布特征，粒径范围在 0.3～208.0 μm，峰值出现在 3.8 μm 处，中值粒径为 3.8 μm，砂质含量极低，含量少于 2%，粉砂和黏土组分含量均等，分别占 46.5%和 51.5%。

5.47　当惹雍错

当惹雍错经纬度位置为 86.66°E、31.37°N（图 5-47），面积为 836 km²，海拔为 4506 m。

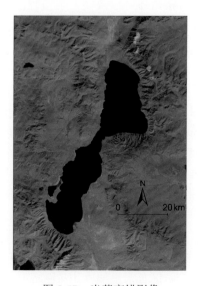

图 5-47　当惹雍错影像

当惹雍错水下光场良好，补给主要依靠湖边雪山融水，无出湖河口，为典型内流湖。调查水深为 11.3～31.2 m[均值为（22.2±10.1）m]，透明度为（6.8±0.3）m，对应湖泊浊度为 0.4 NTU。调查期间湖泊水温为（15.0±0.1）℃，电导率为（11 823±2）μS/cm，溶解氧浓度为（5.6±0.1）mg/L。pH 的变化范围是 6.56～8.33，平均值为 7.74，说明该湖泊属碱性水体。盐度为 6.78‰，为微咸水湖。湖泊总氮浓度为（0.53±0.05）mg/L，总磷浓度为（0.28±0.04）mg/L，化学需氧量为（3.04±0.13）mg/L，叶绿素 a 浓度为（0.2±0.1）μg/L，整体营养水平偏低，属寡营养水平。湖泊溶解性有机碳浓度均值为（4.4±0.1）mg/L，主要是由于缺乏富含有机碳的径流补给所致。总悬浮颗粒物浓度为（42.09±14.74）mg/L；无机悬浮颗粒物浓度为（39.71±14.08）mg/L；有机悬浮颗粒物浓度为（2.38±0.68）mg/L；无机悬浮颗粒物占总悬浮颗粒物的 94%，说明无机悬浮颗粒物是当惹雍错总悬浮物的主要成分。

湖水中主要离子组成：Na^+ 浓度为 2910.0 mg/L，K^+ 浓度为 394.0 mg/L，Mg^{2+} 浓度为 293.0 mg/L，Ca^{2+} 浓度为 9.0 mg/L；SO_4^{2-} 浓度为 2841.2 mg/L，HCO_3^- 浓度为 866.2 mg/L，CO_3^{2-} 浓度为 684.0 mg/L，Cl^- 浓度为 1328.8 mg/L。

2020 年 8 月调查的显微镜鉴定结果发现，当惹雍错共鉴定出浮游植物 3 门 4 属，分别为：蓝藻门，微囊藻；裸藻门，囊裸藻；绿藻门，卵囊藻、蹄形藻。浮游植物细胞密度为 $2.21×10^4$ ind./L，平均生物量为 8.96 μg/L。优势种为卵囊藻。香农-维纳多样性指数为 0.50，辛普森指数为 0.22，均匀度指数为 0.36。

分子测序结果发现，当惹雍错浮游植物共 9 门 202 种，其中最多为绿藻门，有 71 种，占比为 35.15%；其次为甲藻门，有 39 种，占比为 19.31%；金藻门 26 种，占比为 12.87%；轮藻门 25 种，占比为 12.38%；硅藻门 21 种，占比为 10.4%；蓝藻门 12 种，占比为 5.94%；隐藻门 5 种，占比为 2.48%；定鞭藻门 2 种，占比为 0.99%；黄藻门 1 种，占比为 0.5%。通过与同期调查的青藏高原嘎仁错、浪错、扎日南木错等几个湖泊对比，可以发现当惹雍错的浮游植物种类数明显少于上述三湖，其中嘎仁错 430 种、浪错 395 种、扎日南木错 356 种，表明当惹雍错调查样品中的浮游植物种类组成相对单一。

当惹雍错同一断面不同水深的敞水区共采集定量标本 2 个，采样点水深变化范围为 11.3～31.2 m。根据定量标本，共见到 1 个种类，为桡足类。浮游动物优势种为梳刺北镖水蚤（Arctodiaptomus altissimus pectinatus）。浮游动物密度变化范围为 0.1～0.3 ind./L。浮游甲壳动物优势种梳刺北镖水蚤密度为 0～0.3 ind./L。浮游动物生物量变化范围为 0.0001～0.010 mg/L。浮游甲壳动物优势种梳刺北镖水蚤生物量为 0～0.010 mg/L。

当惹雍错底栖动物仅有摇蚊和钩虾报道（王宝强，2019；王苏民等，1998）。本次调查中，当惹雍错共获得 4 种底栖动物，以摇蚊幼虫为主，其中包括短粗前脉摇蚊（*Procladius crassinervis*）相对丰度为 57.1%，卡氏拟长跗摇蚊（*Paratanytarsus kaszabi*）相对丰度为 28.6%，冰川小突摇蚊（*Micropsectra glacies*）相对丰度为 2.9%，湖沼钩虾（*Gammarus lacustris*）相对丰度为 11.4%。摇蚊幼虫的密度为 465 ind./m^2，湖沼钩虾密度为 60 ind./m^2。

在当惹雍错表层沉积物主要生源要素中，总有机碳含量为 13.2 g/kg，总氮含量为 2.1 g/kg，C/N 值为 7.2，表明湖泊沉积物有机质的主要来源为湖泊自生藻类等低等植物。总磷含量为 611.4 mg/kg。当惹雍错表层沉积物常量元素中，Ca 含量最高，达到 138.9 g/kg，其次分别为 Al（40.5 g/kg）、Fe（19.0 g/kg）、K（17.5 g/kg）、Na（12.5 g/kg）和 Mg（10.2 g/kg）。在主要潜在危害元素中，As、Cd、Cr、Cu、Ni、Pb 和 Zn 的含量分别为 334.3 mg/kg、0.22 mg/kg、34.5 mg/kg、8.9 mg/kg、18.1 mg/kg、34.6 mg/kg 和 47.9 mg/kg。当惹雍错表层沉积物中 Cd、Cr、Cu、Ni、Pb 和 Zn 的含量均低于沉积物质量基准的阈值效应含量，而 As 含量已经超过可能效应含量。根据生态风险等级标准，Cd、Cr、Cu、Ni、Pb 和 Zn 不会对湖泊生物产生毒性效应，而 As 可能会对湖泊生物产生毒性效应。当惹雍错表层沉积物的主要矿物组成：石英含量为 16.3%，长石含量为 14.4%，文石含量为 33.1%，方解石含量为 4.9%，白云石含量为 2.1%，云母族矿物含量为 15%，高岭石族矿物含量为 6.8%，绿泥石族矿物含量为 7.4%。当惹雍错粒径范围在 0.4～630.0 μm，存在显著的双峰分布特征，峰值分别出现在 10 μm 和 79.5 μm 处，中值粒径为 37.6 μm，粉砂含量最高，占全部粒径分布的一半以上，为 56.4%，砂质含量较低，但仍占 34.1%，黏土组分含量最低，不足 10%。

5.48　兹格塘错

兹格塘错经纬度位置为 90.85°E、32.06°N（图 5-48），面积为 191.4 km^2，海拔为 4572 m。

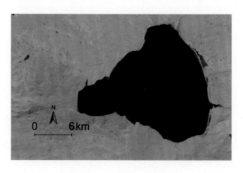

图 5-48　兹格塘错影像

兹格塘错周边地势平坦，水下光场良好，主要依靠地表径流补给，无出湖河口，为典型内流湖。调查水深为 17.6～31.0 m [均值为（23.3±.3）m]，透明度为（4.7±2.5）m，湖泊浊度为（0.6±0.5）NTU。调查期间湖泊水温为（14.3±0.1）℃，电导率可达（21 496±35）μS/cm，溶解氧浓度为（5.33±0.03）mg/L。pH 的平均值为 8.34，说明该湖泊属碱性水体。盐度为（12.95±0.02）‰，为微咸水湖。湖泊总氮浓度为（1.24±0.10）mg/L，总磷浓度为（0.24±0.02）mg/L，化学需氧量为（6.08±1.23）mg/L，叶绿素 a 浓度为 0.2 μg/L，整体营养水平偏低，属寡营养水平。湖泊溶解性有机碳浓度较高，均值可达（19.5±3.1）mg/L，主要是由流域内经河流输入的有机碳在湖内长年累月累积，以及湖泊蒸发浓缩所致。总悬浮颗粒物浓度为（14.37±4.89）mg/L；无机悬浮颗粒物浓度为（12.64±4.74）mg/L；有机悬浮颗粒物浓度为（1.73±0.23）mg/L；无机悬浮颗粒物占总悬浮颗粒物的88%，说明无机悬浮颗粒物是兹格塘错总悬浮物的主要成分。

湖水中主要离子组成：Na^+ 浓度为 6680.0 mg/L，K^+ 浓度为 674.0 mg/L，Mg^{2+} 浓度为 106.0 mg/L，Ca^{2+} 浓度为 13.2 mg/L；SO_4^{2-} 浓度为 4855.8 mg/L，HCO_3^- 浓度为 2165.5 mg/L，CO_3^{2-} 浓度为 3354.0 mg/L，Cl^- 浓度为 1557.9 mg/L。

2020 年 8 月调查的显微镜鉴定结果发现，兹格塘错共鉴定出浮游植物 3 门 4 属，分别为：硅藻门，小环藻；蓝藻门，蓝纤维藻、微囊藻；绿藻门，网球藻。浮游植物细胞密度为 $4.20×10^4$ ind./L，平均生物量为 1.65 μg/L。优势种为小环藻。香农-维纳多样性指数为 0.90，辛普森指数为 0.53，均匀度指数为 0.65。

分子测序结果发现，兹格塘错浮游植物共 8 门 265 种，其中最多为绿藻门，有 93 种，占比 35.09%；其次为轮藻门，有 63 种，占比为 23.77%；甲藻门 41种，占比为 15.47%；蓝藻门 24 种，占比为 9.06%；金藻门 19 种，占比为 7.17%；硅藻门 12 种，占比为 4.53%；定鞭藻门 7 种，占比为 2.64%；隐藻门 6 种，占比为 2.26%。通过与同期调查的青藏高原嘎仁错、浪错、扎日南木错等几个湖泊对比，可以发现兹格塘错的浮游植物种类数明显少于上述三湖，其中嘎仁错 430 种、浪错 395 种、扎日南木错 356 种，表明兹格塘错调查样品中的浮游植物种类组成相对单一。

兹格塘错同一断面不同水深的敞水区共采集定量标本 3 个，采样点水深变化范围为 17.6～30 m。根据定量标本，共见到 2 个种类，其中枝角类 1 种和桡足类1 种。浮游甲壳动物优势种为西藏溞（*Daphnia tibetana*）和梳刺北镖水蚤（*Arctodiaptomus altissimus pectinatus*）。浮游动物密度变化范围为 0～5.3 ind./L，水深最浅处浮游动物丰度最高。枝角类和桡足类的密度变化范围分别为 0～4.9 ind./L 和 0～1.2 ind./L，枝角类和桡足类在水深较浅处丰度较高。浮游甲壳动物优势种西藏溞和梳刺北镖水蚤密度分别为 0～4.9 ind./L 和 0～0.2 ind./L。浮游动物生物量变化范围为 0～0.042 mg/L。枝角类和桡足类的生物量变化范围分别为

0～1.030 mg/L 和 0～0.012 mg/L。浮游甲壳动物优势种西藏溞和梳刺北镖水蚤生物量分别为 0～1.030 mg/L 和 0～0.006 mg/L。

兹格塘错底栖动物仅摇蚊有所报道（王宝强，2019；王苏民等，1998）。本次调查中，兹格塘错共获得 3 种底栖动物，几乎全是摇蚊幼虫，以短粗前脉摇蚊（*Procladius crassinervis*）占据绝对优势（丰度>99.9%）。根据定量样品，摇蚊幼虫密度为 840 ind./m^2。

在兹格塘错表层沉积物主要生源要素中，总有机碳含量为 26.5 g/kg，总氮含量为 4.5 g/kg，C/N 值为 6.9，表明湖泊沉积物有机质的主要来源为湖泊自生藻类等低等植物。总磷含量为 958.0 mg/kg。兹格塘错表层沉积物常量元素中，Ca 含量最高，达到 94.2 g/kg，其次分别为 Al（50.8 g/kg）、Na（39.2 g/kg）、Mg（26.5 g/kg）、Fe（26.2 g/kg）和 K（20.8 g/kg）。在主要潜在危害元素中，As、Cd、Cr、Cu、Ni、Pb 和 Zn 的含量分别为 85.2 mg/kg、0.08 mg/kg、90.1 mg/kg、19.3 mg/kg、94.8 mg/kg、18.3 mg/kg 和 58.7 mg/kg。兹格塘错表层沉积物中 Cd、Cu、Pb 和 Zn 的含量均低于沉积物质量基准的阈值效应含量，Cr 含量介于阈值效应含量和可能效应含量之间，而 As 和 Ni 含量已经超过可能效应含量。根据生态风险等级标准，Cd、Cu、Pb 和 Zn 不会对湖泊生物产生毒性效应，而 As、Cr 和 Ni 可能会对湖泊生物产生毒性效应。兹格塘错表层沉积物的主要矿物组成：石英含量为 10.6%，长石含量为 5.2%，文石含量为 14.2%，方解石含量为 17.3%，白云石含量为 5.2%，云母族矿物含量为 31.6%，高岭石族矿物含量为 5.3%，绿泥石族矿物含量为 10.6%。兹格塘错沉积物粒径分布范围为 0.4～363.5 μm，呈相对较窄的单峰正态分布特征。粒径在 1.4～91 μm 的颗粒含量占所有沉积物的 95%以上。沉积物中值粒径为 15.4 μm，粉砂组分占绝对优势，含量为 90.1%。黏土和砂含量都相对较低，分别为 7.7%和 2.2%。

5.49　佩　枯　错

佩枯错经纬度位置为 85.53°E、28.80°N（图 5-49）。佩枯错是珠峰保护区内最大的内流湖泊，面积约 300 km^2，海拔为 4590 m。

佩枯错三面环山，地形开阔，无出湖河口，为典型内流湖。调查水样为表层水，湖泊浊度为（2.45±0.27）NTU。调查期间湖泊水温为（14.1±0.2）℃，电导率为（2588±24）μS/cm，溶解氧浓度为（5.82±0.03）mg/L。盐度为（1.73±0.02）‰，为微咸水湖。湖泊总氮浓度为（0.28±0.01）mg/L，总磷浓度为（0.012±0.001）mg/L，化学需氧量为（0.84±0.15）mg/L，叶绿素 a 浓度为（0.20±0.05）μg/L，整体营养水平偏低，属寡营养水平。湖泊溶解性有机碳浓度

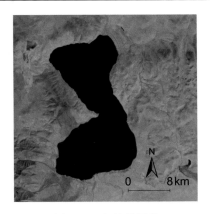

图 5-49 佩枯错影像

较低，均值为（7.8±9.6）mg/L，主要是因为流域内经河流输入湖泊的有机碳较低。总悬浮颗粒物浓度为（8.49±3.00）mg/L；无机悬浮颗粒物浓度为（7.18±2.62）mg/L；有机悬浮颗粒物浓度为（1.31±0.38）mg/L；无机悬浮颗粒物占总悬浮颗粒物的 85%，说明无机悬浮颗粒物是佩枯错总悬浮物的主要成分。

湖水中主要离子组成：Na^+浓度为 378.0 mg/L，K^+浓度为 112.6 mg/L，Mg^{2+}浓度为 320.0 mg/L，Ca^{2+}浓度为 3.7 mg/L；SO_4^{2-}浓度为 1306.7 mg/L，HCO_3^-浓度为 902.8 mg/L，CO_3^{2-}浓度为 354.0 mg/L，Cl^-浓度为 13.1 mg/L。

显微镜鉴定结果发现，佩枯错共鉴定出浮游植物 2 门 7 属，分别为：硅藻门，脆杆藻、桥弯藻、小环藻、羽纹藻、舟形藻；绿藻门，卵囊藻、小球藻。浮游植物细胞密度为 $4.48×10^5$ ind./L，平均生物量为 48.93 μg/L。优势种为桥弯藻。香农-维纳多样性指数为 1.58，辛普森指数为 0.74，均匀度指数为 0.81。

分子测序结果发现，佩枯错浮游植物共 4 门 52 种，其中，最多为轮藻门，有 42 种，占比为 80.77%；其次为绿藻门，有 6 种，占比为 11.54%；蓝藻门 3 种，占比为 5.77%；金藻门 1 种，占比为 1.92%。通过与同期调查的青藏高原阿鲁错、郭扎错等几个湖泊对比，可以发现佩枯错的浮游植物种类数明显少于上述两湖，其中阿鲁错 312 种、郭扎错 224 种，表明佩枯错调查样品中的浮游植物种类组成相对单一。

在佩枯错同一断面不同水深的敞水区共采集定量标本 3 个，采样点水深变化范围为 23.1～32.0 m。根据定量标本，共见到 7 个种类，其中枝角类 1 种、桡足类 2 种和轮虫 4 种。浮游动物优势种为新月北镖水蚤（*Arctodiaptomus stewartianus*）。浮游动物密度变化范围为 0.3～2.4 ind./L，水深较浅处浮游动物丰度较高。枝角类、桡足类和轮虫的密度变化范围分别为 0～0.1 ind./L、0.2～1.9 ind./L 和 0～1.1 ind./L，枝角类、桡足类和轮虫在水深较浅处丰度较高。浮游甲壳动物优势种新月北镖水蚤密度为 0.1～0.7 ind./L。浮游动物生物量变化范围为

0.002～0.040 mg/L。枝角类、桡足类和轮虫的生物量变化范围分别为 0～0.0002 mg/L、0.002～0.040 mg/L 和 0～0.0002 mg/L。浮游甲壳动物优势种新月北镖水蚤生物量为 0.002～0.023 mg/L。

佩枯错未采集到底栖动物。

佩枯错表层沉积物总磷含量为 439.9 mg/kg。佩枯错表层沉积物常量元素中，Ca 含量最高，达到 96.6 g/kg，其次分别为 Al（75.4 g/kg）、Fe（33.3 g/kg）、K（30.0 g/kg）、Mg（18.5 g/kg）和 Na（9.7 g/kg）。在主要潜在危害元素中，As、Cd、Cr、Cu、Ni、Pb 和 Zn 的含量分别为 41.1 mg/kg、0.2 mg/kg、64.0 mg/kg、17.5 mg/kg、26.1 mg/kg、44.4 mg/kg 和 129.4 mg/kg。佩枯错表层沉积物中 Cd 和 Cu 含量低于沉积物质量基准的阈值效应含量，Cr、Ni、Pb 和 Zn 含量均介于阈值效应含量和可能效应含量之间，而 As 含量已经超过可能效应含量。根据生态风险等级标准，As 很可能会对湖泊生物产生毒性效应。佩枯错表层沉积物的主要矿物组成：石英含量为 11.64%，长石含量为 14.48%，文石含量为 10.12%，方解石含量为 11.04%，白云石含量为 2.93%，云母族矿物含量为 32.47%，高岭石族矿物含量为 17.32%。佩枯错表层沉积物粒径分布范围在 0.46～76.0 μm，中值粒径为 7.22 μm，粒径分布存在双峰特征，分别出现在 0.76 μm 和 8.68 μm 处，粉砂含量最高，占 67.8%，黏土和砂质组分含量分别为 31.8%和 0.4%。

5.50　拉　昂　错

拉昂错经纬度位置为 81.29°E、30.66°N（图 5-50），面积约为 269 km²，海拔为 4547 m。

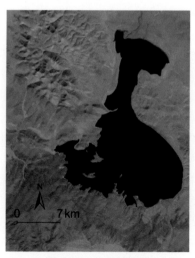

图 5-50　拉昂错影像

拉昂错曾与玛旁雍错相连，后因全球变暖，蒸发加剧，冰川萎缩，补给水量减少，导致湖泊面积萎缩，湖泊水位下降，为内流湖。调查期间湖泊水温为（12.50±0.35）℃，电导率为（1046±10）μS/cm，溶解氧浓度为（6.17±0.06）mg/L。湖泊浊度为（0.43±0.22）NTU，透明度为（4.73±0.76）m。pH 的变化范围是9.64～9.80，平均值为 9.74，属碱性水体。盐度为 0.69‰，为微咸水湖。湖泊总氮浓度为（0.54±0.03）mg/L，总磷浓度为（0.094±0.007）mg/L，化学需氧量为（2.57±0.53）mg/L，叶绿素 a 浓度为（0.39±0.07）μg/L，整体营养水平偏低，属寡营养水平。湖泊溶解性有机碳浓度较低，均值为（7.5±2.8）mg/L，主要是因为流域内经河流输入湖泊的有机碳较少。总悬浮颗粒物浓度为（8.56±2.21）mg/L；无机悬浮颗粒物浓度为（6.86±2.08）mg/L；有机悬浮颗粒物浓度为（1.70±0.19）mg/L；无机悬浮颗粒物占总悬浮颗粒物的 80%，说明无机悬浮颗粒物是拉昂错总悬浮物的主要成分。

湖水中主要离子组成：Na^+ 浓度为 183.0 mg/L，K^+ 浓度为 26.1 mg/L，Mg^{2+} 浓度为 105.0 mg/L，Ca^{2+} 浓度为 10.9 mg/L；SO_4^{2-} 浓度为 116.5 mg/L，HCO_3^- 浓度为597.8 mg/L，CO_3^{2-} 浓度为 126.0 mg/L，Cl^- 浓度为 55.3 mg/L。

显微镜鉴定结果发现，拉昂错共鉴定出浮游植物 4 门 14 属，分别为：硅藻门，窗纹藻、脆杆藻、卵形藻、桥弯藻、小环藻、羽纹藻、针杆藻、舟形藻；蓝藻门，浮藻、微囊藻；绿藻门，纤维藻、小球藻、月牙藻；隐藻门，隐藻。浮游植物细胞密度为 $1.92×10^6$ ind./L，平均生物量为 87.87 μg/L。优势种为小环藻、桥弯藻。香农-维纳多样性指数为 2.04，辛普森指数为 0.84，均匀度指数为 0.80。

分子测序结果发现，拉昂错浮游植物共 5 门 82 种，其中，最多为轮藻门，有68 种，占比为 82.93%；其次为绿藻门，有 8 种，占比为 9.76%；蓝藻门 3 种，占比为 3.66%；甲藻门 2 种，占比为 2.44%；硅藻门 1 种，占比为 1.22%。通过与同期调查的青藏高原阿鲁错、郭扎错等几个湖泊对比，可以发现拉昂错的浮游植物种类数明显少于上述两湖，其中阿鲁错 312 种、郭扎错 224 种，表明拉昂错调查样品中的浮游植物种类组成相对单一。

拉昂错同一断面不同水深的敞水区共采集定量标本 3 个，采样点水深变化范围为 43.6～49.2 m。根据定量标本，共见到 8 个种类，其中枝角类 2 种、桡足类3 种和轮虫 3 种。浮游动物优势种为新月北镖水蚤（*Arctodiaptomus stewartianus*）。浮游动物密度变化范围为 6.6～9.7 ind./L。枝角类、桡足类和轮虫的密度变化范围分别为 0～0.1 ind./L、6.4～9.6 ind./L 和 0.2～1.4 ind./L。浮游甲壳动物优势种新月北镖水蚤密度为 0.8～3.5 ind./L。浮游动物生物量变化范围为 0.064～0.157 mg/L。枝角类、桡足类和轮虫的生物量变化范围分别为 0～0.0007 mg/L、0.064～0.157mg/L 和 0.000 06～0.0006 mg/L。浮游甲壳动物优势种新月北镖水蚤生物量为0.024～0.114 mg/L。

拉昂错的底栖动物仅有水丝蚓和摇蚊报道（王宝强, 2019; 王苏民等, 1998）。本次调查共获得 2 种底栖动物，几乎全是摇蚊幼虫，拟长跗摇蚊（*Paratanytarsus* sp.）占据绝对优势（丰度>99.9%），玄黑摇蚊（*Chironomus annularius*）偶尔出现在蛹皮中。摇蚊幼虫密度为 300 ind./m^2。

拉昂错表层沉积物总磷含量为 410.5 mg/kg。拉昂错表层沉积物常量元素中，Ca 含量最高，达到 134.7 g/kg，其次分别为 Al（43.9 g/kg）、Fe（23.4 g/kg）、Mg（19.8 g/kg）、K（15.9 g/kg）和 Na（6.2 g/kg）。在主要潜在危害元素中，As、Cd、Cr、Cu、Ni、Pb 和 Zn 的含量分别为 58.6 mg/kg、0.4 mg/kg、125.9 mg/kg、16.8 mg/kg、124.4 mg/kg、20.2 mg/kg 和 59.5 mg/kg。拉昂错表层沉积物中 Cd、Cu、Pb 和 Zn 的含量均低于沉积物质量基准的阈值效应含量，而 As、Cr 和 Ni 含量已经超过可能效应含量。根据生态风险等级标准，As、Cr 和 Ni 可能会对湖泊生物产生毒性效应。拉昂错表层沉积物的主要矿物组成：石英含量为 14.93%，长石含量为 6.67%，文石含量为 4.4%，方解石含量为 30.6%，白云石含量为 3.29%，云母族矿物含量为 20.32%，高岭石族矿物含量为 8.41%，绿泥石族矿物含量为 8.12%，石盐含量为 0.27%，石膏含量为 2.99%。

5.51　玛旁雍错

玛旁雍错经纬度位置为 81.38°E、30.71°N（图 5-51），面积为 412 km^2，海拔为 4583 m，是中国湖水透明度最高的淡水湖泊。

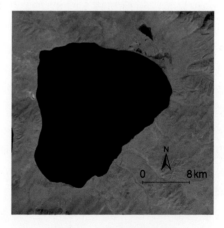

图 5-51　玛旁雍错影像

玛旁雍错湖水碧透清澈，以融水、雨水补给为主，也有部分泉水补给，无出湖河口，为内流湖。调查期间湖泊水温为（12.83±0.15）℃，电导率为（375.6±0.6）

μS/cm，溶解氧浓度为（6.45±0.22）mg/L。湖泊浊度为（0.33±0.14）NTU，透明度为（4.97±0.17）m。pH 的变化范围是 9.30～9.40，平均值为 9.35，属碱性水体。盐度为 0.24‰，为淡水湖。湖泊总氮浓度为（0.37±0.03）mg/L，总磷浓度为（0.036±0.010）mg/L，化学需氧量为（1.42±0.00）mg/L，叶绿素 a 浓度为（0.31±0.01）μg/L，整体营养水平偏低，属寡营养水平。湖泊溶解性有机碳浓度较低，均值为（3.3±0.1）mg/L，主要是因为流域内经河流输入湖泊的有机碳较少。总悬浮颗粒物浓度为（5.46±0.50）mg/L；无机悬浮颗粒物浓度为（3.73±0.39）mg/L；有机悬浮颗粒物浓度为（1.73±0.11）mg/L；无机悬浮颗粒物占总悬浮颗粒物的 68%，说明无机悬浮颗粒物是玛旁雍错总悬浮物的主要成分。

湖水中主要离子组成：Na^+ 浓度为 39.5 mg/L，K^+ 浓度为 5.7 mg/L，Mg^{2+} 浓度为 22.4 mg/L，Ca^{2+} 浓度为 16.7 mg/L；SO_4^{2-} 浓度为 28.5 mg/L，HCO_3^- 浓度为 274.5 mg/L，CO_3^{2-} 浓度为 12.0 mg/L，Cl^- 浓度为 16.6 mg/L。

显微镜鉴定结果发现，玛旁雍错共鉴定出浮游植物 5 门 16 属，分别为：硅藻门，蛾眉藻、桥弯藻、弯楔藻、小环藻、针杆藻、舟形藻；甲藻门，薄甲藻、裸甲藻；蓝藻门，微囊藻、长孢藻；绿藻门，卵囊藻、纤维藻、小球藻、栅藻、椎楔藻；隐藻门，隐藻。浮游植物细胞密度为 $4.46×10^6$ ind./L，平均生物量为 140.51 μg/L。优势种为小球藻。香农-维纳多样性指数为 2.18，辛普森指数为 0.85，均匀度指数为 0.81。

分子测序结果发现，玛旁雍错浮游植物共 4 门 86 种，其中，最多为轮藻门，有 68 种，占比为 79.07%；其次为绿藻门，有 13 种，占比为 15.12%；蓝藻门 4 种，占比为 4.65%；硅藻门 1 种，占比为 1.16%。通过与同期调查的青藏高原阿鲁错、郭扎错等几个湖泊对比，可以发现玛旁雍错的浮游植物种类数明显少于上述两湖，其中阿鲁错 312 种、郭扎错 224 种，表明玛旁雍错调查样品中的浮游植物种类组成相对单一。

玛旁雍错同一断面不同水深的敞水区共采集定量标本 3 个，采样点水深变化范围为 24.4～45.1 m。根据定量标本，共见到 10 个种类，其中枝角类 2 种、桡足类 2 种和轮虫 6 种。浮游动物优势种为新月北镖水蚤（*Arctodiaptomus stewartianus*）、螺形龟甲轮虫（*Keratella cochlearis*）和独角聚花轮虫（*Conochilus unicornis*）。浮游动物密度变化范围为 4.3～6.0 ind./L。枝角类、桡足类和轮虫的密度变化范围分别为 0.05～0.1 ind./L、2.4～4.4 ind./L 和 1.4～1.9 ind./L。浮游甲壳动物优势种新月北镖水蚤、螺形龟甲轮虫和独角聚花轮虫密度分别为 0.9～1.5 ind./L、0.6～0.8 ind./L 和 0.3～0.8 ind./L。浮游动物生物量变化范围为 0.058～0.076 mg/L。三个点位的枝角类生物量均为 0.002 mg/L，桡足类和轮虫的生物量变化范围分别为 0.043～0.073 mg/L 和 0.002～0.016 mg/L。浮游动物优势种新月北镖水蚤、螺形龟甲轮虫和独角聚花轮虫生物量分别为 0.026～0.055 mg/L、0.0001～

0.0002 mg/L 和 0.000 03～0.000 09 mg/L。

玛旁雍错底栖动物较为多样，前期报道湖中含有大量摇蚊、仙女虫和钩虾等水生动物（王宝强, 2019; 王苏民等, 1998）。本次调查共获得 5 种底栖动物，以湖沼钩虾（*Gammarus lacustris*）为优势种，其次为环足摇蚊（*Cricotopus* sp.）和冰川小突摇蚊（*Micropsectra glacies*），其相对丰度依次为 65.8%、13.2% 和 10.5%，其他两种丰度较低，均为摇蚊幼虫。定量样品中，湖沼钩虾密度为 150 ind./m^2，摇蚊幼虫的密度是 78 ind./m^2。

玛旁雍错表层沉积物总磷含量为 670.6 mg/kg。玛旁雍错表层沉积物常量元素中，Al 含量最高，达到 84.0 g/kg，其次分别为 Fe（42.8 g/kg）、Ca（39.6 g/kg）、K（28.8 g/kg）、Mg（19.6 g/kg）和 Na（9.4 g/kg）。在主要潜在危害元素中，As、Cd、Cr、Cu、Ni、Pb 和 Zn 的含量分别为 48.9 mg/kg、0.2 mg/kg、156.9 mg/kg、32.6 mg/kg、133.3 mg/kg、33.5 mg/kg 和 123.5 mg/kg。玛旁雍错表层沉积物中 Cd 和 Pb 的含量低于沉积物质量基准的阈值效应含量，Cu 和 Zn 含量介于阈值效应含量和可能效应含量之间，而 As、Cr 和 Ni 含量已经超过可能效应含量。根据生态风险等级标准，As、Cr、Cu、Ni 和 Zn 可能会对湖泊生物产生毒性效应。玛旁雍错表层沉积物的主要矿物组成：石英含量为 14.56%，长石含量为 8.77%，文石含量为 4.69%，方解石含量为 10.88%，白云石含量为 1.08%，云母族矿物含量为 42.52%，高岭石族矿物含量为 10.44%，绿泥石族矿物含量为 7.06%。玛旁雍错表层沉积物粒径分布范围在 0.46～98.1 μm，中值粒径为 6.88 μm，粒径存在不规则的双峰分布特征，分别出现在 0.76 μm 和 11.2 μm 处，黏土、粉砂和砂含量分别是 35.6%、63.2% 和 1.2%。

5.52 班 公 湖

班公湖经纬度位置为 79.80°E、33.46°N（图 5-52），面积约为 604 km^2，海拔为 4221 m。

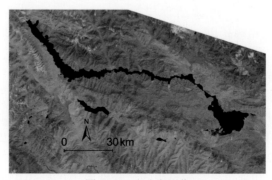

图 5-52 班公湖影像

　　班公湖有内流河多玛曲、麻嘎藏布等汇入，无出湖河口，为高原内流湖。调查期间湖泊水温为（16.98±0.15）℃，电导率为（796.25±3.30）μS/cm，溶解氧浓度为（5.94±0.14）mg/L。湖泊浊度为（0.053±0.015）NTU，透明度为（8.80±0.52）m。pH 的变化范围是 9.16～9.20，平均值为 9.18，属碱性水体。盐度为 0.47‰，为淡水湖。湖泊总氮浓度为（0.64±0.05）mg/L，总磷浓度为（0.083±0.020）mg/L，化学需氧量为（2.34±0.21）mg/L，叶绿素 a 浓度为（0.30±0.08）μg/L，整体营养水平偏低，属寡营养水平。湖泊溶解性有机碳浓度较低，均值为（6.1±1.4）mg/L，主要是因为流域内经河流输入湖泊的有机碳较少。总悬浮颗粒物浓度为 7.74 mg/L；无机悬浮颗粒物浓度为 2.19 mg/L；有机悬浮颗粒物浓度为 5.55 mg/L。

　　湖水中主要离子组成：Na^+ 浓度为 114.0 mg/L，K^+ 浓度为 12.4 mg/L，Mg^{2+} 浓度为 53.5 mg/L，Ca^{2+} 浓度为 15.2 mg/L；SO_4^{2-} 浓度为 83.0 mg/L，HCO_3^- 浓度为 250.1 mg/L，CO_3^{2-} 浓度为 48.0 mg/L，Cl^- 浓度为 86.0 mg/L。

　　显微镜鉴定结果发现，班公湖共鉴定出浮游植物 3 门 9 属，分别为：硅藻门，桥弯藻、小环藻、羽纹藻、舟形藻；甲藻门，角甲藻；绿藻门，并联藻、刚毛藻、卵囊藻、小球藻。浮游植物细胞密度为 $5.05×10^6$ ind./L，平均生物量为 228.78 μg/L。优势种为角甲藻、刚毛藻。香农-维纳多样性指数为 1.50，辛普森指数为 0.72，均匀度指数为 0.68。

　　分子测序结果发现，班公湖浮游植物共 5 门 95 种，其中，最多为轮藻门，有 82 种，占比为 86.32%；其次为绿藻门，有 9 种，占比为 9.47%；甲藻门 2 种，占比为 2.11%；蓝藻门 1 种，占比为 1.05%；定鞭藻门 1 种，占比为 1.05%。通过与同期调查的青藏高原阿鲁错、郭扎错等几个湖泊对比，可以发现班公湖的浮游植物种类数明显少于上述两湖，其中阿鲁错 312 种、郭扎错 224 种，表明班公湖调查样品中的浮游植物种类组成相对单一。

　　班公湖同一断面不同水深的敞水区共采集定量标本 3 个，采样点水深变化范围为 21.6～28.2 m。根据定量标本，共见到 16 个种类，其中枝角类 4 种、桡足类 3 种和轮虫 9 种。浮游甲壳动物优势种为长刺溞（Daphnia longispina）和新月北镖水蚤（Arctodiaptomus stewartianus），轮虫优势种为螺形龟甲轮虫（Keratella cochlearis）。浮游动物密度变化范围为 11.1～13.3 ind./L，水深较浅处浮游动物丰度较高。枝角类、桡足类和轮虫的密度变化范围分别为 2.5～4.5 ind./L、8.0～8.8 ind./L 和 0.5～0.8 ind./L。枝角类和轮虫均在水深较浅处丰度较高。浮游甲壳动物优势种长刺溞、新月北镖水蚤和螺形龟甲轮虫密度分别为 2.4～4.5 ind./L、3.3～5.0 ind./L 和 0.1～0.3 ind./L。长刺溞、新月北镖水蚤和螺形龟甲轮虫均在水深较浅处丰度较高。浮游动物生物量变化范围为 0.268～0.421 mg/L。枝角类、桡足类和轮虫的生物量变化范围分别为 0.105～0.236 mg/L、0.161～0.185 mg/L 和 0.0001～0.001 mg/L。浮游动物优势种长刺溞、新月北镖水蚤和螺形龟甲轮虫生物量分别为 0.104~0.235 mg/L、0.118~0.157 mg/L 和 0.000 008~0.000 07 mg/L。

据文献报道（崔永德等，2021；王宝强，2019），班公湖底栖动物以摇蚊、钩虾和沼石蛾为主。本次共获得 7 种底栖动物。从丰度来看，以摇蚊幼虫为主，钩虾次之。从类群来看，软体动物和环节动物均有出现，分别为圆口扁蜷（*Gyraulus spirillus*）和带丝蚓科某种（*Lumbriculidae* sp.）。主要底栖动物分别为卡氏拟长跗摇蚊（*Paratanytarsus kaszabi*）、湖沼钩虾（*Gammarus lacustris*）、圆口扁蜷（*Gyraulus spirillus*）、玄黑摇蚊（*Chironomus annularius*）及少量的带丝蚓某种（*Lumbriculidae* sp.）、小突摇蚊（*Micropsectra* spp.）和前脉摇蚊（*Procladius* spp.），其相对丰度分别为 46.5%、23.3%、9.3%、9.3%、4.7%、4.7%、2.3%。定量样品显示，摇蚊密度为 71 ind./m^2，湖沼钩虾密度为 30 ind./m^2，其他类群丰度较低，生物量主要贡献者是湖沼钩虾。

班公湖表层沉积物总磷含量为 703.2 mg/kg。班公湖表层沉积物常量元素中，Ca 含量最高，达到 124.8 g/kg，其次分别为 Al（36.8 g/kg）、Fe（20.0 g/kg）、K（12.2 g/kg）、Mg（9.0 g/kg）和 Na（4.7 g/kg）。在主要潜在危害元素中，As、Cd、Cr、Cu、Ni、Pb 和 Zn 的含量分别为 13.0 mg/kg、0.1 mg/kg、50.6 mg/kg、17.5 mg/kg、30.2 mg/kg、13.6 mg/kg 和 51.7 mg/kg。班公湖表层沉积物中 Cd、Cu、Pb 和 Zn 的含量均低于沉积物质量基准的阈值效应含量，而 As、Cr 和 Ni 含量介于阈值效应含量和可能效应含量之间。根据生态风险等级标准，这些微量元素对湖泊生物产生毒性效应的可能性很低。班公湖表层沉积物的主要矿物组成：石英含量为 9.25%，长石含量为 1.86%，文石含量为 42.71%，方解石含量为 11.64%，云母族矿物含量为 22.1%，高岭石族矿物含量为 9.24%，绿泥石族矿物含量为 2.99%。班公湖表层沉积物粒径范围在 0.5~86.4 μm，中值粒径为 13 μm，粒径呈双峰分布特征，峰值分别出现在 0.76 μm 和 14.5 μm 处，粉砂质组分含量占绝对优势，在 80% 以上，黏土和砂质组分含量分别为 17.1% 和 1.0%。

5.53 鲁玛江东错

鲁玛江东错经纬度位置为 81.40°E、33.95°N（图 5-53），面积约为 300 km^2，海拔约为 4794 m。

鲁玛江东错上游有库尔拿河流入，下游有容玛藏布河。调查期间湖泊水温为（13.26±0.36）℃，电导率为（14 379.6±103.8）μS/cm，溶解氧浓度为（5.69±0.08）mg/L。湖泊浊度为（6.79±0.61）NTU，透明度为（1.77±2.12）m。pH 的变化范围是 9.36~10.53，平均值为 10.06，说明该湖泊属碱性水体。盐度为（11.03±0.09）‰，为微咸水湖。湖泊总氮浓度为（1.03±0.12）mg/L，总磷浓度为（0.096±0.009）mg/L，化学需氧量为（4.01±0.24）mg/L，叶绿素 a 浓度为

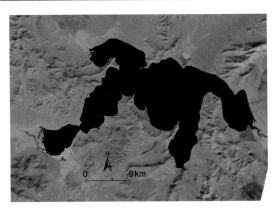

图 5-53　鲁玛江东错影像

（0.60±0.29）μg/L，整体营养水平偏低，属寡营养水平。湖泊溶解性有机碳浓度较高，均值为（16.8±8.6）mg/L，主要是由流域内经河流输入的有机碳在湖内长年累月累积，外加湖泊蒸发浓缩所致。总悬浮颗粒物浓度为（54.83±8.88）mg/L；无机悬浮颗粒物浓度为（34.66±21.52）mg/L；有机悬浮颗粒物浓度为（20.16±13.64）mg/L；无机悬浮颗粒物占总悬浮颗粒物的 63%，说明无机悬浮颗粒物是鲁玛江东错总悬浮物的主要成分。

湖水中主要离子组成：Na^+浓度为 4880.0 mg/L，K^+浓度为 418.0 mg/L，Mg^{2+}浓度为 124.4 mg/L，Ca^{2+}浓度为 15.0 mg/L；SO_4^{2-}浓度为 2198.0 mg/L，HCO_3^-浓度为 2501.0 mg/L，CO_3^{2-}浓度为 2190.0 mg/L，Cl^-浓度为 3147.2 mg/L。

显微镜鉴定结果发现，鲁玛江东错共鉴定出浮游植物 3 门 9 属，分别为：硅藻门，卵形藻、小环藻、针杆藻、舟形藻；蓝藻门，浮丝藻、微囊藻；绿藻门，卵囊藻、丝藻、小球藻。浮游植物细胞密度为 $1.32×10^6$ ind./L，平均生物量为 23.16 μg/L。优势种为小环藻、小球藻。香农-维纳多样性指数为 1.91，辛普森指数为 0.82，均匀度指数为 0.87。

分子测序结果发现，鲁玛江东错浮游植物共 8 门 109 种，其中最多为轮藻门，有 83 种，占比为 76.15%；其次为绿藻门，有 12 种，占比为 11.01%；蓝藻门 4 种，占比为 3.67%；定鞭藻门 3 种，占比为 2.75%；硅藻门 2 种，占比为 1.83%；金藻门 2 种，占比为 1.83%；隐藻门 2 种，占比为 1.83%；甲藻门 1 种，占比为 0.92%。通过与同期调查的青藏高原阿鲁错、郭扎错等几个湖泊对比，可以发现鲁玛江东错的浮游植物种类数明显少于上述两湖，其中阿鲁错 312 种、郭扎错 224 种，表明鲁玛江东错调查样品中的浮游植物种类组成相对单一。

鲁玛江东错同一断面不同水深的敞水区共采集定量标本 3 个，采样点水深变化范围为 7.7～12 m。根据定量标本，共见到 3 个种类，其中枝角类 1 种、桡足类 2 种。浮游甲壳动物优势种为西藏溞（*Daphnia tibetana*）和亚洲后镖水蚤

（*Metadiaptomus asiaticus*）。浮游动物密度变化范围为 2.9～6.7 ind./L。枝角类、桡足类的密度变化范围分别为 0.1～0.7 ind./L 和 2.8～6.0 ind./L。枝角类和桡足类均在水深最深或最浅处丰度较高。浮游甲壳动物优势种西藏溞和亚洲后镖水蚤密度分别为 0.1～0.7 ind./L 和 0.4～1.2 ind./L。西藏溞和亚洲后镖水蚤在水深较深处丰度较高。浮游动物生物量变化范围为 0.146～0.390 mg/L。枝角类、桡足类的生物量变化范围分别为 0.044～0.248 mg/L 和 0.102～0.142 mg/L。浮游动物优势种西藏溞和亚洲后镖水蚤生物量分别为 0.044～0.248 mg/L 和 0.029～0.072 mg/L。

本次共获得 4 种底栖动物，以短粗前脉摇蚊（*Procladius crassinervis*）的幼虫为主，沼梭甲（*Helophorus lamicola*）其次。摇蚊类群中，除了占据绝对优势的短粗前脉摇蚊，异环摇蚊（*Acricotopus* sp.）和刀摇蚊（*Psectrocladius* sp.）均有出现。上述 4 种底栖的相对丰度分别为 95.7%、1.9%、1.4% 和 1%。从定量样品来看，短粗前脉摇蚊的密度最高，达到 1000 ind./m^2，其他类群密度较低，基本处在 10～20 ind./m^2。

鲁玛江东错表层沉积物粒径范围在 0.4～76.0 μm，中值粒径为 2.73 μm，粒径整体呈三峰分布特征，分别出现在 0.76 μm、2.42 μm 和 45.6 μm 处，但最后一个峰值含量较低，仅 0.6%，黏土、粉砂和砂质含量依次减少，分别为 64.8%、34.8% 和 0.4%。

5.54　结则茶卡

结则茶卡经纬度位置为 80.88°E、33.95°N（图 5-54）。湖面海拔为 4524m，面积为 107.6 km^2，湖泊呈椭圆形。湖水主要靠泉集河径流补给。

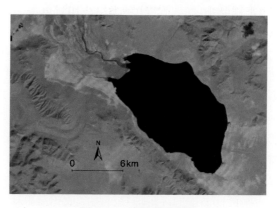

图 5-54　结则茶卡影像

调查期间湖泊水温为（15.35±0.19）℃，电导率为（90 629±719）μS/cm，

溶解氧浓度为（3.500±0.008）mg/L。湖泊浊度为（1.57±0.37）NTU，透明度为（2.41±0.44）m。pH 的变化范围是 7.67～7.80，平均值为 7.73，说明该湖泊属碱性水体。盐度为（82.08±0.38）‰，为盐湖。湖泊总氮浓度为（2.72±0.27）mg/L，总磷浓度为（0.054±0.031）mg/L，化学需氧量为（39.56±1.41）mg/L，叶绿素 a 浓度为（0.09±0.01）µg/L，整体营养水平偏低，属寡营养水平。湖泊溶解性有机碳浓度较低，均值为（7.9±1.3）mg/L，主要是因为流域内经河流输入的有机碳较少。总悬浮颗粒物浓度为 55.40 mg/L；无机悬浮颗粒物浓度为 47.15 mg/L；有机悬浮颗粒物浓度为 8.25 mg/L；无机悬浮颗粒物占总悬浮颗粒物的 85%。

湖水中主要离子组成：Na^+ 浓度为 32 200.0 mg/L，K^+ 浓度为 2380.0 mg/L，Mg^{2+} 浓度为 276.0 mg/L，Ca^{2+} 浓度为 69.0 mg/L；SO_4^{2-} 浓度为 1817.2 mg/L，HCO_3^- 浓度为 1506.7 mg/L，CO_3^{2-} 浓度为 2016.0 mg/L，Cl^- 浓度为 60 627.5 mg/L。

显微镜鉴定结果发现，结则茶卡共鉴定出浮游植物 4 门 11 属，分别为：硅藻门，脆杆藻、双菱藻、小环藻、针杆藻、舟形藻；甲藻门，裸甲藻；蓝藻门，浮丝藻；绿藻门，橘色藻、卵囊藻、纤维藻、小球藻。浮游植物细胞密度为 $1.16×10^6$ ind./L，平均生物量为 58.70 µg/L。优势种为双菱藻。香农-维纳多样性指数为 1.62，辛普森指数为 0.67，均匀度指数为 0.67。

分子测序结果发现，结则茶卡浮游植物共 8 门 122 种，其中，最多为轮藻门，有 86 种，占比为 70.49%；其次为绿藻门，有 20 种，占比为 16.39%；甲藻门 5 种，占比为 4.1%；硅藻门 4 种，占比为 3.28%；蓝藻门 3 种，占比为 2.46%；金藻门 2 种，占比为 1.64%；黄藻门 1 种，占比为 0.82%；定鞭藻门 1 种，占比为 0.82%。通过与同期调查的青藏高原阿鲁错、郭扎错等几个湖泊对比，可以发现结则茶卡的浮游植物种类数明显少于上述两湖，其中阿鲁错 312 种、郭扎错 224 种，表明结则茶卡调查样品中的浮游植物种类组成相对单一。

结则茶卡同一断面不同水深的敞水区共采集定量标本 3 个，采样点水深变化范围为 27.2～29.8 m。根据定量标本，共见到 2 个种类，其中枝角类 1 种和轮虫 1 种。浮游动物优势种为西藏溞（Daphnia tibetana）。桡足类仅发现少量幼体。浮游动物密度变化范围为 0.1～0.2 ind./L。枝角类、桡足类和轮虫的密度变化范围分别为 0～0.1 ind./L、0～0.1 ind./L 和 0～0.1 ind./L。浮游甲壳动物优势种西藏溞密度为 0～0.1 ind./L。浮游动物生物量变化范围为 0.002～0.005 mg/L。枝角类、桡足类和轮虫的生物量变化范围分别为 0～0.005 mg/L、0～0.002 mg/L 和 0～0.000 02 mg/L。浮游动物优势种西藏溞生物量为 0～0.005 mg/L。

结则茶卡未发现底栖动物，仅在水体中发现大型浮游动物西藏卤虫（Artermia tibetica）。

结则茶卡表层沉积物总磷含量为 329.1 mg/kg。结则茶卡表层沉积物常量元素中，Ca 含量最高，达到 124.4 g/kg，其次分别为 Na（67.8 g/kg）、Al（40.2 g/kg）、

Mg（30.5 g/kg）、Fe（21.8 g/kg）和 K（16.6 g/kg）。在主要潜在危害元素中，As、Cd、Cr、Cu、Ni、Pb 和 Zn 的含量分别为 14.4 mg/kg、0.1 mg/kg、50.1 mg/kg、15.8 mg/kg、18.9 mg/kg、15.9 mg/kg 和 53.2 mg/kg。结则茶卡表层沉积物中 Cd、Cu、Ni、Pb 和 Zn 的含量均低于沉积物质量基准的阈值效应含量，As 和 Cr 含量介于阈值效应含量和可能效应含量之间。根据生态风险等级标准，这些微量元素对湖泊生物产生毒性效应的可能性很低。结则茶卡表层沉积物的主要矿物组成：石英含量为 5.49%，长石含量为 5.22%，文石含量为 28.85%，方解石含量为 5.53%，白云石含量为 6.47%，云母族矿物含量为 22.14%，高岭石族矿物含量为 8.41%，绿泥石族矿物含量为 3.19%，石盐含量为 11.82%，石膏含量为 2.88%。

5.55　龙　木　错

　　龙木错经纬度位置为 80.40°E、34.59°N（图 5-55），为内流湖。地处西藏自治区阿里地区日土县北部，松木希错以东，东罗克宗山南麓，散尔多山西北麓，湖面海拔 5002 m，面积为 97 km²。龙木错东岸有地表河水流入，附近地下泉水发育，为湖泊重要的补给水源。该湖形如头朝西、底朝东的葫芦状，富硼、锂、食盐等资源。

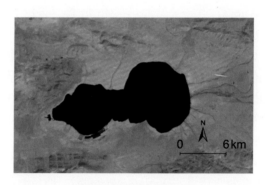

图 5-55　龙木错影像

　　调查期间湖泊水温为（11.08±0.39）℃，电导率为（94 480±856）μS/cm，溶解氧浓度为（3.235±0.006）mg/L。湖泊浊度为（0.985±0.091）NTU，透明度为（3.06±0.27）m。pH 的变化范围是 8.63～8.65，平均值为 8.64，说明该湖泊属碱性水体。盐度为（97.25±0.06）‰，为盐湖。湖泊总氮浓度为（7.79±2.93）mg/L，总磷浓度为（0.036±0.002）mg/L，化学需氧量为（51.84±1.62）mg/L，叶绿素 a 浓度为（0.10±0.01）μg/L。由此可见，龙木错整体营养水平偏低，属寡营养水平。湖泊溶解性有机碳浓度较低，均值为（6.6±1.5）mg/L，主要是因为

物密度变化范围为 28.9～48.9 ind./L。三个点位的枝角类密度均为 0.1 ind./L，桡足类和轮虫的密度变化范围分别为 8.0～12.3 ind./L 和 19.3～40.9 ind./L。浮游动物优势种梳刺北镖水蚤和矩形龟甲轮虫梨形变种密度分别为 3.6～6.4 ind./L 和 14.3～36.0 ind./L。浮游动物生物量变化范围为 0.384～0.411 mg/L。枝角类、桡足类和轮虫的生物量变化范围分别为 0.019～0.060 mg/L、0.323～0.388 mg/L 和 0.006～0.011 mg/L。浮游动物优势种梳刺北镖水蚤和矩形龟甲轮虫梨形变种生物量分别为 0.286～0.290 mg/L 和 0.004～0.010 mg/L。

普尔错共获得 4 种底栖动物，主要类群为钩虾和摇蚊，各个物种的相对丰度依次为湖沼钩虾（*Gammarus lacustris*）83.1%、冰川小突摇蚊（*Micropsectra glacies*）13.3%、玄黑摇蚊（*Chironomus annularius*）3.3%、纤长跗摇蚊（*Tanytarsus gracilentus*）0.3%。其中深水区主要以玄黑摇蚊和冰川小突摇蚊为主，而沿岸带主要以湖沼钩虾为主。定量样品显示，湖沼钩虾密度可达 5000 ind./m^2，摇蚊密度为 1000 ind./m^2，湖沼钩虾为湖泊生物量的主要贡献者。

普尔错表层沉积物总磷含量为 479.5 mg/kg。普尔错表层沉积物常量元素中，Ca 含量最高，达到 89.2 g/kg，其次分别为 Al（78.5 g/kg）、Fe（42.7 g/kg）、K（27.1 g/kg）、Mg（21.6 g/kg）和 Na（5.4 g/kg）。在主要潜在危害元素中，As、Cd、Cr、Cu、Ni、Pb 和 Zn 的含量分别为 41.5 mg/kg、0.2 mg/kg、136.4 mg/kg、40.5 mg/kg、75.1 mg/kg、34.6 mg/kg 和 128.1 mg/kg。普尔错表层沉积物中 Cd 和 Pb 的含量均低于沉积物质量基准的阈值效应含量，Cu 和 Zn 含量介于阈值效应含量和可能效应含量之间，而 As、Cr 和 Ni 含量已经超过可能效应含量。根据生态风险等级标准，As、Cr、Cu、Ni 和 Zn 可能会对湖泊生物产生毒性效应。普尔错表层沉积物的主要矿物组成：石英含量为 9.18%，长石含量为 4.91%，文石含量为 5.28%，方解石含量为 20.67%，白云石含量为 2.32%，云母族矿物含量为 38.92%，高岭石族矿物含量为 9.03%，绿泥石族矿物含量为 9.69%。

5.58　邦　达　错

邦达错经纬度位置为 81.59°E、34.93°N（图 5-58），面积为 103 km^2，海拔为 4902 m。邦达错属盐湖，湖的周围为天然牧场。

邦达错上游有饮水河流入，无出湖河口，为内流湖。调查期间湖泊水温为（12.13±0.46）℃，电导率为（28 847±316）μS/cm，溶解氧浓度为（5.24±0.07）mg/L。湖泊浊度为（0.72±0.04）NTU，透明度为（4.25±0.18）m。pH 的变化范围是 8.30～8.49，平均值为 8.36，说明该湖泊属碱性水体。盐度为（24.28±0.03）‰，为咸水湖。湖泊总氮浓度为（1.86±0.38）mg/L，总磷浓度为（0.0037±0.0024）mg/L，化学需氧量为（12.04±1.42）mg/L，叶绿素 a 浓度为（0.17±0.09）μg/L，

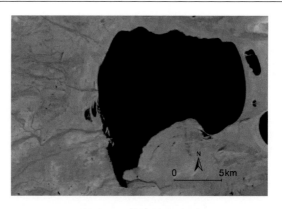

图 5-58　邦达错影像图

整体营养水平偏低,属寡营养水平。湖泊溶解性有机碳浓度较低,均值为(6.6±1.3) mg/L,主要是因为流域内经河流输入的有机碳较少。总悬浮颗粒物浓度为 (24.69±0.16) mg/L;无机悬浮颗粒物浓度为（16.75±4.64）mg/L；有机悬浮颗粒物浓度为（7.94±4.80）mg/L；无机悬浮颗粒物占总悬浮颗粒物的 68%,说明无机悬浮颗粒物是邦达错总悬浮物的主要成分。

湖水中主要离子组成：Na^+ 浓度为 7850.0 mg/L,K^+ 浓度为 570.0 mg/L,Mg^{2+} 浓度为 675.0 mg/L,Ca^{2+} 浓度为 75.0 mg/L；SO_4^{2-} 浓度为 652.9 mg/L,HCO_3^- 浓度为 536.8 mg/L,CO_3^{2-} 浓度为 84.0 mg/L,Cl^- 浓度为 14 310.0 mg/L。

显微镜鉴定结果发现,邦达错共鉴定出浮游植物 3 门 8 属,分别为：硅藻门,双菱藻、小环藻、羽纹藻、舟形藻；蓝藻门,微囊藻、席藻；绿藻门,纤维藻、小球藻。浮游植物细胞密度为 $6.05×10^5$ ind./L,平均生物量为 82.89 μg/L。优势种为双菱藻。香农-维纳多样性指数为 0.76,辛普森指数为 0.31,均匀度指数为 0.36。

分子测序结果发现,邦达错浮游植物共 8 门 95 种,其中,最多为轮藻门,有 72 种,占比为 75.79%；其次分别为绿藻门,有 11 种,占比为 11.58%；甲藻门 3 种,占比为 3.16%；金藻门 3 种,占比为 3.16%；硅藻门 2 种,占比为 2.11%；定鞭藻门 2 种,占比为 2.11%；隐藻门 1 种,占比为 1.05%；蓝藻门 1 种,占比为 1.05%。通过与同期调查的青藏高原阿鲁错、郭扎错等几个湖泊对比,可以发现邦达错的浮游植物种类数明显少于上述两湖,其中阿鲁错 312 种、郭扎错 224 种,表明邦达错调查样品中的浮游植物种类组成相对单一。

邦达错同一断面不同水深的敞水区共采集定量标本 3 个,采样点水深变化范围为 21.0～33.0 m。根据定量标本,共见到 6 个种类,其中桡足类 2 种和轮虫 4 种。浮游动物优势种为矩形龟甲轮虫梨形变种（*Keratella quadrata* f. *pyriformis*）。浮游动物密度变化范围为 0.3～1.8 ind./L。桡足类和轮虫的密度变化范围分别为 0～0.4 ind./L 和 0.3～1.4 ind./L。浮游动物优势种矩形龟甲轮虫梨形变种密度为 0～

1.0 ind./L。浮游动物生物量变化范围为 0.000 07～0.008 mg/L。桡足类和轮虫的生
物量变化范围分别为 0～0.008 mg/L 和 0.000 07～0.0003 mg/L。浮游动物优势种
矩形龟甲轮虫梨形变种生物量为 0.000 08～0.0002 mg/L。

邦达错未发现底栖动物。

邦达错表层沉积物总磷含量为 183.0 mg/kg。邦达错表层沉积物常量元素中，
Ca 含量最高，达到 192.5 g/kg，其次分别为 Na（46.9 g/kg）、Al（27.1 g/kg）、Mg
（18.5 g/kg）、Fe（15.6 g/kg）和 K（12.1 g/kg）。在主要潜在危害元素中，As、Cd、
Cr、Cu、Ni、Pb 和 Zn 的含量分别为 19.6 mg/kg、0.4 mg/kg、32.8 mg/kg、12.2 mg/kg、
22.6 mg/kg、11.6 mg/kg 和 75.5 mg/kg。邦达错表层沉积物中 Cd、Cr、Cu、Ni、
Pb 和 Zn 的含量均低于沉积物质量基准的阈值效应含量，As 含量介于阈值效应含
量和可能效应含量之间。根据生态风险等级标准，这些微量元素对湖泊生物产生
毒性效应的可能性很低。邦达错表层沉积物的主要矿物组成：石英含量为 4.21%，
长石含量为 2.15%，文石含量为 48.78%，方解石含量为 8.92%，白云石含量为
5.28%，云母族矿物含量为 14.11%，高岭石族矿物含量为 3.39%，绿泥石族矿物
含量为 1.36%，石盐含量为 11.8%。

5.59　泉　水　湖

泉水湖经纬度位置为 80.16°E、34.76°N（图 5-59），面积约为 20 km^2，海拔
为 5092 m。

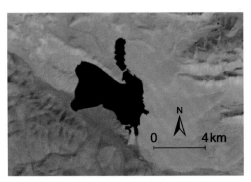

图 5-59　泉水湖影像

调查期间湖泊水温为（11.67±0.06）℃，电导率为（4655.67±2.08）μS/cm，
溶解氧浓度为（6.11±0.06）mg/L。湖泊浊度为（0.797±0.006）NTU，透明度为
（2.60±0.16）m。pH 的变化范围是 7.79～8.32，平均值为 8.12，说明该湖泊属碱
性水体。盐度为 3.42‰，为微咸水湖。湖泊总氮浓度为（0.918±0.003）mg/L，
总磷浓度为（0.093±0.004）mg/L，化学需氧量为（4.29±0.12）mg/L，叶绿素 a

浓度为（1.11±0.18）μg/L，整体营养水平偏低，属寡营养水平。湖泊溶解性有机碳浓度较低，均值为（6.2±0.5）mg/L，主要是因为流域内经河流输入的有机碳较少。总悬浮颗粒物浓度为（7.28±0.47）mg/L；无机悬浮颗粒物浓度为（6.15±0.64）mg/L；有机悬浮颗粒物浓度为（1.13±0.17）mg/L；无机悬浮颗粒物占总悬浮颗粒物的84%。

湖水中主要离子组成：Na^+浓度为 1032.6 mg/L，K^+浓度为 16.6 mg/L，Mg^{2+}浓度为 358.9 mg/L，Ca^{2+}浓度为 95.4 mg/L；SO_4^{2-}浓度为 1525.3 mg/L，HCO_3^-浓度为 122.0 mg/L，Cl^-浓度为 1389.2 mg/L。

显微镜鉴定结果发现，泉水湖共鉴定出浮游植物 5 门 8 属，分别为：硅藻门，脆杆藻、卵形藻、小环藻、舟形藻；甲藻门，薄甲藻；蓝藻门，微囊藻；绿藻门，小球藻；隐藻门，隐藻。浮游植物细胞密度为 $3.21×10^6$ ind./L，平均生物量为 81.15 μg/L。优势种为薄甲藻。香农-维纳多样性指数为 1.42，辛普森指数为 0.68，均匀度指数为 0.73。

分子测序结果发现，泉水湖浮游植物共 6 门 64 种，其中，最多为轮藻门，有 46 种，占比为 71.88%；其次为绿藻门，有 12 种，占比为 18.75%；蓝藻门 3 种，占比为 4.69%；甲藻门 1 种，占比为 1.56%；硅藻门 1 种，占比为 1.56%；金藻门 1 种，占比为 1.56%。通过与同期调查的青藏高原阿鲁错、郭扎错等几个湖泊对比，可以发现泉水湖的浮游植物种类数明显少于上述两湖，其中阿鲁错 312 种、郭扎错 224 种，表明泉水湖调查样品中的浮游植物种类组成相对单一。

泉水湖同一断面不同水深的敞水区共采集定量标本 3 个，采样点水深变化范围为 13.8～15.5 m。根据定量标本，共见到 10 个种类，其中枝角类 3 种、桡足类 4 种和轮虫 3 种。浮游甲壳动物优势种为梳刺北镖水蚤（*Arctodiaptomus altissimus pectinatus*）。浮游动物密度变化范围为 18.3～29.9 ind./L。枝角类、桡足类和轮虫的密度变化范围分别为 0.1～0.3 ind./L、17.3～29.7 ind./L 和 0.2～0.7 ind./L。浮游动物优势种梳刺北镖水蚤密度为 4.2～10.9 ind./L。浮游动物生物量变化范围为 0.323～0.604 mg/L。枝角类、桡足类和轮虫的生物量变化范围分别为 0.016～0.082 mg/L、0.241～0.587 mg/L 和 0.000 04～0.0001 mg/L。浮游动物优势种梳刺北镖水蚤生物量为 0.146～0.475 mg/L。

泉水湖共获得 3 种底栖动物，主要类群为钩虾和摇蚊。3 种底栖动物的相对丰度依次为湖沼钩虾（*Gammarus lacustris*）92%、刀摇蚊（*Psectrocladius* sp.）4.9%、玄黑摇蚊（*Chironomus annularius*）3.1%。定量样品显示，湖沼钩虾密度为 450 ind./m²，摇蚊密度为 40 ind./m²。湖沼钩虾为生物量的绝对贡献者。

泉水湖表层沉积物总磷含量为 435.5 mg/kg。泉水湖表层沉积物常量元素中，Ca 含量最高，达到 177.9 g/kg，其次分别为 Al（37.5 g/kg）、Fe（18.7 g/kg）、Mg（13.8 g/kg）、K（13.6 g/kg）和 Na（5.8 g/kg）。在主要潜在危害元素中，As、Cd、

Cr、Cu、Ni、Pb 和 Zn 的含量分别为 7.7 mg/kg、0.1 mg/kg、47.7 mg/kg、13.8 mg/kg、21.2 mg/kg、16.9 mg/kg 和 85.5 mg/kg。泉水湖表层沉积物中 As、Cd、Cu、Ni、Pb 和 Zn 的含量均低于沉积物质量基准的阈值效应含量，Cr 含量介于阈值效应含量和可能效应含量之间。根据生态风险等级标准，这些微量元素对湖泊生物产生毒性效应的可能性很小。泉水湖表层沉积物的主要矿物组成：石英含量为 6.51%，长石含量为 0.6%，方解石含量为 35.35%，白云石含量为 4.91%，云母族矿物含量为 34.72%，高岭石族矿物含量为 13.64%，绿泥石族矿物含量为 1.37%，石盐含量为 1.84%，石膏含量为 1.06%。

5.60　美　马　错

美马错经纬度位置为 82.32°E、34.21°N（图 5-60），位于西藏自治区阿里地区改则县西北，面积为 130 km^2，海拔为 4920 m，产裸鲤鱼，湖周围有天然牧场。

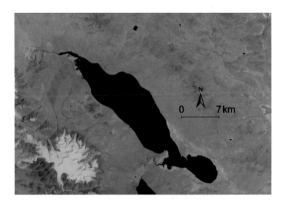

图 5-60　美马错影像

调查期间，美马错湖泊水温为（12.18±0.48）℃，浊度为（0.64±0.05）NTU，透明度为（6.05±0.68）m，电导率为（8093±86）μS/cm，溶解氧浓度为（5.75±0.08）mg/L。pH 的变化范围是 8.68～10.12，平均值为 9.14，说明该湖泊属碱性水体。盐度为（6.104±0.013）‰，为微咸水湖。湖泊总氮浓度为（0.510±0.006）mg/L，总磷浓度为（0.079±0.006）mg/L，化学需氧量为（8.61±14.64）mg/L。叶绿素 a 浓度为（0.17±0.08）μg/L，整体营养水平偏低，属寡营养水平。湖泊溶解性有机碳浓度较低，均值为（4.2±0.6）mg/L，主要是因为流域内经河流输入的有机碳较少。总悬浮颗粒物浓度为（19.16±8.97）mg/L，无机悬浮颗粒物浓度为（12.91±10.28）mg/L，有机悬浮颗粒物浓度为（6.25±6.43）mg/L，无机悬浮颗粒物占总悬浮颗粒物的 67%，说明无机悬浮颗粒物是美马错总悬浮物的主要成分。

湖水中主要离子组成：Na^+浓度为 2810.0 mg/L，K^+浓度为 426.0 mg/L，Mg^{2+}浓度为 177.0 mg/L，Ca^{2+}浓度为 7.5 mg/L；SO_4^{2-}浓度为 2021.1 mg/L，HCO_3^-浓度为 1329.8 mg/L，CO_3^{2-}浓度为 900.0 mg/L，Cl^-浓度为 777.3 mg/L，NO_3^-浓度为 16.9 mg/L。

显微镜鉴定结果发现，美马错共鉴定出浮游植物 3 门 9 属，分别为：硅藻门，脆杆藻、平板藻、弯楔藻、小环藻、针杆藻、舟形藻；蓝藻门，微囊藻；绿藻门，小球藻、月牙藻。浮游植物细胞密度为 1.57×10^7 ind./L，平均生物量为 81.09 μg/L。优势种为脆杆藻。香农-维纳多样性指数为 1.65，辛普森指数为 0.76，均匀度指数为 0.75。

分子测序结果发现，美马错浮游植物共 6 门 101 种，其中最多为轮藻门，有 90 种，占比为 89.11%；其次为绿藻门，有 5 种，占比为 4.95%；蓝藻门 2 种，占比为 1.98%；硅藻门 2 种，占比为 1.98%；金藻门 1 种，占比为 0.99%；定鞭藻门 1 种，占比为 0.99%。通过与同期调查的青藏高原阿鲁错、郭扎错等几个湖泊对比，可以发现美马错的浮游植物种类数明显少于上述两湖，其中阿鲁错 312 种、郭扎错 224 种，表明美马错调查样品中的浮游植物种类组成相对单一。

美马错在同一断面不同水深的敞水区共采集定量标本 3 个，采样点水深变化范围为 31.7～44.3 m。根据定量标本，共见到 6 个种类，其中枝角类 1 种、桡足类 2 种和轮虫 3 种。浮游甲壳动物优势种为西藏溞（*Daphnia tibetana*）。浮游动物密度变化范围为 2.3～4.2 ind./L。枝角类、桡足类和轮虫的密度变化范围分别为 0.8～1.7 ind./L、1.2～2.4 ind./L 和 0.1～0.2 ind./L。浮游动物优势种西藏溞密度为 0.8～1.7 ind./L。浮游动物生物量变化范围为 0.294～0.515 mg/L。枝角类、桡足类和轮虫的生物量变化范围分别为 0.286～0.494 mg/L、0.008～0.046 mg/L 和 0.000 03～0.0001 mg/L。浮游动物优势种西藏溞生物量为 0.286～0.494 mg/L。

美马错共获得 4 种底栖动物，主要类群为水生甲虫和摇蚊。4 种底栖动物的相对丰度依次为前脉摇蚊（*Procladius* spp.）92.5%、沼梭甲（*Helophorus lamicola*）5.4%、异环摇蚊（*Acricotopus* spp.）1.6% 和环足摇蚊（*Cricotopus* sp.）0.5%。定量样品显示，摇蚊密度为 550 ind./m²，沼梭甲密度为 50 ind./m²，其中前脉摇蚊和水生甲虫是生物量的主要贡献者。

美马错表层沉积物总磷含量为 372.2 mg/kg。美马错表层沉积物常量元素中，Al 含量最高，达到 67.8 g/kg，其次分别为 Ca（57.6 g/kg）、Mg（54.7 g/kg）、Fe（33.3 g/kg）、K（30.0 g/kg）和 Na（23.5 g/kg）。在主要潜在危害元素中，As、Cd、Cr、Cu、Ni、Pb 和 Zn 的含量分别为 25.0 mg/kg、0.2 mg/kg、67.4 mg/kg、25.9 mg/kg、31.4 mg/kg、23.2 mg/kg 和 92.4 mg/kg。美马错表层沉积物中 Cd、Cu、Pb 和 Zn 的含量均低于沉积物质量基准的阈值效应含量，As、Cr 和 Ni 含量介于阈值效应含量和可能效应含量之间。根据生态风险等级标准，这些微量元素对湖泊生物产生毒性效应的可能性很低。美马错表层沉积物的主要矿物组成：石英含量为 8.23%，长石含量为 6.54%，文石含量为 11.3%，方解石含量为 4.47%，白云石含量为 4.89%，云母族矿物含量为 47.97%，高岭石族矿物含量为 11.02%，绿泥石族矿物含量为 5.37%，石盐含量为 0.21%。

5.61　阿　鲁　错

阿鲁错经纬度位置为 82.43°E、33.95°N（图 5-61），面积约为 103 km²，海拔为 4937 m。

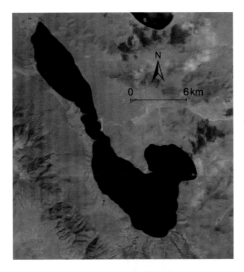

图 5-61　阿鲁错影像

阿鲁错与美马错相连，为内流湖。调查期间湖泊水温为（12.43±0.13）℃，电导率为（721.75±2.36）μS/cm，溶解氧浓度为（5.87±0.07）mg/L，浊度为（1.97±0.27）NTU，透明度为（6.05±0.68）m。盐度为 0.47‰，为淡水湖。pH 为 9.14，说明该湖泊属碱性水体。化学需氧量为（8.61±14.64）mg/L；总氮浓度为（0.57±0.11）mg/L，总磷浓度为（0.043±0.045）mg/L，叶绿素 a 浓度为（0.44±0.07）μg/L，整体营养水平偏低，属寡营养水平。湖泊溶解性有机碳浓度较低，均值为（3.3±1.7）mg/L，主要是因为流域内经河流输入的有机碳较少。总悬浮颗粒物浓度为（19.16±8.97）mg/L，无机悬浮颗粒物浓度为（12.91±10.28）mg/L，有机悬浮颗粒物浓度为（6.25±6.43）mg/L，无机悬浮颗粒物占总悬浮颗粒物的 67%，说明无机悬浮颗粒物是阿鲁错总悬浮物的主要成分。

湖水中主要离子组成：Na^+ 浓度为 107.0 mg/L，K^+ 浓度为 13.0 mg/L，Mg^{2+} 浓

度为 74.5 mg/L，Ca^{2+} 浓度为 7.8 mg/L；SO_4^{2-} 浓度为 151.3 mg/L，HCO_3^- 浓度为 378.2 mg/L，CO_3^{2-} 浓度为 54.0 mg/L，Cl^- 浓度为 20.8 mg/L。

显微镜鉴定结果发现，阿鲁错共鉴定出浮游植物 4 门 11 属，分别为：硅藻门，桥弯藻、小环藻、羽纹藻、舟形藻；蓝藻门，浮丝藻、微囊藻；绿藻门，鼓藻、纤维藻、小球藻、栅藻；隐藻门，隐藻。浮游植物细胞密度为 $6.65×10^7$ ind./L，平均生物量为 210.43 μg/L。优势种为浮丝藻、微囊藻。香农-维纳多样性指数为 0.74，辛普森指数为 0.29，均匀度指数为 0.31。

分子测序结果发现，阿鲁错浮游植物共 8 门 312 种，其中，最多为绿藻门，有 192 种，占比为 61.54%；其次为轮藻门，有 79 种，占比为 25.32%；蓝藻门 17 种，占比为 5.45%；金藻门 10 种，占比为 3.21%；硅藻门 6 种，占比为 1.92%；甲藻门 5 种，占比为 1.6%；定鞭藻门 2 种，占比为 0.64%；隐藻门 1 种，占比为 0.32%。通过与同期调查的青藏高原几个湖泊对比，可以发现阿鲁错的浮游植物种类数最高，表明阿鲁错调查样品中的浮游植物种类组成相对丰富。

阿鲁错同一断面不同水深的敞水区共采集定量标本 3 个，采样点水深变化范围为 29.2～37.4 m。根据定量标本，共见到 7 个种类，其中枝角类 3 种、桡足类 3 种和轮虫 1 种。浮游甲壳动物优势种为梳刺北镖水蚤（*Arctodiaptomus altissimus pectinatus*）。浮游动物密度变化范围为 10～14.3 ind./L。枝角类、桡足类和轮虫的密度变化范围分别为 0.3～0.8 ind./L、9.3～13.9 ind./L 和 0.1～0.3 ind./L。浮游动物优势种梳刺北镖水蚤密度为 3.5～5.5 ind./L。浮游动物生物量变化范围为 0.239～0.427 mg/L。枝角类、桡足类和轮虫的生物量变化范围分别为 0.025～0.200 mg/L、0.181～0.228 mg/L 和 0.000 01～0.000 07 mg/L。浮游动物优势种梳刺北镖水蚤生物量为 0.142～0.169 mg/L。

阿鲁错共获得 5 种底栖动物，主要类群为摇蚊和水丝蚓。5 种底栖动物的相对丰度依次为带丝蚓某种（Lumbriculidae sp.）58.9%、雪伪山摇蚊（*Pseudodiamesa nivosa*）23.5%、冰川小突摇蚊（*Micropsectra glacies*）8.8%、湖沼钩虾（*Gammarus lacustris*）5.9%、单齿山摇蚊（*Monodiamesa* spp.）2.9%。定量样品显示，正蚓的密度最高，达到 200 ind./m²，摇蚊密度为 120 ind./m²，湖泊钩虾密度为 6 ind./m²，虽然湖泊钩虾丰度很低，但仍是生物量主要贡献者。

阿鲁错表层沉积物总磷含量为 495.7 mg/kg。阿鲁错表层沉积物常量元素中，Ca 含量最高，达到 92.2 g/kg，其次分别为 Al（80.6 g/kg）、Fe（40.3 g/kg）、K（32.5 g/kg）、Mg（15.8 g/kg）和 Na（5.4 g/kg）。在主要潜在危害元素中，As、Cd、Cr、Cu、Ni、Pb 和 Zn 的含量分别为 20.3 mg/kg、0.2 mg/kg、86.4 mg/kg、32.1 mg/kg、36.1 mg/kg、26.7 mg/kg 和 106.9 mg/kg。阿鲁错表层沉积物中 Cd、Pb 和 Zn 的含量均低于沉积物质量基准的阈值效应含量，As、Cr、Cu 和 Ni 含量介于阈值效应含量和可能效应含量之间。根据生态风险等级标准，这些微量元素对湖泊生物产生毒性效应的可能性很低。阿鲁错表层沉积物的主要矿物组成：石英含量为 11.37%，文石含量为 22.45%，方解石含量为 5.48%，白云石含量为 1.48%，云母族矿物含量为 43.89%，高岭石族矿物含量为 5.99%，绿泥石族矿物含量为 9.34%。

5.62　依布茶卡

依布茶卡经纬度位置为 86.65°E、32.86°N（图 5-62），面积为 100 km²，湖面海拔为 4557 m。

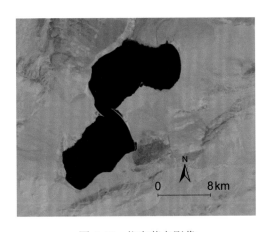

图 5-62　依布茶卡影像

依布茶卡上游为内陆河江爱藏布，无出湖河口，为内流湖。调查期间湖泊水温为（15.83±0.13）℃，电导率为（56 606±230）μS/cm，溶解氧浓度为（5.86±0.32）mg/L，湖泊浊度为（1.38±0.30）NTU，透明度为（1.00±0.07）m。pH 为 8.41，说明该湖泊属碱性水体。盐度为（46.80±0.06）‰，为盐湖。湖泊总氮浓度为（3.43±0.36）mg/L，总磷浓度为（0.063±0.015）mg/L，化学需氧量为（17.19±2.29）mg/L，叶绿素 a 浓度为（2.53±0.26）μg/L，整体营养水平偏低，属寡营养水平。湖泊溶解性有机碳浓度较高，均值可达（23.5±0.9）mg/L，主要是由流域内经河流输入的有机碳在湖内长年累月累积，加之湖泊蒸发浓缩所致。总悬浮颗粒物浓度为（22.76±3.65）mg/L，无机悬浮颗粒物浓度为（20.40±3.72）mg/L，有机悬浮颗粒物浓度为（2.36±0.13）mg/L，无机悬浮颗粒物占总悬浮颗粒物的 90%，说明无机悬浮颗粒物是依布茶卡总悬浮物的主要成分。

湖水中主要离子组成：Na^+ 浓度为 21 500.0 mg/L，K^+ 浓度为 1340.0 mg/L，Mg^{2+} 浓度为 819.0 mg/L，Ca^{2+} 浓度为 142.0 mg/L；SO_4^{2-} 浓度为 16 324.4 mg/L，HCO_3^- 浓度为 518.5 mg/L，CO_3^{2-} 浓度为 210.0 mg/L，Cl^- 浓度为 26 409.7 mg/L，NO_3^- 浓

度为 27.9 mg/L。

显微镜鉴定结果发现，依布茶卡共鉴定出浮游植物 5 门 9 属，分别为：硅藻门，桥弯藻、扇形藻、羽纹藻、针杆藻、舟形藻；甲藻门，薄甲藻；蓝藻门，浮丝藻；绿藻门，小球藻；隐藻门，隐藻。浮游植物细胞密度为 $2.52×10^6$ ind./L，平均生物量为 583.32 μg/L。优势种为薄甲藻。香农-维纳多样性指数为 0.85，辛普森指数为 0.29，均匀度指数为 0.69。

分子测序结果发现，依布茶卡浮游植物共 5 门 78 种，其中最多为轮藻门，有 64 种，占比为 82.05%；其次为绿藻门，有 9 种，占比为 11.54%；蓝藻门 2 种，占比为 2.56%；硅藻门 2 种，占比为 2.56%；金藻门 1 种，占比为 1.28%。通过与同期调查的青藏高原阿鲁错、郭扎错等几个湖泊对比，可以发现依布茶卡的浮游植物种类数明显少于上述两湖，其中阿鲁错 312 种、郭扎错 224 种，表明依布茶卡调查样品中的浮游植物种类组成相对单一。

依布茶卡同一断面不同水深的敞水区共采集定量标本 3 个，采样点水深变化范围为 3.0～3.3 m。根据定量标本，共见到 4 个种类，其中桡足类 1 种和轮虫 3 种。浮游动物优势种为梳刺北镖水蚤（*Arctodiaptomus altissimus pectinatus*）和巨腕轮虫（*Pedalia* spp.）。浮游动物密度变化范围为 0.3～0.6 ind./L。桡足类和轮虫的密度变化范围分别为 0.2～0.3 ind./L 和 0.1～0.4 ind./L。浮游动物优势种梳刺北镖水蚤和巨腕轮虫密度分别为 0～0.2 ind./L 和 0.1～0.3 ind./L。浮游动物生物量变化范围为 0.0007～0.011 mg/L。桡足类和轮虫的生物量变化范围分别为 0.0006～0.011 mg/L 和 0.000 02～0.000 08 mg/L。浮游动物优势种梳刺北镖水蚤和巨腕轮虫生物量分别为 0～0.011 mg/L 和 0.000 009～0.000 05 mg/L。

依布茶卡未发现底栖动物。

依布茶卡表层沉积物总磷含量为 410.5 mg/kg。依布茶卡表层沉积物常量元素中，Ca 含量最高，达到 178.5 g/kg，其次分别为 Al（34.3 g/kg）、Na（28.2 g/kg）、Mg（21.8 g/kg）、Fe（19.0 g/kg）和 K（14.1 g/kg）。在主要潜在危害元素中，As、Cd、Cr、Cu、Ni、Pb 和 Zn 的含量分别为 71.2 mg/kg、0.1 mg/kg、45.7 mg/kg、16.2 mg/kg、23.8 mg/kg、12.4 mg/kg 和 52.2 mg/kg。依布茶卡表层沉积物中 Cd、Cu、Pb 和 Zn 的含量均低于沉积物质量基准的阈值效应含量，Cr 和 Ni 含量介于阈值效应含量和可能效应含量之间，而 As 含量已经超过可能效应含量。根据生态风险等级标准，As 很可能会对湖泊生物产生毒性效应。依布茶卡表层沉积物的主要矿物组成：石英含量为 3.9%，长石含量为 3.51%，文石含量为 42.35%，方解石含量为 9.28%，白云石含量为 5.31%，云母族矿物含量为 23.23%，高岭石族矿物含量为 3.69%，绿泥石族矿物含量为 2.27%，石盐含量为 3.78%，石膏含量为 2.68%。

5.63 错 鄂 布

错鄂布经纬度位置为 88.81°E、31.65°N（图 5-63），面积约为 269 km²，海拔为 4562 m。湖水以入湖径流补给为主，主要入湖河流有曲俄藏布等。

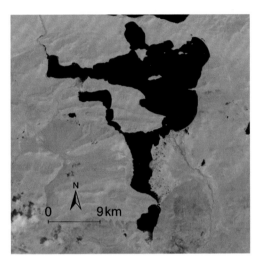

图 5-63 错鄂布影像

错鄂布湖泊浊度为（0.74±0.09）NTU。盐度为 0.19‰，为淡水湖。湖泊水温为（15.00±0.08）℃，电导率为（313.4±0.4）μS/cm，溶解氧浓度为（6.07±0.10）mg/L。湖泊总氮浓度为（0.73±0.01）mg/L，总磷浓度为（0.049±0.021）mg/L，叶绿素 a 浓度为（0.54±0.03）μg/L，整体营养水平偏低，属寡营养水平。湖泊溶解性有机碳浓度较低，均值为（7.8±2.0）mg/L，主要是因为流域内经河流输入的有机碳较少。总悬浮颗粒物浓度为（13.01±0.57）mg/L；无机悬浮颗粒物浓度为（6.92±0.10）mg/L；有机悬浮颗粒物浓度为（6.09±0.47）mg/L；无机悬浮颗粒物占总悬浮颗粒物的 53%。

湖水中主要离子组成：Na^+ 浓度为 26.5 mg/L，K^+ 浓度为 4.8 mg/L，Mg^{2+} 浓度为 31.3 mg/L，Ca^{2+} 浓度为 20.4 mg/L；SO_4^{2-} 浓度为 129.4 mg/L，HCO_3^- 浓度为 286.7 mg/L，Cl^- 浓度为 320.2 mg/L。

显微镜鉴定结果发现，错鄂布共鉴定出浮游植物 5 门 19 属，分别为：硅藻门，脆杆藻、卵形藻、桥弯藻、曲壳藻、小环藻、针杆藻、舟形藻；甲藻门，角甲藻、裸甲藻；蓝藻门，浮丝藻、微囊藻；绿藻门，并联藻、鼓藻、丝藻、卵囊藻、小球藻、栅藻、转板藻；隐藻门，隐藻。浮游植物细胞密度为 $1.69×10^6$ ind./L，平均生物量为 121.39 μg/L。优势种为角甲藻。香农-维纳多样性指数为 1.70，辛普森指数为 0.66，均匀度指数为 0.59。

分子测序结果发现，错鄂布浮游植物共 8 门 109 种，其中，最多为绿藻门，有 73 种，占比为 66.97%；其次为蓝藻门，有 17 种，占比为 15.6%；甲藻门 5 种，占比为 4.59%；硅藻门 4 种，占比为 3.67%；定鞭藻门 4 种，占比为 3.67%；轮藻门 4 种，占比为 3.67%；黄藻门 1 种，占比为 0.92%；隐藻门 1 种，占比为 0.92%。通过与同期调查的青藏高原阿鲁错、郭扎错等几个湖泊对比，可以发现错鄂布的浮游植物种类数明显少于上述两湖，其中阿鲁错 312 种、郭扎错 224 种，表明错鄂布调查样品中的浮游植物种类组成相对单一。

错鄂布底栖动物种类多样，以颤蚓、钩虾、球蚬和摇蚊较为常见（王宝强，2019；王苏民等，1998）。本次共获得 6 种底栖动物，其中以钩虾和摇蚊为主要类群，首次在本湖中发现了水蛭（蚂蟥）。6 种底栖动物的相对丰度分别为湖沼钩虾（*Gammarus lacustris*）38.5%、刀摇蚊（*Psectrocladius* sp.）28.8%、前脉摇蚊（*Procladius* spp.）19.2%、冰川小突摇蚊（*Micropsectra glacies*）9.6%、水蛭（Hurididae sp.）2.0% 和玄黑摇蚊（*Chironomus annularius*）1.9%。定量采样显示：湖沼钩虾密度为 200 ind./m^2，摇蚊密度为 300 ind./m^2，水蛭密度低于 10 ind./m^2，其中湖沼钩虾是生物量的主要贡献者。

错鄂布表层沉积物总磷含量为 807.8 mg/kg。错鄂布表层沉积物常量元素中，Ca 含量最高，达到 121.8 g/kg，其次分别为 Al（33.2 g/kg）、Fe（17.0 g/kg）、K（11.8 g/kg）、Mg（8.3 g/kg）和 Na（3.4 g/kg）。在主要潜在危害元素中，As、Cd、Cr、Cu、Ni、Pb 和 Zn 的含量分别为 32.3 mg/kg、0.1 mg/kg、38.9 mg/kg、8.7 mg/kg、39.7 mg/kg、15.7 mg/kg 和 50.6 mg/kg。错鄂布表层沉积物中 Cd、Cr、Cu、Pb 和 Zn 的含量均低于沉积物质量基准的阈值效应含量，As 和 Ni 含量介于阈值效应含量和可能效应含量之间。根据生态风险等级标准，这些微量元素对湖泊生物产生毒性效应的可能性很小。

5.64　阿　木　错

阿木错经纬度位置为 88.66°E、33.43°N（图 5-64），面积约为 124 km^2，海拔为 4933 m。

阿木错支流有希杂洛玛曲、冰沙河、温泉沟，为内流河。调查期间湖泊水温为（12.73±0.15）℃，电导率为（30 647±359）μS/cm，溶解氧浓度为（5.32±0.03）mg/L，湖泊浊度为（1.26±0.50）NTU，透明度为（5.50±0.29）m。pH 的平均值为 7.90，说明该湖泊属碱性水体。盐度为（25.54±0.25）‰，为咸水湖。湖泊总氮浓度为（1.57±0.40）mg/L，总磷浓度为（0.111±0.002）mg/L，化学需氧量为（14.33±0.12）

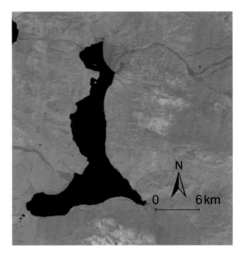

图 5-64　阿木错影像

mg/L，叶绿素 a 浓度为（0.32±0.07）μg/L，整体营养水平偏低，属寡营养水平。湖泊溶解性有机碳浓度较低，均值为（8.2±5.5）mg/L，主要是因为流域内经河流输入的有机碳较少。总悬浮颗粒物浓度为（31.89±14.99）mg/L，无机悬浮颗粒物浓度为（26.46±11.13）mg/L，有机悬浮颗粒物浓度为（5.42±3.89）mg/L，无机悬浮颗粒物占总悬浮颗粒物的 83%，说明无机悬浮颗粒物是阿木错总悬浮物的主要成分。

　　湖水中主要离子组成：Na^+ 浓度为 8250.0 mg/L，K^+ 浓度为 635.0 mg/L，Mg^{2+} 浓度为 1025.0 mg/L，Ca^{2+} 浓度为 300.0 mg/L；SO_4^{2-} 浓度为 891.1 mg/L，HCO_3^- 浓度为 256.2 mg/L，CO_3^{2-} 浓度为 24.0 mg/L，Cl^- 浓度为 17 052.0 mg/L。

　　显微镜鉴定结果发现，阿木错共发现浮游植物 6 门 9 属，分别为：硅藻门，小环藻、舟形藻；甲藻门，薄甲藻、多甲藻；蓝藻门，长孢藻；裸藻门，裸藻；绿藻门，纤维藻、小球藻；隐藻门，隐藻。浮游植物细胞密度为 1.79×10^6 ind./L，平均生物量为 209.97 μg/L。优势种为薄甲藻。香农-维纳多样性指数为 1.56，辛普森指数为 0.72，均匀度指数为 0.71。

　　分子测序结果发现，阿木错浮游植物共 6 门 82 种，其中，最多为轮藻门，有 67 种，占比为 81.71%；其次为绿藻门，有 5 种，占比为 6.1%；硅藻门 4 种，占比为 4.88%；金藻门 3 种，占比为 3.66%；隐藻门 2 种，占比为 2.44%；甲藻门 1 种，占比为 1.22%。通过与同期调查的青藏高原阿鲁错、郭扎错等几个湖泊对比，可以发现阿木错的浮游植物种类数明显少于上述两湖，其中阿鲁错 312 种、郭扎错 224 种，表明阿木错调查样品中的浮游植物种类组成相对单一。

　　阿木错同一断面不同水深的敞水区共采集定量标本 3 个，采样点水深变化范围为 7.7～9.8 m。根据定量标本，共见到 5 个种类，其中桡足类 1 种和轮虫 4 种。

浮游动物优势种为褶皱臂尾轮虫（*Brachionus plicatilis*）。浮游动物密度变化范围为 1.6～3.6 ind./L。桡足类和轮虫的密度变化范围分别为 0.1～0.3 ind./L 和 1.4～3.6 ind./L。浮游动物优势种褶皱臂尾轮虫密度为 1.2～3.4 ind./L。浮游动物生物量变化范围为 0.005～0.013 mg/L。桡足类和轮虫的生物量变化范围分别为 0～0.007 mg/L 和 0.004～0.012 mg/L。浮游动物优势种褶皱臂尾轮虫生物量变化范围为 0.004～0.012 mg/L。

阿木错未发现底栖动物。

阿木错表层沉积物总磷含量为 386.1 mg/kg。阿木错表层沉积物常量元素中，Ca 含量最高，达到 129.6 g/kg，其次分别为 Al（42.9 g/kg）、Na（31.7 g/kg）、Fe（22.0 g/kg）、K（19.5 g/kg）和 Mg（19.3 g/kg）。在主要潜在危害元素中，As、Cd、Cr、Cu、Ni、Pb 和 Zn 的含量分别为 131.6 mg/kg、0.1 mg/kg、49.7 mg/kg、16.3 mg/kg、23.3 mg/kg、17.5 mg/kg 和 65.5 mg/kg。阿木错表层沉积物中 Cd、Cu、Pb 和 Zn 的含量均低于沉积物质量基准的阈值效应含量，Cr 和 Ni 含量介于阈值效应含量和可能效应含量之间，而 As 含量已经超过可能效应含量。根据生态风险等级标准，As 很可能会对湖泊生物产生毒性效应。阿木错表层沉积物的主要矿物组成：石英含量为 5.56%，长石含量为 1.98%，文石含量为 4.84%，方解石含量为 36.42%，白云石含量为 3.2%，云母族矿物含量为 30.13%，高岭石族矿物含量为 5.44%，绿泥石族矿物含量为 2.86%，石盐含量为 6.92%，芒硝含量为 0.23%，石膏含量为 2.42%。

5.65　鄂雅错琼

鄂雅错琼经纬度位置为 88.67°E、32.98°N（图 5-65）。面积为 58.7 km^2，湖面海拔为 4817 m。湖水主要靠冰雪融水和泉水补给。湖滨水草丰美，为优良牧场。

鄂雅错琼主要依靠径流补给，无出湖河口，为内流湖。调查期间湖泊水温为（14.33±0.46）℃，电导率为（87 862±1116）μS/cm，溶解氧浓度为（3.51±0.05）mg/L。湖泊浊度为（1.90±0.07）NTU，透明度为（2.09±0.07）m。pH 的变化范围为 6.70～8.30，平均值为 7.40，说明该湖泊属碱性水体。盐度为（81.34±0.22）‰，为盐湖。湖泊总氮浓度为（6.66±2.76）mg/L，总磷浓度为（0.019±0.027）mg/L，化学需氧量为（39.76±2.82）mg/L，叶绿素 a 浓度为（0.18±0.02）μg/L，整体营养水平偏低，属寡营养水平。湖泊溶解性有机碳浓度较低，均值为（7.0±1.2）mg/L，主要是因为流域内经河流输入的有机碳较少。总悬浮颗粒物浓度为（68.22±6.63）mg/L；无机悬浮颗粒物浓度为（51.89±5.26）mg/L；有机悬浮颗粒物浓度为（16.33±1.39）mg/L；无机悬浮颗粒物占总悬浮颗粒物的 76%，说明无机悬浮颗粒物是鄂雅错琼总悬浮物的主要成分。

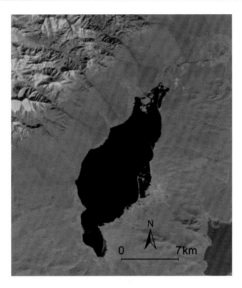

图 5-65　鄂雅错琼影像

湖水中主要离子组成：Na^+浓度为 18 800.0 mg/L，K^+浓度为 4850.0 mg/L，Mg^{2+}浓度为 7590.0 mg/L，Ca^{2+}浓度为 452.0 mg/L；SO_4^{2-}浓度为 5794.4 mg/L，HCO_3^-浓度为 256.2 mg/L，CO_3^{2-}浓度为 174.0 mg/L，Cl^-浓度为 67 042.0 mg/L。

显微镜鉴定结果发现，鄂雅错琼共鉴定出浮游植物 2 门 7 属，分别为：硅藻门，脆杆藻、双菱藻、小环藻、针杆藻、舟形藻；绿藻门，卵囊藻、小球藻。浮游植物细胞密度为 $4.90×10^5$ ind./L，平均生物量为 113.66 μg/L。优势种为双菱藻、小环藻。香农-维纳多样性指数为 1.34，辛普森指数为 0.67，均匀度指数为 0.69。

分子测序结果发现，鄂雅错琼浮游植物共 7 门 111 种，其中，最多为轮藻门，有 77 种，占比为 69.37%；其次为绿藻门，有 20 种，占比为 18.02%；硅藻门 4 种，占比为 3.6%；金藻门 4 种，占比为 3.6%；蓝藻门 3 种，占比为 2.7%；定鞭藻门 2 种，占比为 1.8%；甲藻门 1 种，占比为 0.9%。通过与同期调查的青藏高原阿鲁错、郭扎错等几个湖泊对比，可以发现鄂雅错琼的浮游植物种类数明显少于上述两湖，其中阿鲁错 312 种、郭扎错 224 种，表明鄂雅错琼调查样品中的浮游植物种类组成相对单一。

鄂雅错琼同一断面不同水深的敞水区共采集定量标本 3 个，采样点水深变化范围为 21.8～26.4 m。根据定量标本，共见到 4 个种类，其中轮虫 4 种。另发现少量桡足类幼体。浮游动物优势种为褶皱臂尾轮虫（*Brachionus plicatilis*）。浮游动物密度变化范围为 0.5～0.8 ind./L。桡足类和轮虫的密度变化范围分别为 0～0.1 ind./L 和 0.5～0.8 ind./L。浮游动物优势种褶皱臂尾轮虫密度为 0～0.6 ind./L。浮游动物生物量变化范围为 0.0008～0.002 mg/L。桡足类和轮虫的生物量变化范围分别为 0～0.0004 mg/L 和 0.0005～0.002 mg/L。浮游动物优势种褶皱臂尾轮虫生物量变化范围为 0～0.002 mg/L。

鄂雅错琼共检测到 7 种底栖动物，其生物组成较为复杂，主要类群是摇蚊和水生甲虫，湖泊沿岸首次出现了沼石蛾幼虫。各种底栖动物的相对丰度依次为异环摇蚊（*Acricotopus* spp.）44.9%、沼石蛾（Limnephilidae sp.）14.1%、沼梭甲（*Helophorus lamicola*）12.8%、舞虻（Empididae sp.）12.8%、冰川小突摇蚊（*Micropsectra glacies*）9.0%、水蝇（*Ephydra* sp.）5.1% 和玄黑摇蚊（*Chironomus annularius*）1.3%。定量样品显示，摇蚊密度为 130 ind./m^2，沼石蛾、沼梭甲和舞虻密度相当，均为 30 ind./m^2 左右，其他种类密度较低。生物量主要贡献者为沼石蛾、沼梭甲和舞虻。

鄂雅错琼表层沉积物总磷含量为 286.4 mg/kg。鄂雅错琼表层沉积物常量元素中，Ca 含量最高，达到 111.1 g/kg，其次分别为 Na（54.7 g/kg）、Al（33.1 g/kg）、Mg（29.0 g/kg）、K（23.3 g/kg）和 Fe（21.3 g/kg）。在主要潜在危害元素中，As、Cd、Cr、Cu、Ni、Pb 和 Zn 的含量分别为 19.2 mg/kg、0.3 mg/kg、60.4 mg/kg、14.5 mg/kg、33.9 mg/kg、14.9 mg/kg 和 54.1 mg/kg。鄂雅错琼表层沉积物中 Cd、Cu、Pb 和 Zn 的含量均低于沉积物质量基准的阈值效应含量，As、Cr 和 Ni 含量介于阈值效应含量和可能效应含量之间。根据生态风险等级标准，这些微量元素对湖泊生物产生毒性效应的可能性很低。鄂雅错琼表层沉积物的主要矿物组成：石英含量为 8.93%，长石含量为 2.89%，文石含量为 22.17%，方解石含量为 9.86%，白云石含量为 5.78%，云母族矿物含量为 24.18%，高岭石族矿物含量为 7.02%，绿泥石族矿物含量为 2.48%，石盐含量为 10.61%，石膏含量为 6.08%。

5.66　令　戈　错

令戈错经纬度位置为 88.62°E、33.89°N（图 5-66），面积约为 89 km^2，海拔为 5028 m。

令戈错依靠冰山补水，为内流湖。调查期间湖泊水温为（10.23±0.12）℃，电导率为（2969±80）μS/cm，溶解氧浓度为（6.06±0.01）mg/L。湖泊浊度为（1.31±0.25）NTU，透明度为（3.27±0.17）m。pH 的变化范围为 6.30～6.90，平均值为 6.50，说明该湖泊属酸性水体。盐度为（2.20±0.06）‰，为微咸水湖。湖泊总氮浓度为（0.38±0.02）mg/L，总磷浓度为（0.046±0.006）mg/L，化学需氧量为（2.18±0.33）mg/L，叶绿素 a 浓度为（0.28±0.02）μg/L，整体营养水平偏低，属寡营养水平。湖泊溶解性有机碳浓度较低，均值为（3.6±1.2）mg/L，主要是因为流域内经河流输入的有机碳较少。总悬浮颗粒物浓度为（10.39±1.73）mg/L；无机悬浮颗粒物浓度为（9.66±1.76）mg/L；有机悬浮颗粒物浓度为

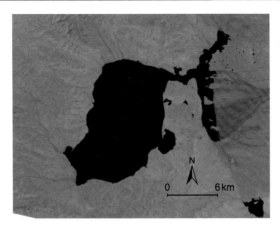

图 5-66　令戈错影像

（0.73±0.59）mg/L；无机悬浮颗粒物占总悬浮颗粒物的 93%，说明无机悬浮颗粒物是令戈错总悬浮物的主要成分。

湖水中主要离子组成：Na⁺浓度为 730.0 mg/L，K⁺浓度为 100.4 mg/L，Mg^{2+} 浓度为 121.4 mg/L，Ca^{2+}浓度为 58.8 mg/L；SO_4^{2-}浓度为 559.4 mg/L，HCO_3^-浓度为 219.6 mg/L，CO_3^{2-}浓度为 24.0 mg/L，Cl⁻浓度为 865.8 mg/L。

令戈错同一断面不同水深的敞水区共采集定量标本 3 个，采样点水深变化范围为 15.1～28.2 m。根据定量标本，共见到 12 个种类，其中枝角类 3 种、桡足类 4 种和轮虫 5 种。浮游动物优势种为西藏溞（*Daphnia tibetana*）、梳刺北镖水蚤（*Arctodiaptomus altissimus pectinatus*）和矩形龟甲轮虫梨形变种（*Keratella quadrata* f. *pyriformis*）。浮游动物密度变化范围为 9.9～13.2 ind./L，水深较深处浮游动物丰度最低。枝角类、桡足类和轮虫的密度变化范围分别为 0.3～1.0 ind./L、3.7～6.3 ind./L 和 5.2～6.0 ind./L。浮游动物优势种西藏溞、梳刺北镖水蚤和矩形龟甲轮虫梨形变种密度分别为 0.3～0.8 ind./L、0～3.9 ind./L 和 4.3～8.3 ind./L。浮游动物生物量变化范围为 0.198～0.395 mg/L。枝角类、桡足类和轮虫的生物量变化范围分别为 0.082～0.228 mg/L、0.066～0.165 mg/L 和 0.001～0.002 mg/L。浮游动物优势种西藏溞、梳刺北镖水蚤和矩形龟甲轮虫梨形变种生物量分别为 0.082～0.178 mg/L、0～0.141 mg/L 和 0.001～0.002 mg/L。

令戈错未发现底栖生物，样品可能丢失。

令戈错表层沉积物总磷含量为 435.7 mg/kg。令戈错表层沉积物常量元素中，Ca 含量最高，达到 128.7 g/kg，其次分别为 Al（62.1 g/kg）、Fe（29.7 g/kg）、K（23.1 g/kg）、Mg（13.9 g/kg）和 Na（5.1 g/kg）。在主要潜在危害元素中，As、Cd、Cr、Cu、Ni、Pb 和 Zn 的含量分别为 74.1 mg/kg、0.4 mg/kg、65.7 mg/kg、22.0 mg/kg、32.0 mg/kg、101.5 mg/kg 和 172.0 mg/kg。令戈错表层沉积物中 Cd 和 Cu 的含量均

低于沉积物质量基准的阈值效应含量，Cr、Ni、Pb 和 Zn 含量介于阈值效应含量和可能效应含量之间，而 As 含量已经超过可能效应含量。根据生态风险等级标准，As 很可能会对湖泊生物产生毒性效应。令戈错表层沉积物的主要矿物组成：石英含量为 10.81%，长石含量为 7.15%，方解石含量为 38.96%，白云石含量为 1.57%，云母族矿物含量为 32.46%，高岭石族矿物含量为 7.24%，绿泥石族矿物含量为 1.81%。

5.67　才多茶卡

才多茶卡经纬度位置为 88.98°E、33.16°N（图 5-67）。面积为 38.5 km²，湖面海拔为 4822 m。湖泊西部岸线规则，东部曲折多湾。湖水主要依靠冰雪融水和泉水的地表径流补给，集水区面积为 2325.5 km²，补给系数 60.4。湖水中钾含量较高。

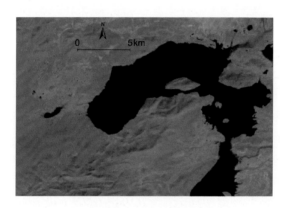

图 5-67　才多茶卡影像

才多茶卡与鸭湖相连，为内流湖。调查期间湖泊水温为（13.0±0.1）℃，电导率为（23 581±82）μS/cm，溶解氧浓度为（5.75±0.02）mg/L。湖泊浊度为（0.57±0.05）NTU，透明度为（6.90±0.08）m。pH 的变化范围是 6.50～7.20，平均值为 6.90，说明该湖泊属酸性水体。盐度为（19.01±0.03）‰，为咸水湖。湖泊总氮浓度为（1.19±0.11）mg/L，总磷浓度为（0.047±0.040）mg/L，化学需氧量为（7.55±1.72）mg/L，叶绿素 a 浓度为（0.18±0.01）μg/L，整体营养水平偏低，属寡营养水平。湖泊溶解性有机碳浓度较低，均值为（9.6±0.6）mg/L，主要是因为流域内经河流输入的有机碳较少。总悬浮颗粒物浓度为（16.24±2.31）mg/L；无机悬浮颗粒物浓度为（15.45±2.25）mg/L；有机悬浮颗粒物浓度为（0.79±0.13）mg/L；无机悬浮颗粒物占总悬浮颗粒物的 95%。

湖水中主要离子组成：Na^+ 浓度为 7980.0 mg/L，K^+ 浓度为 430.0 mg/L，Mg^{2+}

浓度为 584.0 mg/L，Ca^{2+} 浓度为 268.0 mg/L；SO_4^{2-} 浓度为 3416.4 mg/L，HCO_3^- 浓度为 268.4 mg/L，Cl^- 浓度为 10 683.2 mg/L。

显微镜鉴定结果发现，才多茶卡共鉴定出浮游植物 5 门 15 属，分别为：硅藻门，脆杆藻、小环藻、羽纹藻、针杆藻、舟形藻；甲藻门，薄甲藻；蓝藻门，颤藻、浮丝藻、席藻、长孢藻；绿藻门，鼓藻、纤维藻、小球藻、转板藻；隐藻门，隐藻。浮游植物细胞密度为 $3.79×10^6$ ind./L，平均生物量为 294.23 μg/L。优势种为鼓藻、小环藻。香农-维纳多样性指数为 1.56，辛普森指数为 0.70，均匀度指数为 0.59。

分子测序结果发现，才多茶卡浮游植物共 7 门 97 种，其中，最多为轮藻门，有 73 种，占比为 75.26%；其次为绿藻门，有 12 种，占比为 12.37%；金藻门 5 种，占比为 5.15%；甲藻门 2 种，占比为 2.06%；硅藻门 2 种，占比为 2.06%；隐藻门 2 种，占比为 2.06%；定鞭藻门 1 种，占比为 1.03%。通过与同期调查的青藏高原阿鲁错、郭扎错等几个湖泊对比，可以发现才多茶卡的浮游植物种类数明显少于上述两湖，其中阿鲁错 312 种、郭扎错 224 种，表明才多茶卡调查样品中的浮游植物种类组成相对单一。

才多茶卡同一断面不同水深的敞水区共采集定量标本 3 个，采样点水深变化范围为 12.0~13.6 m。根据定量标本，共见到 8 个种类，其中枝角类 1 种、桡足类 1 种和轮虫 6 种。浮游动物优势种为西藏溞（Daphnia tibetana）和亚洲后镖水蚤（Metadiaptomus asiaticus）。浮游动物密度变化范围为 1.7~3.9 ind./L。枝角类、桡足类和轮虫的密度变化范围分别为 1.1~2.6 ind./L、0.4~0.9 ind./L 和 0.2~0.5 ind./L。浮游动物优势种西藏溞和亚洲后镖水蚤密度分别为 1.1~2.6 ind./L 和 0.3~0.5 ind./L。浮游动物生物量变化范围为 0.194~0.740 mg/L。枝角类、桡足类和轮虫的生物量变化范围分别为 0.177~0.708 mg/L、0.015~0.032 mg/L 和 0.0001~0.0005 mg/L。浮游动物优势种西藏溞和亚洲后镖水蚤生物量分别为 0.177~0.708 mg/L 和 0.013~0.028 mg/L。

才多茶卡共获得 2 种底栖动物，主要类群为水生甲虫和摇蚊。两种底栖动物的相对丰度为沼梭甲（Helophorus lamicola）4.8% 和异环摇蚊（Acricotopus spp.）95.2%。定量样品显示，沼梭甲密度为 30 ind./m²，摇蚊密度为 600 ind./m²。

才多茶卡表层沉积物总磷含量为 529.9 mg/kg。才多茶卡表层沉积物常量元素中，Ca 含量最高，达到 88.0 g/kg，其次分别为 Al（57.6 g/kg）、Mg（29.7 g/kg）、Fe（28.8 g/kg）、Na（22.9 g/kg）和 K（22.8 g/kg）。在主要潜在危害元素中，As、Cd、Cr、Cu、Ni、Pb 和 Zn 的含量分别为 98.2 mg/kg、0.2 mg/kg、66.1 mg/kg、20.0 mg/kg、33.1 mg/kg、21.3 mg/kg 和 83.4 mg/kg。才多茶卡表层沉积物中 Cd、Cu、Pb 和 Zn 的含量均低于沉积物质量基准的阈值效应含量，Cr 和 Ni 含量介于阈值效应含量和可能效应含量之间，而 As 含量已经超过可能效应含量。根据生态风险等级标准，As 可能会对湖泊生物产生毒性效应。才多茶卡表层沉积物的主要矿物组成：石英含量为 10.35%，长石含量为 5.01%，文石含量为 3.74%，方解石含量为 21.45%，白云石含量为 6.61%，云母族矿物含量为 38.15%，高岭石族矿物含量为 9.33%，绿泥石族矿物含量为 2.65%，石盐含量为 2.71%。

5.68　巴　松　错

巴松错经纬度位置为 93.93°E、30.01°N（图 5-68）。湖面面积约 27 km²，最深处达 120 m，湖面海拔为 3480 m。巴松错位于距西藏自治区林芝市工布江达县巴河镇约 36 km 的巴河上游的高峡深谷里，是一处著名红教神湖和圣地。

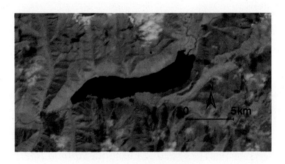

图 5-68　巴松错影像

巴松错四周水系众多，为外流湖。调查期间湖泊水温为（13.57±0.06）℃，电导率为（73.67±0.06）µS/cm，溶解氧浓度为（7.12±0.09）mg/L。湖泊浊度为（8.53±0.24）NTU，透明度为 0.55 m。盐度为 0.04‰，为淡水湖。湖泊总氮浓度为（0.34±0.02）mg/L，总磷浓度为（0.014±0.004）mg/L，化学需氧量为（1.39±0.33）mg/L，叶绿素 a 浓度为（0.38±0.02）µg/L，整体营养水平偏低，属寡营养水平。湖泊溶解性有机碳浓度较低，均值为（1.83±0.6）mg/L，主要是因为流域内经河流输入的有机碳较少。总悬浮颗粒物浓度为（14.46±3.48）mg/L；无机悬浮颗粒物浓度为（13.92±3.42）mg/L；有机悬浮颗粒物浓度为（0.54±0.06）mg/L；无机悬浮颗粒物占总悬浮颗粒物的 96%，说明无机悬浮颗粒物是巴松错总悬浮物的主要成分。

湖水中主要离子组成：Na⁺浓度为 2.6 mg/L，K⁺浓度为 0.9 mg/L，Mg²⁺浓度为 2.2 mg/L，Ca²⁺浓度为 16.3 mg/L；SO_4^{2-}浓度为 10.1 mg/L，HCO_3^-浓度为 36.6 mg/L。

显微镜鉴定结果发现，巴松错共鉴定出浮游植物 4 门 8 属，分别为：硅藻门，脆杆藻、曲壳藻、小环藻、针杆藻、舟形藻；甲藻门，裸甲藻；蓝藻门，微囊藻；

绿藻门，小球藻。浮游植物细胞密度为 8.71×10^5 ind./L，平均生物量为 29.21 μg/L。优势种为脆杆藻、裸甲藻。香农-维纳多样性指数为 1.77，辛普森指数为 0.79，均匀度指数为 0.85。

分子测序结果发现，巴松错浮游植物共 6 门 84 种，其中，最多为轮藻门，有 62 种，占比为 73.81%；其次为绿藻门，有 10 种，占比为 11.9%；硅藻门 4 种，占比为 4.76%；金藻门 4 种，占比为 4.76%；蓝藻门 3 种，占比为 3.57%；定鞭藻门 1 种，占比为 1.19%。通过与同期调查的青藏高原阿鲁错、郭扎错等几个湖泊对比，可以发现巴松错的浮游植物种类数明显少于上述两湖，其中阿鲁错 312 种、郭扎错 224 种，表明巴松错调查样品中的浮游植物种类组成相对单一。

巴松错同一断面不同水深的敞水区共采集定量标本 3 个，采样点水深大于 100 m。根据定量标本，共见到 5 个种类，其中桡足类 1 种和轮虫 4 种。浮游动物优势种为新月北镖水蚤（*Arctodiaptomus stewartianus*）和矩形龟甲轮虫梨形变种（*Keratella quadrata f. pyriformis*）。浮游动物密度变化范围为 1.0～3.1 ind./L。桡足类和轮虫的密度变化范围分别为 0.8～2.6 ind./L 和 0～0.6 ind./L。浮游动物优势种新月北镖水蚤和矩形龟甲轮虫梨形变种密度分别为 0.2～0.4 ind./L 和 0～0.5 ind./L。浮游动物生物量变化范围为 0.008～0.036 mg/L。桡足类和轮虫的生物量变化范围分别为 0.008～0.036 mg/L 和 0～0.0002 mg/L。浮游动物优势种新月北镖水蚤和矩形龟甲轮虫梨形变种生物量分别为 0.006～0.014 mg/L 和 0～0.0002 mg/L。

巴松错底栖动物样品丢失，底栖动物数据无法获取。

巴松错表层沉积物总磷含量为 713.0 mg/kg。巴松错表层沉积物常量元素中，Al 含量最高，达到 91.6 g/kg，其次分别为 Fe（65.0 g/kg）、K（39.2 g/kg）、Mg（19.1 g/kg）、Na（12.1 g/kg）和 Ca（11.8 g/kg）。在主要潜在危害元素中，As、Cd、Cr、Cu、Ni、Pb 和 Zn 的含量分别为 25.5 mg/kg、0.7 mg/kg、103.4 mg/kg、56.5 mg/kg、57.7 mg/kg、95.6 mg/kg 和 232.5 mg/kg。巴松错表层沉积物中 Cd 含量均低于沉积物质量基准的阈值效应含量，As、Cr、Cu、Pb 和 Zn 含量介于阈值效应含量和可能效应含量之间，而 Ni 含量已经超过可能效应含量。根据生态风险等级标准，Ni 可能会对湖泊生物产生毒性效应。巴松错表层沉积物的主要矿物组成为：石英含量为 17.58%，长石含量为 13.48%，文石含量为 10.44%，白云石含量为 3.45%，云母族矿物含量为 31.34%，高岭石族矿物含量为 9.43%，绿泥石族矿物含量为 14.28%。

5.69 松木希错

松木希错经纬度位置为 80.25°E、34.60°N（图 5-69），地处西藏自治区阿里地区日土县西北部，东临龙木错。第四纪时期与龙木错同属一个大湖。面积为 24.6 km²，湖面海拔为 5051 m。湖水主要靠地表径流补给，集水区面积为 1605 km²。

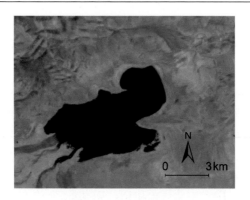

图 5-69　松木希错影像

　　松木希错透明度的变化范围是 0.25～0.30 m，平均值为（0.28±0.02）m；电导率的变化范围是 353.20～362.50 μS/cm，平均值为（357.27±3.63）μS/cm；盐度平均值为 0.23‰，属于淡水湖。总氮浓度为 1.61 mg/L；总溶解性氮浓度为 1.56 mg/L；总磷浓度为 0.01 mg/L；总溶解性磷浓度为 0.0046 mg/L。叶绿素 a 浓度相对较低，变化范围为 0.38～0.77 μg/L，平均值为（0.63±0.18）μg/L。总悬浮颗粒物浓度为 29.32 mg/L；无机悬浮颗粒物浓度为 24.95 mg/L；有机悬浮颗粒物为 4.37 mg/L；无机悬浮颗粒物占总悬浮颗粒物的 85%。

　　湖水中主要离子组成：Na^+浓度为 45.6 mg/L，K^+浓度为 4.2 mg/L，Mg^{2+}浓度为 19.6 mg/L，Ca^{2+}浓度为 36.1 mg/L；SO_4^{2-}浓度为 42.0 mg/L，HCO_3^-浓度为 152.5 mg/L，Cl^-浓度为 65.6 mg/L。

　　显微镜鉴定结果发现，松木希错共鉴定出浮游植物 4 门 10 属，分别为：硅藻门，布纹藻、双菱藻、小环藻、舟形藻；蓝藻门，微囊藻；绿藻门，纤维藻、小球藻、月牙藻、栅藻；隐藻门，隐藻。浮游植物细胞密度为 $1.48×10^6$ ind./L，平均生物量为 63.67 μg/L。优势种为小球藻。香农-维纳多样性指数为 1.13，辛普森指数为 0.57，均匀度指数为 0.51。

　　分子测序结果发现，松木希错浮游植物共 8 门 128 种，其中，最多为轮藻门，有 74 种，占比为 57.81%；其次为绿藻门，有 39 种，占比为 30.47%；蓝藻门 4 种，占比为 3.13%；金藻门 3 种，占比为 2.34%；隐藻门 2 种，占比为 1.56%；定鞭藻门 2 种，占比为 1.56%；甲藻门 2 种，占比为 1.56%；硅藻门 2 种，占比为 1.56%。通过与同期调查的青藏高原阿鲁错、郭扎错等几个湖泊对比，可以发现松木希错的浮游植物种类数明显少于上述两湖，其中阿鲁错 312 种、郭扎错 224 种，表明松木希错调查样品中的浮游植物种类组成相对单一。

　　松木希错同一断面不同水深的敞水区共采集定量标本 3 个，采样点水深大于 100 m。根据定量标本，共见到 4 个种类，其中枝角类 1 种、桡足类 2 种和轮虫 1

种。浮游甲壳动物优势种为梳刺北镖水蚤（*Arctodiaptomus altissimus pectinatus*）。浮游动物密度变化范围为 2.6～4.4 ind./L。枝角类、桡足类和轮虫的密度变化范围分别为 0～0.1 ind./L、2.5～4.3 ind./L 和 0.1～0.2 ind./L。浮游动物优势种梳刺北镖水蚤密度为 1.0～2.1 ind./L。浮游动物生物量变化范围为 0.038～0.101 mg/L。枝角类、桡足类和轮虫的生物量变化范围分别为 0～0.003 mg/L、0.038～0.098 mg/L 和 0.000 03～0.000 05 mg/L。浮游动物优势种梳刺北镖水蚤生物量为 0.033～0.083 mg/L。

松木希错共获得 5 种底栖动物，其中优势种是雪伪山摇蚊（*Pseudodiamesa nivosa*）和湖球蚬（*Sphaerium lacustre*），这两种底栖动物均为稀有种，是青藏科考中湖泊生物的特例。其他常见底栖动物，如湖沼钩虾和带丝蚓在松木希错中也有出现。按照丰度大小，5 种底栖动物的相对丰度分别为湖球蚬（*Sphaerium lacustre*）43.7%、雪伪山摇蚊（*Pseudodiamesa nivosa*）35.0%、湖沼钩虾（*Gammarus lacustris*）17.5%、冰川小突摇蚊（*Micropsectra glacies*）2.3%和带丝蚓某种（Lumbriculidae sp.）1.5%。定量样品显示，湖球蚬的密度达 600 ind./m^2，摇蚊幼虫密度为 500 ind./m^2，湖沼钩虾密度为 250 ind./m^2，带丝蚓的密度较低，为 20 ind./m^2。生物量主要贡献者为湖沼钩虾和湖球蚬。

松木希错表层沉积物总磷含量为 516.1 mg/kg。松木希错表层沉积物常量元素中，Al 含量最高，达到 86.2 g/kg，其次分别为 Ca（75.2 g/kg）、Fe（42.4 g/kg）、K（28.6 g/kg）、Mg（15.9 g/kg）和 Na（7.6 g/kg）。在主要潜在危害元素中，As、Cd、Cr、Cu、Ni、Pb 和 Zn 的含量分别为 56.0 mg/kg、0.4 mg/kg、79.1 mg/kg、28.4 mg/kg、33.4 mg/kg、59.2 mg/kg 和 160.2 mg/kg。松木希错表层沉积物中 Cd 和 Cu 的含量均低于沉积物质量基准的阈值效应含量，Cr、Ni、Pb 和 Zn 含量介于阈值效应含量和可能效应含量之间，而 As 含量已经超过可能效应含量。根据生态风险等级标准，As 很可能会对湖泊生物产生毒性效应。松木希错表层沉积物的主要矿物组成：石英含量为 11.93%，长石含量为 8.66%，方解石含量为 23.19%，白云石含量为 1.83%，云母族矿物含量为 37.55%，高岭石族矿物含量为 10.85%，绿泥石族矿物含量为 5.98%。

5.70　察 布 错

察布错经纬度位置为 84.20°E、33.37°N（图 5-70），地处西藏自治区改则县中部，查阿岔柔山西北，面积为 33.5 km^2，湖面海拔为 4505 m。湖水主要依靠泉水流补给，集水区面积为 3115 km^2，补给系数为 86.7。

察布错湖泊透明度的变化范围为 1.00～1.30 m，平均值为（1.13±0.12）m；电导率的变化范围为 119 795.00～121 203.00 μS/cm，平均值为（120 547.67±578.92）μS/cm；pH 的变化范围为 7.16～8.63，平均值为 7.88，说明该湖泊属碱

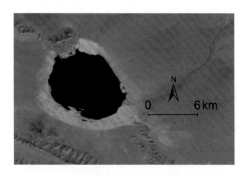

图 5-70　察布错影像

性水体；盐度最大值为 117.16‰，最小值为 116.29‰，平均值为 116.61‰。叶绿素 a 浓度相对较低，变化范围为（0.17～0.33）μg/L，平均值为（0.23±0.08）μg/L。总悬浮颗粒物浓度的变化范围为 30.92～44.51 mg/L，平均值为（37.85±5.55）mg/L；无机悬浮颗粒物浓度的变化范围为 29.04～42.18 mg/L，平均值为（35.74±5.37）mg/L；有机悬浮颗粒物浓度的变化范围为 1.88～2.33 mg/L，平均值为（2.11±0.18）mg/L；无机悬浮颗粒物占总悬浮颗粒物的 94%，说明无机悬浮颗粒物是察布错总悬浮物的主要成分。

湖水中主要离子组成：Na^+ 浓度为 52 400 mg/L，K^+ 浓度为 10 800 mg/L，Mg^{2+} 浓度为 3100 mg/L，Ca^{2+} 浓度为 87.0 mg/L；SO_4^{2-} 浓度为 32 262.8 mg/L，HCO_3^- 浓度为 664.9 mg/L，CO_3^{2-} 浓度为 564.0 mg/L，Cl^- 浓度为 87 600.6 mg/L。

显微镜鉴定结果发现，察布错共鉴定出浮游植物 2 门 4 属，分别为：硅藻门，小环藻、针杆藻、舟形藻；绿藻门，小球藻。浮游植物细胞密度为 $1.09×10^6$ ind./L，平均生物量为 240.90 μg/L。优势种为舟形藻。香农-维纳多样性指数为 0.44，辛普森指数为 0.20，均匀度指数为 0.32。

分子测序结果发现，察布错浮游植物共 6 门 142 种，其中，最多为轮藻门，有 109 种，占比为 76.76%；其次为绿藻门，有 14 种，占比为 9.86%；甲藻门 11 种，占比为 7.75%；硅藻门 4 种，占比为 2.82%；金藻门 3 种，占比为 2.11%；隐藻门 1 种，占比为 0.7%。通过与同期调查的青藏高原阿鲁错、郭扎错等几个湖泊对比，可以发现察布错的浮游植物种类数明显少于上述两湖，其中阿鲁错 312 种、郭扎错 224 种，表明察布错调查样品中的浮游植物种类组成相对单一。

察布错同一断面不同水深的敞水区共采集定量标本 3 个，采样点水深变化范围为 2.6～3.1 m。根据定量标本，仅发现少量桡足类幼体。浮游动物密度变化范围为 0.05～0.1 ind./L。桡足类的密度为 0.05～0.1 ind./L。浮游动物生物量变化范围为 0.0001～0.0006 mg/L。桡足类的生物量为 0.0001～0.0006 mg/L。

察布错是典型的盐湖，未发现底栖动物。

5.71　然　乌　湖

　　然乌湖经纬度位置为 96.80°E、29.45°N（图 5-71），位于西藏自治区昌都市八宿县境内，属帕隆藏布（雅鲁藏布江支流）河源之一。湖泊是由高山滑坡、泥石流堵塞河道而形成的堰塞湖。面积为 22 km²，湖面海拔为 3850 m。湖泊周围主要为岗日嘎布山脉和来古冰川群。湖水主要依靠地表径流补给。

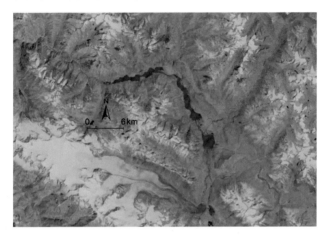

图 5-71　然乌湖影像

　　然乌湖水透明度为 0.20 m；电导率为 73.70 μS/cm；盐度为 0.04‰，属淡水湖。叶绿素 a 浓度相对较低，变化范围为 0.52～0.54 μg/L，平均值为（0.53±0.01）μg/L。化学需氧量的变化范围为 1.74～2.14 mg/L，平均值为（1.87±0.19）mg/L；总氮浓度的变化范围为 0.80～0.85 mg/L，平均值为（0.82±0.02）mg/L；总溶解性氮浓度的变化范围为 0.79～0.81 mg/L，平均值为（0.80±0.01）mg/L；总磷浓度的变化范围为 0.138～0.149 mg/L，平均值为（0.143±0.005）mg/L；总溶解性磷浓度的变化范围为 0.022～0.036 mg/L，平均值为（0.028±0.006）mg/L。总悬浮颗粒物浓度的变化范围为 48.11～54.21 mg/L，平均值为（51.94±2.73）mg/L；无机悬浮颗粒物浓度的变化范围为 47.50～52.75 mg/L，平均值为（50.71±2.30）mg/L；有机悬浮颗粒物浓度的变化范围为 0.61～1.63 mg/L，平均值为（1.23±0.45）mg/L；无机悬浮颗粒物占总悬浮颗粒物的 98%，说明无机悬浮颗粒物是然乌湖总悬浮物的主要成分。

　　湖水中主要离子组成：Na^+ 浓度为 189.0 mg/L，K^+ 浓度为 10.4 mg/L，Mg^{2+} 浓度为 16.3 mg/L，Ca^{2+} 浓度为 18.7 mg/L；SO_4^{2-} 浓度为 3.7 mg/L，HCO_3^- 浓度为 61.0 mg/L，Cl^- 浓度为 1.3 mg/L。

显微镜鉴定结果发现，然乌湖共鉴定出浮游植物 1 门 1 属：硅藻门，舟形藻。浮游植物细胞密度为 7.26×10^4 ind./L，平均生物量为 36.3 μg/L。优势种为舟形藻。

分子测序结果发现，然乌湖浮游植物共 4 门 43 种，其中最多为轮藻门，有 34 种，占比为 79.07%；其次为蓝藻门，有 5 种，占比为 11.63%；绿藻门 3 种，占比为 6.98%；黄藻门 1 种，占比为 2.33%。通过与同期调查的青藏高原阿鲁错、郭扎错等几个湖泊对比，可以发现然乌湖的浮游植物种类数明显少于上述两湖，其中阿鲁错 312 种、郭扎错 224 种，表明然乌湖调查样品中的浮游植物种类组成相对单一。

然乌湖同一断面不同水深的敞水区共采集定量标本 1 个，采样点水深为 20 m。根据定量标本，共见到 5 个种类，其中桡足类 1 种和轮虫 4 种。浮游动物优势种为梳刺北镖水蚤（*Arctodiaptomus altissimus pectinatus*）。浮游动物密度为 0.8 ind./L。桡足类和轮虫的密度分别为 0.6 ind./L 和 0.2 ind./L。浮游动物优势种梳刺北镖水蚤密度为 0.2 ind./L。浮游动物生物量为 0.010 mg/L。桡足类和轮虫的生物量变化范围分别为 0.010 mg/L 和 0.000 05 mg/L。浮游动物优势种梳刺北镖水蚤生物量为 0.006 mg/L。

然乌湖底泥和底拖网中，均无底栖动物检出。但是沿岸带定性样品中包含少量钩虾和摇蚊蛹皮，可能不能反映全湖概况。本次共鉴定出底栖动物 6 种，其中以摇蚊为主，各种底栖动物相对丰度依次为湖沼钩虾（*Gammarus lacustris*）17.4%、沼石蛾（Limnephilidae sp.）8.7%、异环摇蚊（*Acricotopus* spp.）17.4%、环足摇蚊（*Cricotopus* sp.）43.5%、拟脉摇蚊（*Paracladius* sp.）8.7%、冰川小突摇蚊（*Micropsectra glacies*）4.3%。

然乌湖表层沉积物总磷含量为 504.3 mg/kg。然乌湖表层沉积物常量元素中，Al 含量最高，达到 79.0 g/kg，其次分别为 Fe（36.9 g/kg）、K（34.5 g/kg）、Ca（24.3 g/kg）、Mg（16.6 g/kg）和 Na（12.2 g/kg）。在主要潜在危害元素中，As、Cd、Cr、Cu、Ni、Pb 和 Zn 的含量分别为 40.6 mg/kg、0.3 mg/kg、59.19 mg/kg、18.3 mg/kg、25.9 mg/kg、54.9 mg/kg 和 111.3 mg/kg。然乌湖表层沉积物中 Cd、Cu 和 Zn 的含量均低于沉积物质量基准的阈值效应含量，Cr、Ni 和 Pb 含量介于阈值效应含量和可能效应含量之间，而 As 含量已经超过可能效应含量。根据生态风险等级标准，As 很可能会对湖泊生物产生毒性效应。然乌湖表层沉积物的主要矿物组成：石英含量为 23.15%，长石含量为 15.39%，方解石含量为 1.23%，白云石含量为 9.18%，云母族矿物含量为 32.3%，高岭石族矿物含量为 8.52%，绿泥石族矿物含量为 7.86%，石膏含量为 2.37%。

5.72　可可西里湖

可可西里湖经纬度位置为 93.20°E、35.34°N（图 5-72），面积约为 230 km²，海拔约为 4466 m。

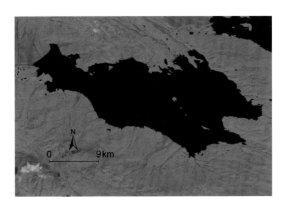

图 5-72　可可西里湖影像

湖水中主要离子组成：Na⁺浓度为 4020.0 mg/L，K⁺浓度为 99.0 mg/L，Mg²⁺浓度为 454.0 mg/L，Ca²⁺浓度为 14.8 mg/L；SO₄²⁻浓度为 655.8 mg/L，HCO₃⁻浓度为 634.4 mg/L，CO₃²⁻浓度为 198.0 mg/L，Cl⁻浓度为 8212.3 mg/L。

可可西里湖同一断面不同水深的敞水区共采集定量标本 2 个。根据定量标本，共见到 3 个种类，其中枝角类 1 种、桡足类 2 种。浮游动物优势种为西藏溞（*Daphnia tibetana*）和咸水北镖水蚤（*Arctodiaptomus salinus*）。浮游动物密度变化范围为 5.1～15.8 ind./L。枝角类、桡足类的密度变化范围分别为 0.3～1.8 ind./L 和 4.7～14.0 ind./L。浮游甲壳动物优势种西藏溞和咸水北镖水蚤密度分别为 0.3～1.8 ind./L 和 1.9～7.3 ind./L。浮游动物生物量变化范围为 0.317～1.118 mg/L。枝角类、桡足类的生物量变化范围分别为 0.197～0.693 mg/L 和 0.120～0.425 mg/L。浮游甲壳动物优势种西藏溞和咸水北镖水蚤生物量分别为 0.197～0.693 mg/L 和 0.092～0.365 mg/L。

可可西里湖底栖动物仅有一种湖沼钩虾，其密度为 180 ind./m²。

在可可西里湖表层沉积物主要生源要素中，总有机碳含量为 72.8 g/kg，总氮含量为 7.7 g/kg，C/N 值为 11.1，表明湖泊沉积物有机质的主要来源为湖泊自生藻类等低等植物。总磷含量为 949.7 mg/kg。可可西里湖表层沉积物常量元素含量中，Al 含量最高，达到 97.0 g/kg，其次分别为 Fe（38.0 g/kg）、K（32.5 g/kg）、Ca（28.6 g/kg）、Mg（12.9 g/kg）和 Na（8.4 g/kg）。在主要潜在危害元素中，As、Cd、Cr、

Cu、Ni、Pb 和 Zn 的含量分别为 35.2 mg/kg、0.13 mg/kg、101.1 mg/kg、36.1 mg/kg、46.1 mg/kg、21.6 mg/kg 和 101.1 mg/kg。可可西里湖表层沉积物中 Cd、Pb 和 Zn 的含量均低于沉积物质量基准的阈值效应含量，Cr、Cu 和 Ni 含量介于阈值效应含量和可能效应含量之间，而 As 含量已经超过可能效应含量。根据生态风险等级标准，Cd、Pb 和 Zn 不会对湖泊生物产生毒性效应，而 As、Cr、Cu 和 Ni 可能会对湖泊生物产生毒性效应。可可西里湖表层沉积物的主要矿物组成：石英含量为 25.4%，长石含量为 8.5%，文石含量为 18.7%，方解石含量为 14.9%，白云石含量为 3.5%，云母族矿物含量为 27.1%，石盐含量为 1.9%。可可西里湖表层沉积物粒径分布范围在 0.3～416.8 μm，粒度分布存在多峰特征，峰值分别出现在 0.7 μm、5.0 μm 和 79.5 μm 处，沉积物中级粒径为 5.3 μm，黏土和粉砂含量均等，分别为 45.8% 和 50.1%，砂质组分含量较低，占 4.1%。

5.73　勒斜武担湖

勒斜武担湖经纬度位置为 90.17°E、35.75°N（图 5-73），地处昆仑山和可可西里山之间的断陷盆地内。湖泊面积为 227 km²，湖面海拔为 4867 m。湖水主要依赖冰雪融水径流和泉水补给，集水区面积为 1680 km²。1989 年 7 月调查显示，湖水矿化度为 135.26 g/L，属氯化物型盐湖。湖泊周围为无人区，东部分布着由于湖泊退缩后形成的诸多残留小湖，湖区植被为薹草和紫花针茅草草原。

图 5-73　勒斜武担湖影像

勒斜武担湖同一断面不同水深的敞水区共采集定量标本 2 个。根据定量标本，共见到 1 个种类，其中轮虫 1 种，另外发现少量桡足类幼体。浮游动物密度变化范围为 0.1～0.2 ind./L。桡足类和轮虫的密度变化范围分别为 0～0.2 ind./L 和 0～0.1 ind./L。浮游动物生物量变化范围为 0.000 007～0.0008 mg/L。桡足类和轮虫的生物量变化范围分别为 0～0.0008 mg/L 和 0～0.000 007 mg/L。

勒斜武担湖无底栖动物检出。

在勒斜武担湖表层沉积物主要生源要素中，总有机碳含量为 5.8 g/kg，总氮含量为 0.9 g/kg，C/N 值为 7.2，表明湖泊沉积物有机质的主要来源为湖泊自生藻类等低等植物。总磷含量为 401.6 mg/kg。勒斜武担湖表层沉积物常量元素中，Ca 含量最高，达到 86.9 g/kg，其次分别为 Al（59.7 g/kg）、Na（56.5 g/kg）、Fe（29.7 g/kg）、K（23.6 g/kg）和 Mg（11.8 g/kg）。在主要潜在危害元素中，As、Cd、Cr、Cu、Ni、Pb 和 Zn 的含量分别为 25.1 mg/kg、0.10 mg/kg、61.6 mg/kg、21.7 mg/kg、29.4 mg/kg、19.0 mg/kg 和 67.5 mg/kg。勒斜武担湖表层沉积物中 Cd、Cu、Pb 和 Zn 的含量均低于沉积物质量基准的阈值效应含量，As、Cr 和 Ni 含量介于阈值效应含量和可能效应含量之间。根据生态风险等级标准，Cd、Cu、Pb 和 Zn 不会对湖泊生物产生毒性效应，而 As、Cr 和 Ni 可能会对湖泊生物产生毒性效应。勒斜武担湖表层沉积物的主要矿物组成：石英含量为 23.2%，长石含量为 11.9%，方解石含量为 13.7%，白云石含量为 2.4%，云母族矿物含量为 40.5%，石盐含量为 8.3%。勒斜武担湖表层沉积物粒径分布范围在 0.3～416.8 μm，基本呈正态分布特征，粒径峰值出现在 7.6 μm 处，中值粒径为 6.3 μm，粉砂含量最高，占 61.1%，黏土组分含量次之，占 35.6%，砂质组分含量最少，仅 3.3%。

5.74　太　阳　湖

太阳湖经纬度坐标位置为 90.65°E、36.87°N（图 5-74）。太阳湖是可可西里地区唯一的淡水湖，面积约为 102 km²，海拔约为 4789 m。

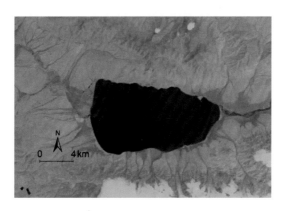

图 5-74　太阳湖影像

湖水中主要离子组成：Na⁺ 浓度为 105.0 mg/L，K⁺ 浓度为 7.4 mg/L，Mg²⁺浓度为 34.8 mg/L，Ca²⁺ 浓度为 22.8 mg/L；SO₄²⁻ 浓度为 90.1 mg/L，HCO₃⁻ 浓度为 176.9 mg/L，CO₃²⁻ 浓度为 12.0 mg/L，Cl⁻ 浓度为 179.0 mg/L，F⁻ 浓度为 0.4 mg/L，

NO_3^- 浓度为 1.3 mg/L。

太阳湖同一断面不同水深的敞水区共采集定量标本 2 个。根据定量标本，共见到 3 个种类，其中枝角类 1 种、桡足类 1 种和轮虫 1 种。浮游动物优势种为梳刺北镖水蚤（*Arctodiaptomus altissimus pectinatus*）。浮游动物密度变化范围为 0.2～4.2 ind./L。枝角类、桡足类和轮虫的密度变化范围分别为 0～0.1 ind./L、0.2～4.1 ind./L 和 0～0.1 ind./L。浮游甲壳动物优势种梳刺北镖水蚤密度为 0.1～2.5 ind./L。浮游动物生物量变化范围为 0.004～0.116 mg/L。枝角类、桡足类和轮虫的生物量变化范围分别为 0～0.0005 mg/L、0.004～0.116 mg/L 和 0～0.000 03 mg/L。浮游甲壳动物优势种梳刺北镖水蚤生物量为 0.003～0.087 mg/L。

太阳湖底栖动物共检出 2 种，分别为湖沼钩虾（*Gammarus lacustris*）和小突摇蚊（*Micropsectra* sp.），相对丰度分别为 80% 和 20%。湖沼钩虾密度为 360 ind./m²，摇蚊密度为 90 ind./m²。

在太阳湖表层沉积物主要生源要素中，总有机碳含量为 5.2 g/kg，总氮含量为 0.9 g/kg，C/N 值为 6.9，表明湖泊沉积物有机质的主要来源为湖泊自生藻类等低等植物。总磷含量为 669.1 mg/kg。太阳湖表层沉积物常量元素中，Ca 含量最高，达到 200.8 g/kg，其次分别为 Mg（31.1 g/kg）、Al（15.2 g/kg）、Fe（7.6 g/kg）、K（5.1 g/kg）和 Na（3.5 g/kg）。在主要潜在危害元素中，As、Cd、Cr、Cu、Ni、Pb 和 Zn 的含量分别为 22.8 mg/kg、0.06 mg/kg、23.9 mg/kg、9.1 mg/kg、13.3 mg/kg、5.9 mg/kg 和 26.8 mg/kg。太阳湖表层沉积物中 Cd、Cr、Cu、Ni、Pb 和 Zn 的含量均低于沉积物质量基准的阈值效应含量，As 含量介于阈值效应含量和可能效应含量之间。根据生态风险等级标准，Cd、Cr、Cu、Ni、Pb 和 Zn 不会对湖泊生物产生毒性效应，而 As 可能会对湖泊生物产生毒性效应。太阳湖表层沉积物的主要矿物组成：石英含量为 17.2%，长石含量为 11.1%，方解石含量为 6.4%，白云石含量为 3.7%，云母族矿物含量为 49.4%，绿泥石族矿物含量为 12.2%。

5.75　库　赛　湖

库赛湖经纬度坐标位置为 92.54°E、35.45°N（图 5-75），面积约为 325 km²，海拔约为 4486 m，湖区附近是荒漠草原地带。

湖水中主要离子组成：Na^+ 浓度为 3240.0 mg/L，K^+ 浓度为 79.8 mg/L，Mg^{2+} 浓度为 354.0 mg/L，Ca^{2+} 浓度为 20.8 mg/L；SO_4^{2-} 浓度为 448.6 mg/L，HCO_3^- 浓度为 506.3 mg/L，CO_3^{2-} 浓度为 198.0 mg/L，Cl^- 浓度为 6245.6 mg/L。

库赛湖底栖动物共检出 2 种，分别为湖沼钩虾（*Gammarus lacustris*）和大粗腹摇蚊（*Macropelopia* sp.），相对丰度分别为 89% 和 11%。湖沼钩虾密度为 75 ind./m²，摇蚊密度为 9 ind./m²。

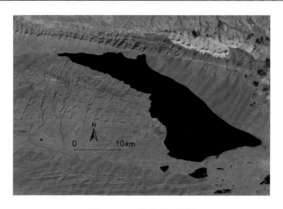

图 5-75　库赛湖影像

　　库赛湖表层沉积物总磷含量为 657.4 mg/kg。库赛湖表层沉积物常量元素中，Ca 含量最高，达到 85.4 g/kg，其次分别为 Al（73.8 g/kg）、Fe（33.4 g/kg）、K（25.3 g/kg）、Na（17.8 g/kg）和 Mg（13.9 g/kg）。在主要潜在危害元素中，As、Cd、Cr、Cu、Ni、Pb 和 Zn 的含量分别为 31.8 mg/kg、0.2 mg/kg、73.7 mg/kg、29.4 mg/kg、35.9 mg/kg、21.9 mg/kg 和 84.1 mg/kg。库赛湖表层沉积物中 Cd、Cu、Pb 和 Zn 的含量均低于沉积物质量基准的阈值效应含量，As、Cr 和 Ni 含量介于阈值效应含量和可能效应含量之间。根据生态风险等级标准，这些微量元素对湖泊生物产生毒性效应的可能性较低。

5.76　海 丁 淖 尔

　　海丁淖尔经纬度坐标位置为 93.11°E、35.31°N（图 5-76），面积约为 80 km²，海拔约为 4473 m，湖区附近是荒漠草原地带。

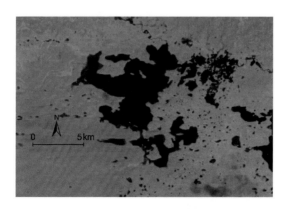

图 5-76　海丁淖尔影像

湖水中主要离子组成：Na^+浓度为 3300.0 mg/L，K^+浓度为 806.0 mg/L，Mg^{2+}浓度为 3640.0 mg/L，Ca^{2+}浓度为 250.0 mg/L；SO_4^{2-}浓度为 507.9 mg/L，HCO_3^-浓度为 384.3 mg/L，CO_3^{2-}浓度为 234.0 mg/L，Cl^-浓度为 6323.0 mg/L。

海丁淖尔同一断面不同水深的敞水区共采集定量标本 2 个。根据定量标本，共见到 5 个种类，其中枝角类 2 种、桡足类 2 种和轮虫 1 种。浮游动物优势种为西藏溞（Daphnia tibetana）和咸水北镖水蚤（Arctodiaptomus salinus）。浮游动物密度变化范围为 6.1～64.7 ind./L。三个点位的枝角类密度为 0.5 ind./L，桡足类和轮虫的密度变化范围分别为 5.6～64.1 ind./L 和 0～0.1 ind./L。浮游甲壳动物优势种西藏溞和咸水北镖水蚤密度分别为 0.4～0.5 ind./L 和 4.5～58.1 ind./L。浮游动物生物量变化范围为 0.517～3.822 mg/L。枝角类、桡足类和轮虫的生物量变化范围分别为 0.039～0.126 mg/L、0.390～3.783 mg/L 和 0～0.000 06mg/L。浮游甲壳动物优势种西藏溞和咸水北镖水蚤生物量分别为 0.039～0.125 mg/L 和 0.327～3.480 mg/L。

海丁淖尔底栖动物共检出 2 种，分别为湖沼钩虾（Gammarus lacustris）和大粗腹摇蚊（Macropelopia sp.），相对丰度分别为 85% 和 15%。湖沼钩虾密度为 900 ind./m²，摇蚊密度为 165 ind./m²。

海丁淖尔表层沉积物总磷含量为 761.6 mg/kg。海丁淖尔表层沉积物常量元素中，Ca 含量最高，达到 91.9 g/kg，其次分别为 Al（64.7 g/kg）、Fe（33.3 g/kg）、K（24.0 g/kg）、Na（20.8 g/kg）和 Mg（15.9 g/kg）。在主要潜在危害元素中，As、Cd、Cr、Cu、Ni、Pb 和 Zn 的含量分别为 24.5 mg/kg、0.2 mg/kg、80.2 mg/kg、35.2 mg/kg、42.1 mg/kg、21.1 mg/kg 和 87.2 mg/kg。海丁淖尔表层沉积物中 Cd、Pb 和 Zn 的含量均低于沉积物质量基准的阈值效应含量，As、Cr、Cu 和 Ni 含量介于阈值效应含量和可能效应含量之间。根据生态风险等级标准，这些微量元素对湖泊生物产生毒性效应的可能性很低。

5.77 班 戈 错

班戈错地理位置为 89.48°E、31.73°N（图 5-77），由班戈Ⅰ湖、班戈Ⅱ湖和班戈Ⅲ湖三个部分组成，总面积为 140 km²。班戈Ⅰ湖是卤水湖，水深为 0.3～1 m，面积为 13.6 km²，湖面海拔为 4525 m；班戈Ⅱ湖是砂下湖，局部有芒硝和硼酸盐（主要是硼砂）出露，面积为 70.13 km²，湖面海拔为 4522 m；班戈Ⅲ湖的东部是湖水，西部是芒硝沉积，面积为 56.27 km²，湖面海拔为 4520 m。湖水主要依靠东部入湖的卡挖藏布补给。

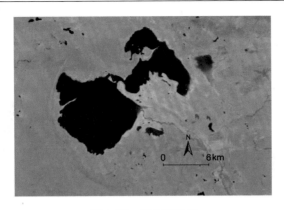

图 5-77　班戈错影像

班戈错湖水透明度的平均值为 0.30 m，盐度为 21.6 g/L；pH 的变化范围为 8.40～9.43，平均值为 8.85，说明该湖泊属碱性水体。叶绿素 a 浓度相对较低，变化范围为 1.00～2.75 μg/L，平均值为（1.88±0.71）μg/L；化学需氧量的变化范围为 12.57～13.89 mg/L，平均值为（13.16±0.47）mg/L；总氮浓度的变化范围为 2.39～2.62 mg/L，平均值为（2.48±0.09）mg/L；总溶解性氮浓度的变化范围为 2.32～2.44 mg/L，平均值为（2.38±0.06）mg/L；总磷浓度的变化范围为 0.569～0.726 mg/L，平均值为（0.646±0.069）mg/L；总溶解性磷浓度的变化范围为 0.554～0.601 mg/L，平均值为（0.580±0.021）mg/L。总悬浮颗粒物浓度的变化范围为 37.66～54.75 mg/L，平均值为（45.85±6.99）mg/L；无机悬浮颗粒物浓度的变化范围为 35.14～52.36 mg/L，平均值为（43.74±7.03）mg/L；有机悬浮颗粒物浓度的变化范围为 1.43～2.52 mg/L，平均值为（2.11±0.49）mg/L；无机悬浮颗粒物占总悬浮颗粒物的 95%，说明无机悬浮颗粒物是班戈错总悬浮物的主要成分。

湖水中主要离子组成：Na^+浓度为 21 500.0 mg/L，K^+浓度为 3165.0 mg/L，Mg^{2+}浓度为 100.5 mg/L，Ca^{2+}浓度为 36.0 mg/L；SO_4^{2-}浓度为 3360.6 mg/L，HCO_3^-浓度为 1781.2 mg/L，CO_3^{2-}浓度为 2478.0 mg/L，Cl^-浓度为 1664.3 mg/L。

在班戈错同一断面不同水深的敞水区共采集定量标本 3 个，采样点水深变化范围为 1.3～1.4 m。根据定量标本，共见到 1 个种类，为轮虫。轮虫优势种为褶皱臂尾轮虫（*Brachionus plicatilis*）。浮游动物密度变化范围为 1937.5～3597.5 ind./L，褶皱臂尾轮虫的密度为 1937.5～3597.5 ind./L。浮游动物生物量变化范围为 5.642～11.552 mg/L。褶皱臂尾轮虫的生物量为 5.642～11.552 mg/L。

班戈错表层沉积物总磷含量为 395.2 mg/kg。班戈错表层沉积物常量元素中，Ca 含量最高，达到 62.3 g/kg，其次分别为 Mg（61.9 g/kg）、Al（53.3 g/kg）、Na（38.1 g/kg）、Fe（25.8 g/kg）和 K（21.7 g/kg）。在主要潜在危害元素中，As、Cd、Cr、Cu、Ni、Pb 和 Zn 的含量分别为 44.6 mg/kg、0.1 mg/kg、57.4 mg/kg、12.8 mg/kg、

35.9 mg/kg、18.3 mg/kg 和 65.8 mg/kg。班戈错表层沉积物中 Cd、Cu、Pb 和 Zn 的含量均低于沉积物质量基准的阈值效应含量，Cr 和 Ni 含量介于阈值效应含量和可能效应含量之间，而 As 含量已经超过可能效应含量。根据生态风险等级标准，As 很可能会对湖泊生物产生毒性效应。

5.78　阿雅克库木湖

阿雅克库木湖经纬度位置为 89.50°E、37.50°N（图 5-78）。盐湖面积为 1035 km²，以湖表卤水分布为主，湖面海拔为 3880 m。

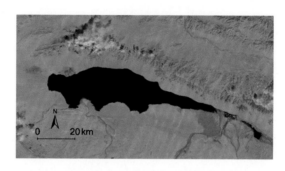

图 5-78　阿雅克库木湖影像

阿雅克库木湖湖水透明度的变化范围为 1.2～1.6 m，平均值为（1.4±0.16）m；电导率的变化范围为 56 330.00～59 373.00 μS/cm，平均值为（57 663.00±1285.92）μS/cm；pH 的变化范围为 7.94～8.03，平均值为 7.99，说明该湖泊属碱性水体。叶绿素 a 浓度相对较低，变化范围为 0.71～0.99 μg/L，平均值为（0.83±0.15）μg/L；总氮浓度的变化范围为 1.62～1.67 mg/L，平均值为（1.65±0.03）mg/L；总溶解性氮浓度的变化范围为 1.89～2.49 mg/L，平均值为（2.17±0.31）mg/L；总磷浓度的变化范围为 0.003～0.006 mg/L，平均值为（0.005±0.001）mg/L；总溶解性磷浓度的变化范围为 0.005～0.015 mg/L，平均值为（0.011±0.005）mg/L。总悬浮颗粒物浓度的变化范围为 31.81～57.27 mg/L，平均值为（41.42±13.83）mg/L；无机悬浮颗粒物浓度的变化范围为 19.17～31.81 mg/L，平均值为（24.22±6.69）mg/L；有机悬浮颗粒物浓度的变化范围为 12.64～25.46 mg/L，平均值为（17.19±7.17）mg/L；无机悬浮颗粒物占总悬浮颗粒物的 58%，说明无机悬浮颗粒物是阿雅克库木湖总悬浮物的主要成分。

湖水中主要离子组成：Na⁺ 浓度为 18 575.0 mg/L，K⁺ 浓度为 428.0 mg/L，Mg^{2+} 浓度为 3289.0 mg/L，Ca^{2+} 浓度为 316.0 mg/L；SO_4^{2-} 浓度为 2215.0 mg/L，HCO_3^- 浓度为 274.5 mg/L，CO_3^{2-} 浓度为 42.0 mg/L，Cl⁻浓度为 41 500.0 mg/L。

　　显微镜鉴定结果发现，浮游植物鉴定出 4 门 4 属，分别为：蓝藻门，浮丝藻；隐藻门，隐藻；硅藻门，小环藻；绿藻门，小球藻。浮游植物平均生物量为 0.91 mg/L，优势种为隐藻。香农-维纳多样性指数为 1.24，辛普森指数为 0.69，均匀度指数为 0.89。

　　在同一断面不同水深的敞水区共采集定量标本 3 个，采样点水深变化范围为 6.2～7.2 m。根据定量标本，共见到 1 个种类，为轮虫。浮游动物优势种为褶皱臂尾轮虫（*Brachionus plicatilis*）。浮游动物密度变化范围为 0.05～0.85 ind./L，浮游动物生物量变化范围为 0.0001～0.005 mg/L。

　　阿雅克库木湖为卤水湖，底栖样品中仅发现一种盐生环足摇蚊（*Cricotopus* sp.），量大，密度高达 1000 ind./m^2。本书系首次对阿雅克库木湖中的底栖动物进行报道。

　　阿雅克库木湖表层沉积物总磷含量为 520.9 mg/kg。阿雅克库木湖常量元素中，Ca 含量最高，达到 92.4 g/kg，其次分别为 Al（58.1 g/kg）、Fe（29.6 g/kg）、Mg（20.3 g/kg）、Na（20.2 g/kg）和 K（19.6 g/kg）。在主要潜在危害元素中，As、Cd、Cr、Cu、Ni、Pb 和 Zn 的含量分别为 25.6 mg/kg、0.2 mg/kg、68.0 mg/kg、27.9 mg/kg、35.9 mg/kg、21.0 mg/kg 和 82.8 mg/kg。阿雅克库木湖表层沉积物中 Cd、Cu、Pb 和 Zn 的含量均低于沉积物质量基准的阈值效应含量，As、Cr 和 Ni 含量介于阈值效应含量和可能效应含量之间。根据生态风险等级标准，这些微量元素对湖泊生物产生毒性效应的可能性很低。

5.79　尕斯库勒湖

　　尕斯库勒湖经纬度位置为 90.75°E、38.17°N（图 5-79），面积约为 124.44 km^2，湖表卤水面积为 104 km^2，湖面海拔为 2835 m。它的一级流域为内流区诸河，二级流域为柴达木内流区。

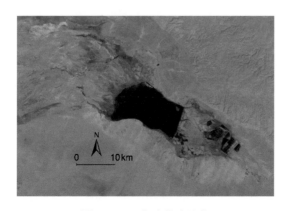

图 5-79　尕斯库勒湖影像

尕斯库勒湖湖水透明度的平均值为 0.70 m；电导率的变化范围为 52 873～155 120 μS/cm，平均值为（120 607.00±58 662.92）μS/cm；pH 的变化范围为 7.34～7.40，平均值为 7.38，说明该湖泊属碱性水体。叶绿素 a 浓度相对较低，变化范围为 0.12～0.16 μg/L，平均值为（0.14±0.03）μg/L；总氮浓度的变化范围为 4.88～5.64 mg/L，平均值为（5.26±0.54）mg/L；总溶解性氮浓度的变化范围为 4.41～7.87 mg/L，平均值为（6.14±2.45）mg/L；总磷浓度的变化范围为 0.032～0.054 mg/L，平均值为（0.043±0.016）mg/L；总溶解性磷浓度的变化范围为 0.017～0.018 mg/L，平均值为（0.017±0.001）mg/L。总悬浮颗粒物浓度的变化范围为 94.59～209.75 mg/L，平均值为（152.17±81.43）mg/L；无机悬浮颗粒物浓度的变化范围为 73.29～123.96 mg/L，平均值为（98.62±35.83）mg/L；有机悬浮颗粒物浓度的变化范围为 21.31～85.79 mg/L，平均值为（53.55±45.60）mg/L；无机悬浮颗粒物占总悬浮颗粒物的 65%，说明无机悬浮颗粒物是尕斯库勒湖总悬浮物的主要成分。

湖水中主要离子组成：Na^+ 浓度为 62 680.0 mg/L，K^+ 浓度为 1746.5 mg/L，Mg^{2+} 浓度为 9252.5 mg/L，Ca^{2+} 浓度为 945.9 mg/L；SO_4^{2-} 浓度为 25 900.0 mg/L，HCO_3^- 浓度为 366.0 mg/L，Cl^- 浓度为 129 000.0 mg/L。

显微镜鉴定结果发现，浮游植物共鉴定出 3 门 4 属，分别为：蓝藻门，浮丝藻；硅藻门，针杆藻、舟形藻；绿藻门，小球藻。浮游植物平均生物量为 0.18 mg/L，优势种为针杆藻。香农-维纳多样性指数为 1.10，辛普森指数为 0.59，均匀度指数为 0.79。

在同一断面不同水深的敞水区共采集定量标本 1 个，采样点水深为 0.8 m。根据定量标本，共见到 1 个种类，为桡足类。浮游动物优势种为咸水北镖水蚤（*Arctodiaptomus salinus*）。浮游动物密度为 0.25 ind./L，浮游动物生物量为 0.008 mg/L。

5.80　苏　干　湖

苏干湖经纬度位置为 93.88°E、38.86°N（图 5-80），为哈尔腾盆地最低处，是甘肃境内最大的内流湖。湖水主要来源于大哈尔腾河、小哈尔腾河潜流。水域面积为 108 km²，平均水深为 2.84 m，蓄水量为 1.72 亿 m³，湖水矿化度为 20～25 g/L。

苏干湖湖水透明度的变化范围为 3.60～5.40 m，平均值为（4.65±0.77）m；电导率的变化范围为 18 205.00～19 111.00 μS/cm，平均值为（18 871.00±444.45）μS/cm；pH 的变化范围为 8.44～8.48，平均值为 8.46，说明该湖泊属碱性水体。叶绿素 a 浓度相对较低，变化范围为 0.99～1.57 μg/L，平均值为（1.37±0.33）μg/L；总氮浓度的变化范围为 0.04～3.08 mg/L，平均值为（2.27±1.49）mg/L；总溶解

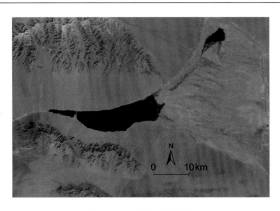

图 5-80　苏干湖影像

性氮浓度的变化范围为 1.73～3.47 mg/L，平均值为（2.52±0.82）mg/L；总磷浓度的变化范围为 0.000～0.033 mg/L，平均值为（0.023±0.016）mg/L；总溶解性磷浓度的变化范围为 0.033～0.048 mg/L，平均值为（0.041±0.007）mg/L。总悬浮颗粒物浓度的变化范围为 9.95～16.85 mg/L，平均值为（12.33±3.22）mg/L；无机悬浮颗粒物浓度的变化范围为 7.19～11.16 mg/L，平均值为（8.83±1.77）mg/L；有机悬浮颗粒物浓度的变化范围为 2.34～5.69 mg/L，平均值为（3.50±1.50）mg/L；无机悬浮颗粒物占总悬浮颗粒物的 72%，说明无机悬浮颗粒物是苏干湖总悬浮物的主要成分。

　　湖水中主要离子组成：Na^+ 浓度为 5298.0 mg/L，K^+ 浓度为 352.9 mg/L，Mg^{2+} 浓度为 1288.5 mg/L，Ca^{2+} 浓度为 100.7 mg/L；SO_4^{2-} 浓度为 6910.0 mg/L，HCO_3^- 浓度为 677.1 mg/L，CO_3^{2-} 浓度为 42.0 mg/L，Cl^- 浓度为 7500.0 mg/L，F^- 浓度为 16.7 mg/L。

　　显微镜鉴定结果发现，浮游植物共鉴定出 2 门 5 属，分别为：硅藻门，小环藻、针杆藻、舟形藻；绿藻门，卵囊藻、小球藻。浮游植物平均生物量为 1.04 mg/L，优势种为卵囊藻。香农-维纳多样性指数为 0.66，辛普森指数为 0.29，均匀度指数为 0.41。

　　在同一断面不同水深的敞水区共采集定量标本 3 个，采样点水深变化范围为 4.7～6.4 m。根据定量标本，共见到 3 个种类，其中枝角类 1 种、桡足类 1 种和轮虫 1 种。浮游动物优势种为西藏溞（*Daphnia tibetana*）和咸水北镖水蚤（*Arctodiaptomus salinus*）。浮游动物密度变化范围为 5.4～8.4 ind./L，浮游动物优势种西藏溞和咸水北镖水蚤密度分别为 0.7～4.5 ind./L 和 0.9～1.7 ind./L。浮游动物生物量变化范围为 0.135～0.521 mg/L，浮游动物优势种西藏溞和咸水北镖水蚤生物量分别为 0.079～0.462 mg/L 和 0.025～0.054 mg/L。

　　苏干湖的底栖动物研究未见报道。本次科考获得大量底栖动物样本，主要由

1 种划蝽（*Corixidae* sp.）、1 种沼梭甲及 2 种摇蚊组成，另外，一些耐污的蛾蠓（Psychodidae sp.）和水蝇（*Ephydra* sp.）也同时存在，但数量最多的是一种刀摇蚊（*Psectrocladius* sp.），约占总丰度的 33%，其次是库蠓类，约占 20%。需要指出的是，其沿岸带的划蝽和沼梭甲的数量也较为丰富。

苏干湖表层沉积物总磷含量为 549.6 mg/kg。苏干湖表层沉积物常量元素中，Ca 含量最高，达到 170.2 g/kg，其次分别为 Na（25.9 g/kg）、Al（15.2 g/kg）、Mg（14.0 g/kg）、Fe（9.2 g/kg）和 K（7.4 g/kg）。在主要潜在危害元素中，As、Cd、Cr、Cu、Ni、Pb 和 Zn 的含量分别为 12.3 mg/kg、0.06 mg/kg、21.5 mg/kg、10.9 mg/kg、12.2 mg/kg、6.4 mg/kg 和 25.9 mg/kg。苏干湖表层沉积物中 Cd、Cr、Cu、Ni、Pb 和 Zn 的含量均低于沉积物质量基准的阈值效应含量，As 含量介于阈值效应含量和可能效应含量之间。根据生态风险等级标准，这些微量元素对湖泊生物产生毒性效应的可能性很低。

5.81　小 柴 旦 湖

小柴旦湖经纬度为 95.51°E、37.49°N（图 5-81），面积约为 70 km²，海拔约为 3193 m。

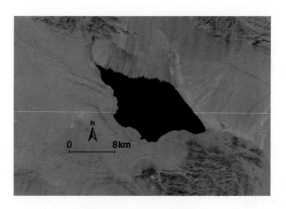

图 5-81　小柴旦湖影像

小柴旦湖湖水电导率的变化范围为 49 287.00～49 507.00 μS/cm，平均值为（49 366.75±96.68）μS/cm；pH 的变化范围为 8.23～8.32，平均值为 8.29，说明该湖泊属碱性水体。叶绿素 a 浓度相对较低，变化范围为 0.57～0.67 μg/L，平均值为（0.60±0.06）μg/L；总氮浓度的变化范围为 1.91～2.20 mg/L，平均值为（2.07±0.14）mg/L；总溶解性氮浓度的变化范围为 2.06～2.28 mg/L，平均值为（2.17±0.11）mg/L；总磷浓度的变化范围为 0.017～0.061 mg/L，平均值为

（0.032±0.025）mg/L；总溶解性磷浓度的变化范围为 0.027～0.031 mg/L，平均值
为（0.029±0.002）mg/L。总悬浮颗粒物浓度的变化范围为 12.96～14.34 mg/L，
平均值为（13.62±0.69）mg/L；无机悬浮颗粒物浓度的变化范围为 12.64～13.77
mg/L，平均值为（13.09±0.6）mg/L；有机悬浮颗粒物浓度的变化范围为 0.31～
0.73 mg/L，平均值为（0.54±0.21）mg/L；无机悬浮颗粒物占总悬浮颗粒物的 96%，
说明无机悬浮颗粒物是小柴旦湖总悬浮物的主要成分。

　　湖水中主要离子组成：Na^+ 浓度为 17 985.0 mg/L，K^+ 浓度为 384.5 mg/L，Mg^{2+}
浓度为 1266.0 mg/L，Ca^{2+} 浓度为 437.2 mg/L；SO_4^{2-} 浓度为 10 150.0 mg/L，HCO_3^-
浓度为 329.4 mg/L，CO_3^{2-} 浓度为 48.0 mg/L，Cl^- 浓度为 24 950.0 mg/L。

　　显微镜鉴定结果发现，共鉴定出浮游植物 3 门 9 属，分别为：蓝藻门，微囊
藻、长孢藻、席藻；硅藻门，小环藻、针杆藻、舟形藻、卵形藻；绿藻门，十字
藻、小球藻。浮游植物平均生物量为 0.40 mg/L，优势种为长孢藻。香农-维纳多
样性指数为 1.71，辛普森指数为 0.74，均匀度指数为 0.78。

　　在同一断面不同水深的敞水区共采集定量标本 3 个，采样点水深变化范围为
3.6～4.1 m。根据定量标本，共见到 3 个种类，其中枝角类 1 种和轮虫 2 种。浮
游动物优势种为直额裸腹溞（*Moina rectirostris*）。浮游动物密度变化范围为 0.2～
0.9 ind./L，浮游动物优势种直额裸腹溞密度为 0.1～0.4 ind./L。浮游动物生物量变
化范围为 0.002～0.02 mg/L，浮游动物优势种直额裸腹溞生物量为 0.002～0.014 mg/L。

　　第二次青藏高原科学考察项目开展之前，无论是底栖动物，还是水生昆虫，
均未详细涉及具体种类。本次调查共获得 3 种底栖动物，其中介形类数量巨大，
而水生昆虫较少，不足 50 头，由沼梭甲及少量摇蚊属幼虫组成。水体以及水表含
有大量的丰年虫（仙女虫），但不属于底栖动物范畴。

　　小柴旦湖表层沉积物总磷含量为 653.4 mg/kg。小柴旦湖表层沉积物常量元素
中，Ca 含量最高，达到 62.1 g/kg，其次分别为 Al（55.8 g/kg）、Fe（25.5 g/kg）、
Na（22.8 g/kg）、K（20.6 g/kg）和 Mg（16.9 g/kg）。在主要潜在危害元素中，As、
Cd、Cr、Cu、Ni、Pb 和 Zn 的含量分别为 10.2 mg/kg、0.2 mg/kg、50.3 mg/kg、
17.2 mg/kg、23.6 mg/kg、20.5 mg/kg 和 63.9 mg/kg。小柴旦湖表层沉积物中 Cd、
Cu、Pb 和 Zn 的含量均低于沉积物质量基准的阈值效应含量，As、Cr 和 Ni 含量
介于阈值效应含量和可能效应含量之间。根据生态风险等级标准，这些微量元素
对湖泊生物产生毒性效应的可能性很低。

5.82　可　鲁　克　湖

　　可鲁克湖经纬度位置为 96.89°E、37.27°N（图 5-82），面积约为 57 km²，海

拔约为 2815 m。

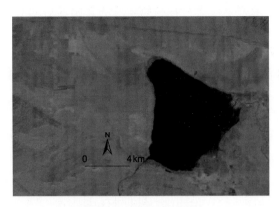

图 5-82　可鲁克湖影像

可鲁克湖湖水透明度的变化范围为 2.20～3.50 m，平均值为（2.80±0.61）m；电导率的变化范围为 1016.00～1044.00 μS/cm，平均值为（1035.75±13.28）μS/cm；pH 的变化范围为 8.06～8.94，平均值为 8.32，说明该湖泊属碱性水体。叶绿素 a 浓度相对较低，变化范围为 2.02～2.36 μg/L，平均值为（2.14±0.19）μg/L；总氮浓度的变化范围为 0.55～0.67 mg/L，平均值为（0.61±0.06）mg/L；总溶解性氮浓度的变化范围为 0.80～1.30 mg/L，平均值为（0.97±0.28）mg/L；总磷浓度的变化范围为 0.003～0.006 mg/L，平均值为（0.004±0.002）mg/L；总溶解性磷浓度的变化范围为 0.005～0.013 mg/L，平均值为（0.009±0.004）mg/L。

湖水中主要离子组成：Na^+浓度为 192.4 mg/L，K^+浓度为 12.7 mg/L，Mg^{2+}浓度为 63.4 mg/L，Ca^{2+}浓度为 42.1 mg/L；SO_4^{2-}浓度为 240.0 mg/L，HCO_3^-浓度为 134.2 mg/L，Cl^-浓度为 464.0 mg/L，F^-浓度为 4.4 mg/L。

显微镜鉴定结果发现，共鉴定出浮游植物 4 门 18 属，分别为：蓝藻门，微囊藻、长孢藻、浮丝藻、席藻、平裂藻；硅藻门，小环藻、桥弯藻、针杆藻、舟形藻、星杆藻、曲壳藻、卵形藻；甲藻门，多甲藻、角甲藻；绿藻门，十字藻、丝藻、小球藻、鞘藻。浮游植物平均生物量为 3.93 mg/L，优势种为角甲藻。香农-维纳多样性指数为 1.46，辛普森指数为 0.56，均匀度指数为 0.50。

在同一断面不同水深的敞水区共采集定量标本 3 个，采样点水深变化范围为 3.4～7 m。根据定量标本，共见到 20 个种类，其中枝角类 3 种、桡足类 2 种和轮虫 15 种。浮游动物优势种为长额象鼻溞（*Bosmina longirostris*）和圆形盘肠溞（*Chydorus sphaericus*）。浮游动物密度变化范围为 2.7～14.5 ind./L，浮游动物优势种长额象鼻溞和圆形盘肠溞密度分别为 0.5～0.9 ind./L 和 0.3～5.8 ind./L。浮游动物生物量变化范围为 0.004～0.084 mg/L，浮游动物优势种长额象鼻溞和圆形盘肠溞生物量分别为 0.002～0.004 mg/L 和 0.002～0.033 mg/L。

可鲁克湖大型底栖动物研究较为完善，王基林等（1982）通过 2 次采样，共报道了可鲁克湖中的 41 种底栖动物，其中摇蚊科昆虫 25 种（含文献记录种），但实际调查中，罗列出具体密度和生物量的摇蚊种类仅有 13 种。本次科考共获得底栖动物 12 种，其中摇蚊科昆虫 7 种，主要底栖类群是摇蚊和豆娘，软体动物主要是小型的球蚬；与 1982 年的调查工作相比，无论是丰度还是多度，均低于 20世纪 80 年代的调查，其中很大原因是湖泊采样力度和寡毛类动物分类精度问题。本次采样仅仅涉及了湖心和沿岸带，未进行断面等方面的调查工作，造成本次群落数据中丧失了部分深水底栖种类，需要在以后加强这方面的工作。

可鲁克湖表层沉积物总磷含量为 520.9 mg/kg。可鲁克湖表层沉积物常量元素中，Ca 含量最高，达到 140.3 g/kg，其次分别为 Al（44.9 g/kg）、Fe（25.0 g/kg）、K（15.0 g/kg）、Mg（15.0 g/kg）和 Na（6.2 g/kg）。在主要潜在危害元素中，As、Cd、Cr、Cu、Ni、Pb 和 Zn 的含量分别为 11.6 mg/kg、0.2 mg/kg、47.4 mg/kg、20.2 mg/kg、23.4 mg/kg、18.1 mg/kg 和 66.6 mg/kg。可鲁克湖表层沉积物中 Cd、Cu、Pb 和 Zn 的含量均低于沉积物质量基准的阈值效应含量，As、Cr 和 Ni 含量介于阈值效应含量和可能效应含量之间。根据生态风险等级标准，这些微量元素对湖泊生物产生毒性效应的可能性很低。

5.83　托　素　湖

托素湖经纬度位置为 96.94°E、37.13°N（图 5-83），面积约为 160 km^2，海拔约为 2803 m。

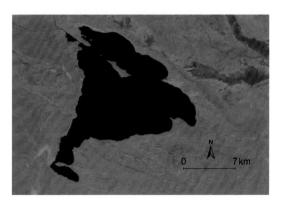

图 5-83　托素湖影像

托素湖湖水透明度的变化范围为 2.20～6.80 m，平均值为（5.02±1.81）m；

电导率的变化范围为 17 808.00～25 109.00 μS/cm，平均值为（23 594.60±3235.24）μS/cm；pH 的变化范围为 8.00～8.20，平均值为 8.07，说明该湖泊属碱性水体。叶绿素 a 浓度相对较低，变化范围为 0.33～0.49 μg/L，平均值为（0.43±0.09）μg/L；总氮浓度的变化范围为 1.46～2.44 mg/L，平均值为（1.86±0.52）mg/L；总溶解性氮浓度的变化范围为 1.17～2.20 mg/L，平均值为（1.56±0.56）mg/L；总磷浓度的变化范围为 0.002～0.014 mg/L，平均值为（0.007±0.006）mg/L；总溶解性磷浓度的变化范围为 0.013～0.018 mg/L，平均值为（0.015±0.003）mg/L。总悬浮颗粒物浓度的变化范围为 9.67～20.14 mg/L，平均值为（16.36±5.81）mg/L；无机悬浮颗粒物浓度的变化范围为 7.06～12.77 mg/L，平均值为（10.57±3.07）mg/L；有机悬浮颗粒物浓度的变化范围为 2.61～7.38 mg/L，平均值为（5.79±2.75）mg/L；无机悬浮颗粒物占总悬浮颗粒物的 65%，说明无机悬浮颗粒物是托素湖总悬浮物的主要成分。

湖水中主要离子组成：Na^+ 浓度为 6950.0 mg/L，K^+ 浓度为 209.2 mg/L，Mg^{2+} 浓度为 1744.9 mg/L，Ca^{2+} 浓度为 60.3 mg/L；SO_4^{2-} 浓度为 5600.0 mg/L，HCO_3^- 浓度为 628.3 mg/L，CO_3^{2-} 浓度为 168.0 mg/L，Cl^- 浓度为 11 500.0 mg/L。

显微镜鉴定结果发现，共鉴定出浮游植物 2 门 5 属，分别为：蓝藻门，微囊藻、席藻、色球藻；硅藻门，小环藻、舟形藻。浮游植物平均生物量为 0.18 mg/L，优势种为微囊藻。香农-维纳多样性指数为 1.47，辛普森指数为 0.74，均匀度指数为 0.91。

在同一断面不同水深的敞水区共采集定量标本 3 个，采样点水深变化范围为 12.4～22.4 m。根据定量标本，共见到 9 个种类，其中枝角类 2 种、桡足类 2 种和轮虫 5 种。浮游动物优势种为咸水北镖水蚤（*Arctodiaptomus salinus*）。浮游动物密度变化范围为 0.9～3.1 ind./L，浮游动物优势种咸水北镖水蚤密度为 0～1.2 ind./L。浮游动物生物量变化范围为 0.005～0.031 mg/L，浮游动物优势种咸水北镖水蚤生物量为 0～0.025 mg/L。

托素湖共获得底栖动物 6 种，主要由牙甲（*Hydroporus* sp.）和划蝽（*Corixidae* sp.）组成，相对丰度分别为 60% 和 18%。摇蚊幼虫偏少，仅占 0.06%，豆娘中的异痣蟌某种（*Ischnura* sp.）相对丰度为 7%。牙甲密度达到 195 ind./m²，划蝽密度为 60 ind./m²。

托素湖表层沉积物总磷含量为 554.2 mg/kg。托素湖表层沉积物常量元素中，Ca 含量最高，达到 145.1 g/kg，其次分别为 Na（45.4 g/kg）、Al（30.2 g/kg）、Mg（19.6 g/kg）、Fe（15.9 g/kg）和 K（11.6 g/kg）。在主要潜在危害元素中，As、Cd、Cr、Cu、Ni、Pb 和 Zn 的含量分别为 31.4 mg/kg、0.2 mg/kg、33.9 mg/kg、16.0 mg/kg、18.2 mg/kg、15.8 mg/kg 和 47.0 mg/kg。托素湖表层沉积物中 Cd、Cr、Cu、Ni、Pb 和 Zn 的含量均低于沉积物质量基准的阈值效应含量，As 含量介于阈值效应含

量和可能效应含量之间。根据生态风险等级标准，这些微量元素对湖泊生物产生
毒性效应的可能性很低。

5.84　哈　拉　湖

哈拉湖经纬度位置为 97.40°E、38.20°N（图 5-84），是青藏高原上内陆流域一
个大型咸水湖。该块湿地分布着大大小小数十个湖泡，常年蓄水，属浅水小型
湖泡，大面积为沼泽地。哈拉湖是青海第二大湖泊，又称黑海，湖泊面积为
625.06 km²，湖面海拔为 4077 m，属咸水湖。

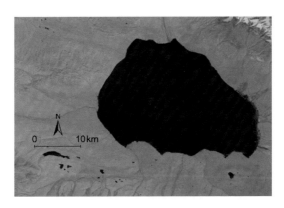

图 5-84　哈拉湖影像

哈拉湖湖水透明度的变化范围为 7.50～7.60 m，平均值为（7.53±0.06）m；
电导率的变化范围为 20 355.00～20 634.00 μS/cm，平均值为（20 552.00±132.12）
μS/cm；pH 的变化范围为 7.77～7.95，平均值为 7.87，说明该湖泊属碱性水体。
叶绿素 a 浓度相对较低，变化范围为 0.15～0.24 μg/L，平均值为（0.19±0.04）μg/L；
总氮浓度的变化范围为 0.79～1.12 mg/L，平均值为（0.91±0.18）mg/L；总溶解
性氮浓度的变化范围为 1.13～1.62 mg/L，平均值为（1.35±0.25）mg/L；总磷浓
度的变化范围为 0.003～0.005 mg/L，平均值为（0.004±0.001）mg/L；总溶解性
磷浓度的变化范围为 0.015～0.021 mg/L，平均值为（0.017±0.003）mg/L。总悬
浮颗粒物浓度的变化范围为 5.51～7.86 mg/L，平均值为（6.53±1.21）mg/L；无
机悬浮颗粒物浓度的变化范围为 4.15～5.71 mg/L，平均值为（4.85±0.79）mg/L；
有机悬浮颗粒物浓度的变化范围为 1.36～2.15 mg/L，平均值为（1.69±0.41）mg/L；
无机悬浮颗粒物占总悬浮颗粒物的 74%，说明无机悬浮颗粒物是哈拉湖总悬浮物
的主要成分。

湖水中主要离子组成：Na^+ 浓度为 620.0 mg/L，K^+ 浓度为 23.8 mg/L，Mg^{2+} 浓

度为 272.2 mg/L，Ca^{2+} 浓度为 435.9 mg/L；SO_4^{2-} 浓度为 620.0 mg/L，CO_3^{2-} 浓度为 0.6 mg/L，Cl^- 浓度为 2400.0 mg/L。

显微镜鉴定结果发现，共鉴定出浮游植物 3 门 4 属，分别为：蓝藻门，浮丝藻；硅藻门，小环藻；绿藻门，鼓藻、小球藻。浮游植物平均生物量为 0.37 mg/L，优势种为鼓藻。香农-维纳多样性指数为 0.76，辛普森指数为 0.37，均匀度指数为 0.54。

在同一断面不同水深的敞水区共采集定量标本 2 个，采样点水深变化范围为 23.1～32.2 m。根据定量标本，共见到 7 个种类，其中枝角类 1 种、桡足类 2 种和轮虫 4 种。浮游动物优势种为西藏溞（Daphnia tibetana）。浮游动物密度变化范围为 0.4～0.75 ind./L，浮游动物优势种西藏溞为 0.2～0.5 ind./L。浮游动物生物量变化范围为 0.038～0.063 mg/L，浮游动物优势种西藏溞生物量为 0.036～0.061 mg/L。

虽然哈拉湖的相关研究较多，但多半是涉及气候或者沉积变化，鲜有生物，特别是大型底栖动物方面的报道。吕婷等（2021）报道了不同生境下植物群落物种多样性与海拔的关系，但是未涉及昆虫或者其他动物群落。本次科考共获得 152 头底栖动物，隶属于 4 纲 7 属 9 种，主要类群是湖沼钩虾、摇蚊幼虫和沼梭甲，相对丰度分别为 43%、28% 和 13%。摇蚊类群中，主要贡献者是异环摇蚊（Acricotopus spp.）。三种类群的密度分别为 195 ind./m^2、126 ind./m^2 及 60 ind./m^2。

哈拉湖表层沉积物总磷含量为 613.4 mg/kg。哈拉湖表层沉积物常量元素中，Ca 含量最高，达到 79.4 g/kg，其次分别为 Al（65.3 g/kg）、Fe（34.2 g/kg）、Mg（24.0 g/kg）、K（22.0 g/kg）和 Na（21.0 g/kg）。在主要潜在危害元素中，As、Cd、Cr、Cu、Ni、Pb 和 Zn 的含量分别为 22.3 mg/kg、0.4 mg/kg、75.6 mg/kg、37.8 mg/kg、36.9 mg/kg、27.5 mg/kg 和 88.5 mg/kg。哈拉湖表层沉积物中 Cd、Pb 和 Zn 的含量均低于沉积物质量基准的阈值效应含量，As、Cr、Cu 和 Ni 含量介于阈值效应含量和可能效应含量之间。根据生态风险等级标准，这些微量元素对湖泊生物产生毒性效应的可能性很低。

5.85　青　海　湖

青海湖经纬度位置为 100.21°E、36.90°N（图 5-85），面积约为 4650 km^2，海拔为 3156 m。青海湖为中国最大的内陆咸水湖，主要依靠入湖的布哈河、沙柳河、乌哈阿兰河和哈尔盖河等河流进行径流补给。

调查水深为 15.4～28.0 m［均值为（25.3±3.3）m］，透明度为（4.8±0.8）m，调查期间湖泊水温为（16.7±0.9）℃，pH 为（7.2±0.1），电导率可达（16 102±147）μS/cm，溶解氧浓度为（7.0±0.6）mg/L。湖泊总氮浓度为（1.20±0.2）mg/L，总磷浓度为（0.15±0.28）mg/L，叶绿素 a 浓度为（1.03±0.29）μg/L。由此可见，青海湖整体营养水平偏低，属寡营养水平，湖泊溶解性有机碳浓度较高，均值为

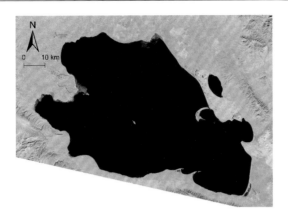

图 5-85　青海湖影像

（8.4±0.4）mg/L，主要是由流域内经河流输入的有机碳在湖内长年累月累积，加之湖泊蒸发浓缩所致。总悬浮颗粒物浓度为（10.0±1.3）mg/L。

湖水中主要离子组成：Na^+浓度为 3007.0 mg/L，K^+浓度为 149.8 mg/L，Mg^{2+}浓度为 703.2 mg/L，Ca^{2+}浓度为 10.3 mg/L；SO_4^{2-}浓度为 2451.8 mg/L，HCO_3^-浓度为 1018.7 mg/L，CO_3^{2-}浓度为 288.0 mg/L，Cl^-浓度为 7378.2 mg/L，F^-浓度为 2.0 mg/L。

显微镜鉴定结果发现，共鉴定出浮游植物 5 门 13 属，分别为：蓝藻门，微囊藻、螺旋藻、平裂藻；隐藻门，隐藻；硅藻门，小环藻、桥弯藻、舟形藻；裸藻门，囊裸藻；绿藻门，栅藻、十字藻、鼓藻、卵囊藻、小球藻。浮游植物平均生物量为 0.36 mg/L，优势种为鼓藻。香农-维纳多样性指数为 1.99，辛普森指数为 0.83，均匀度指数为 0.77。

在同一断面不同水深的敞水区共采集定量标本 18 个，采样点水深变化范围为 15.4～28.2 m。根据定量标本，共见到 13 个种类，其中枝角类 2 种、桡足类 1 种和轮虫 10 种。浮游动物优势种为咸水北镖水蚤（*Arctodiaptomus salinus*）和褶皱臂尾轮虫（*Brachionus plicatilis*）。浮游动物密度变化范围为 2.8～27.8 ind./L。枝角类、桡足类和轮虫的密度变化范围分别为 0～0.1 ind./L、2.7～20.3 ind./L 和 0.1～7.5 ind./L。浮游动物优势种咸水北镖水蚤和褶皱臂尾轮虫密度分别为 0.9～5.6 ind./L 和 0.1～5.3 ind./L。浮游动物生物量变化范围为 0.032～0.809 mg/L。枝角类、桡足类和轮虫的生物量变化范围分别为 0～0.448 mg/L、0.032～0.310 mg/L 和 0～0.097 mg/L。浮游动物优势种咸水北镖水蚤和褶皱臂尾轮虫生物量分别为 0.023～0.161 mg/L 和 0～0.028 mg/L。

青海湖大型底栖动物研究较为完善，第二次青藏高原科学考察项目开展之前，部分高校、科研院所开展了一系列底栖动物相关研究（杨洪志和王基琳，1997；

Meng et al., 2016)。由于客观地理条件限制，此次采样仅仅在青海湖深水区获取底泥样品，因此部分沿岸带物种未包含在内。本次采样共获得底栖动物82头，隶属于2门2纲2科8种，优势种是昆虫纲的盐生摇蚊和拟仙女虫（寡毛类）。从物种组成来看，无论是丰度还是物种多样性，在青海湖多次调查报告中，摇蚊均占绝对优势，这一结果与前期报道基本吻合。2016年与2023年的调查结果，在香农-维纳指数和物种数目上无明显差别，但是主要类群的相对丰度有所变化。

青海湖表层沉积物总磷含量为778.0 mg/kg。青海湖表层沉积物常量元素中，Ca含量最高，达到126.6 g/kg，其次分别为Al（35.1 g/kg）、Mg（28.6 g/kg）、Na（19.9 g/kg）、Fe（18.7 g/kg）和K（12.1 g/kg）。在主要潜在危害元素中，As、Cd、Cr、Cu、Ni、Pb和Zn的含量分别为10.6 mg/kg、0.6 mg/kg、40.2 mg/kg、18.4 mg/kg、22.8 mg/kg、27.6 mg/kg和74.6 mg/kg。青海湖表层沉积物中Cd、Cr、Cu、Pb和Zn的含量均低于沉积物质量基准的阈值效应含量，As和Ni含量介于阈值效应含量和可能效应含量之间。根据生态风险等级标准，这些微量元素对湖泊生物产生毒性效应的可能性很低。

5.86 扎 陵 湖

扎陵湖经纬度位置为97.32°E、34.97°N（图5-86），面积约为526 km²，海拔为4253 m。扎陵湖为高原淡水湖泊，黄河从巴颜喀拉山北麓的卡日曲和约古宗列曲发源后，经星宿海和玛曲河注入扎陵湖。

图5-86 扎陵湖影像

调查水深为12.0～12.5 m，透明度为（2.2±0.3）m，调查期间湖泊水温为（14.2±0.4）℃，pH为（6.6±0.1），电导率为（902±1）μS/cm，溶解氧浓度为（7.10±0.05）mg/L。湖泊总氮浓度为（0.60±0.02）mg/L，总磷浓度为（0.02±0.00）

mg/L，叶绿素 a 浓度为（0.97±0.29）μg/L。由此可见，扎陵湖整体营养水平偏低，属寡营养水平，湖泊溶解性有机碳浓度较低，均值为（4.5±0.7）mg/L，主要是流域内经河流输入的有机碳较少。总悬浮颗粒物浓度为（1.3±0.5）mg/L。

湖水中主要离子组成：Na^+ 浓度为 107.0 mg/L，K^+ 浓度为 4.9 mg/L，Mg^{2+} 浓度为 45.0 mg/L，Ca^{2+} 浓度为 37.1 mg/L；SO_4^{2-} 浓度为 60.2 mg/L，HCO_3^- 浓度为 183.0 mg/L，CO_3^{2-} 浓度为 48.0 mg/L，Cl^- 浓度为 229.0 mg/L，F^- 浓度为 0.4 mg/L。

显微镜鉴定结果发现，共鉴定出浮游植物 5 门 10 属，分别为：蓝藻门，微囊藻；隐藻门，隐藻；硅藻门，小环藻、针杆藻；甲藻门，角甲藻；绿藻门，栅藻、纤维藻、鼓藻、卵囊藻、小球藻。浮游植物平均生物量为 3.16 mg/L，优势种为飞燕角甲藻。香农-维纳多样性指数为 0.82，辛普森指数为 0.34，均匀度指数为 0.35。

在同一断面不同水深的敞水区共采集定量标本 3 个，采样点水深变化范围为 12～12.5 m。根据定量标本，共见到 14 个种类，其中枝角类 4 种、桡足类 2 种和轮虫 8 种。浮游动物优势种为梳刺北镖水蚤（*Arctodiaptomus altissimus pectinatus*）和长刺溞（*Daphnia longispina*）。浮游动物密度变化范围为 21.4～32.4 ind./L。枝角类、桡足类和轮虫的密度变化范围分别为 4.1～9.1 ind./L、13.5～20.6 ind./L 和 2.1～7.8 ind./L。浮游动物优势种梳刺北镖水蚤和长刺溞密度分别为 7.9～11 ind./L 和 2.6～3.7 ind./L。浮游动物生物量变化范围为 0.381～0.595 mg/L。枝角类、桡足类和轮虫的生物量变化范围分别为 0.105～0.2 mg/L、0.262～0.394 mg/L 和 0.001～0.007 mg/L。浮游动物优势种梳刺北镖水蚤和长刺溞生物量分别为 0.234～0.302 mg/L 和 0.08～0.125 mg/L。

扎陵湖前期工作仅报道一个底栖动物名录（秦建光等，1986），未进行实质性的群落调查和分析。本次调查通过抓斗和底拖网进行定量和半定量研究，共获得底栖动物 122 头，鉴定出 8 种，优势种为拟长跗摇蚊（*Paratanytarsus* sp.）和摇蚊属某种（*Chironomus* sp.），相对丰度分别为 66% 和 25%，其他底栖动物还包括带丝蚓某种（Lumbriculidae sp.）和湖球蚬（*Sphaerium lacustre*）。摇蚊密度为 348 ind./m²，带丝蚓密度为 12 ind./m²，湖球蚬密度为 6 ind./m²。

扎陵湖表层沉积物总磷含量为 592.5 mg/kg。扎陵湖表层沉积物常量元素中，Ca 含量最高，达到 92.0 g/kg，其次分别为 Al（62.1 g/kg）、Fe（30.2 g/kg）、K（20.4 g/kg）、Mg（14.1 g/kg）和 Na（7.5 g/kg）。在主要潜在危害元素中，As、Cd、Cr、Cu、Ni、Pb 和 Zn 的含量分别为 16.3 mg/kg、0.2 mg/kg、58.9 mg/kg、23.2 mg/kg、30.1 mg/kg、21.1 mg/kg 和 75.2 mg/kg。扎陵湖表层沉积物中 Cd、Cu、Pb 和 Zn 的含量均低于沉积物质量基准的阈值效应含量，As、Cr 和 Ni 含量介于阈值效应含量和可能效应含量之间。根据生态风险等级标准，这些微量元素对湖泊生物产生毒性效应的可能性很低。扎陵湖表层沉积物的主要矿物组成：石英含量为 17.16%，长石含量为 18.67%，方解石含量为 26.23%，白云石含量为 1.18%，云母族矿物含量为 22.29%，高岭石族矿物含量为 3.17%，绿泥石族矿物含量为 11.30%。

5.87 鄂 陵 湖

鄂陵湖经纬度位置为 97.68°E、35.00°N（图 5-87），面积约为 610 km^2，海拔为 4273 m。

图 5-87 鄂陵湖影像

调查水深为 27.5～33.0 m，透明度为（6.7±0.3）m。鄂陵湖承接了扎陵湖的来水，调查期间湖泊水温为（12.8±0.3）℃，pH 为（6.0±0.6），电导率为（596±58）μS/cm，溶解氧浓度为（7.62±0.06）mg/L。湖泊总氮浓度为（0.52±0.02）mg/L，总磷浓度为（0.02±0.00）mg/L，叶绿素 a 浓度为（0.77±0.29）μg/L。由此可见，鄂陵湖整体营养水平偏低，属寡营养水平，湖泊溶解性有机碳浓度较低，均值为（4.0±0.2）mg/L，主要是流域内经河流输入的有机碳较少。总悬浮颗粒物浓度为（1.0±0.4）mg/L。

湖水中主要离子组成：Na$^+$浓度为 57.8 mg/L，K$^+$浓度为 3.6 mg/L，Mg^{2+}浓度为 28.6 mg/L，Ca^{2+}浓度为 41.3 mg/L；SO$_4^{2-}$浓度为 30.4 mg/L，HCO$_3^-$浓度为 158.6 mg/L， CO$_3^{2-}$浓度为 48.0 mg/L，Cl$^-$浓度为 91.8 mg/L，F$^-$浓度为 0.3 mg/L。

显微镜鉴定结果发现，共鉴定出浮游植物 2 门 5 属，分别为：硅藻门，小环藻、舟形藻；绿藻门，丝藻、鼓藻、小球藻。浮游植物平均生物量为 0.41 mg/L，优势种为鼓藻。香农–维纳多样性指数为 0.98，辛普森指数为 0.48，均匀度指数为 0.61。

在同一断面不同水深的敞水区共采集定量标本 3 个，采样点水深变化范围为 27.5～33 m。根据定量标本，共见到 10 个种类，其中枝角类 1 种、桡足类 3 种和轮虫 6 种。浮游动物优势种为梳刺北镖水蚤（*Arctodiaptomus altissimus pectinatus*）和独角聚花轮虫（*Conochilus unicornis*）。浮游动物密度变化范围为 32.35～46 ind./L。枝角类、桡足类和轮虫的密度变化范围分别为 0.7～1.45 ind./L、6.1～10.6 ind./L 和 20.3～35 ind./L。浮游动物优势种梳刺北镖水蚤和独角聚花轮虫密度分别为 2.6～5.4 ind./L 和 27.8～32.5 ind./L。浮游动物生物量变化范围为 0.193～0.272 mg/L。枝角类、桡足类和轮虫的生物量变化范围分别为 0.028～0.049 mg/L、0.151～0.219 mg/L 和 0.004～0.005 mg/L。浮游动物优势种梳刺北镖水蚤和独角聚花轮虫生物量分别为 0.106～0.183 mg/L 和 0.004～0.005 mg/L。

有关鄂陵湖的前期工作，仅见于秦建光等（1986）的渔业生物学基础调查，但仅有底栖动物名录，其中部分种类来源于入湖溪流，非湖泊种类。本次调查通过抓斗和底拖网进行定量和半定量研究，共获得底栖动物 35 头，鉴定出 6 种，优势种为环足摇蚊（*Cricotopus* sp.），相对丰度为 43%。摇蚊密度达 75 ind./m^2，带丝蚓（Lumbriculidae sp.）密度为 30 ind./m^2。

鄂陵湖表层沉积物总磷含量为 710.9 mg/kg。鄂陵湖表层沉积物常量元素中，Ca 含量最高，达到 143.5 g/kg，其次分别为 Al（48.9 g/kg）、Fe（24.9 g/kg）、K（16.0 g/kg）、Mg（12.1g/kg）和 Na（6.1 g/kg）。在主要潜在危害元素中，As、Cd、Cr、Cu、Ni、Pb 和 Zn 的含量分别为 9.8 mg/kg、0.2 mg/kg、52.5 mg/kg、22.8 mg/kg、29.1 mg/kg、20.5 mg/kg 和 66.3 mg/kg。鄂陵湖表层沉积物中 Cd、Cu、Pb 和 Zn 的含量均低于沉积物质量基准的阈值效应含量，As、Cr 和 Ni 含量介于阈值效应含量和可能效应含量之间。根据生态风险等级标准，这些微量元素对湖泊生物产生毒性效应的可能性很低。鄂陵湖表层沉积物的主要矿物组成：石英含量为 9.50%，长石含量为 35.89%，方解石含量为 32.48%，白云石含量为 1.63%，云母族矿物含量为 8.09%，高岭石族矿物含量为 4.45%，绿泥石族矿物含量为 7.96%。

5.88　星　星　海

星星海经纬度位置为 98.11°E、34.84°N（图5-88），面积约为 100 km^2，海拔为 4177 m。

调查水深为 10.2～11.3 m，透明度为（4.7±0.3）m，调查期间湖泊水温为（14.7±0.1）℃，pH 为（6.8±0.1），电导率为（638±12）μS/cm，溶解氧浓度为

（6.87±0.08）mg/L。湖泊总氮浓度为（0.77±0.06）mg/L，总磷浓度为 0.01 mg/L，叶绿素 a 浓度为（1.11±0.12）μg/L。由此可见，星星海整体营养水平偏低，属寡营养水平，湖泊溶解性有机碳浓度较低，均值为（5.6±0.2）mg/L，主要是流域内经河流输入的有机碳较少。总悬浮颗粒物浓度为（1.8±0.4）mg/L。

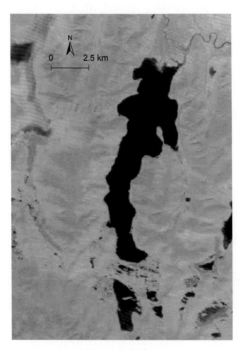

图 5-88　星星海影像

湖水中主要离子组成：Na^+浓度为 72.2 mg/L，K^+浓度为 4.2 mg/L，Mg^{2+}浓度为 36.9 mg/L，Ca^{2+}浓度为 28.0 mg/L；SO_4^{2-}浓度为 36.6 mg/L，HCO_3^-浓度为 97.6 mg/L，CO_3^{2-}浓度为 72.0 mg/L，Cl^-浓度为 131.0 mg/L，F^-浓度为 0.4 mg/L。

显微镜鉴定结果发现，共鉴定出浮游植物 3 门 9 属，分别为：蓝藻门，浮丝藻；硅藻门，小环藻、舟形藻；绿藻门，栅藻、盘星藻、十字藻、纤维藻、卵囊藻、小球藻。浮游植物平均生物量为 0.51 mg/L，优势种为二角盘星藻。香农-维纳多样性指数为 1.88，辛普森指数为 0.80，均匀度指数为 0.85。

在同一断面不同水深的敞水区共采集定量标本 3 个，采样点水深变化范围为 10.2～11.3 m。根据定量标本，共见到 15 个种类，其中枝角类 4 种、桡足类 3 种和轮虫 8 种。浮游动物优势种为梳刺北镖水蚤（*Arctodiaptomus altissimus pectinatus*）和方形网纹溞（*Ceriodaphnia quadrangula*）。浮游动物密度变化范围为 31.8～61.5 ind./L。枝角类、桡足类和轮虫的密度变化范围分别为 10.1～14.9

ind./L、14.4～24.3 ind./L 和 6.5～22.3 ind./L。浮游动物优势种梳刺北镖水蚤和方形网纹溞密度分别为 6～8.5 ind./L 和 6.5～6.7 ind./L。浮游动物生物量变化范围为 0.543～0.809 mg/L。枝角类、桡足类和轮虫的生物量变化范围分别为 0.222～0.448 mg/L、0.233～0.310 mg/L 和 0.067～0.097 mg/L。浮游动物优势种梳刺北镖水蚤和方形网纹溞生物量分别为 0.166～0.233 mg/L 和 0.089～0.128 mg/L。

星星海底栖动物或水生昆虫未见报道。本次调查共获得底栖动物 73 头，均属于摇蚊科昆虫，共鉴定出 3 种，优势种为环足摇蚊（*Cricotopus* sp.），相对丰度为 75%，其次为多足摇蚊（*Polypedilum* sp.），相对丰度为 22%。摇蚊密度达 219 ind./m²。

星星海表层沉积物总磷含量为 396.8 mg/kg。星星海表层沉积物常量元素中，Ca 含量最高，达到 50.5 g/kg，其次分别为 Al（41.9 g/kg）、Fe（18.6 g/kg）、K（13.2 g/kg）、Na（10.6 g/kg）和 Mg（9.2 g/kg）。在主要潜在危害元素中，As、Cd、Cr、Cu、Ni、Pb 和 Zn 的含量分别为 10.9 mg/kg、0.1 mg/kg、37.6 mg/kg、11.6 mg/kg、17.4 mg/kg、14.9 mg/kg 和 44.7 mg/kg。星星海表层沉积物中 Cd、Cr、Cu、Ni、Pb 和 Zn 的含量均低于沉积物质量基准的阈值效应含量，As 含量介于阈值效应含量和可能效应含量之间。根据生态风险等级标准，这些微量元素对湖泊生物产生毒性效应的可能性很低。星星海表层沉积物的主要矿物组成：石英含量为 36.56%，长石含量为 20.32%，方解石含量为 15.23%，白云石含量为 3.61%，云母族矿物含量为 12.60%，高岭石族矿物含量为 1.86%，绿泥石族矿物含量为 9.82%。

5.89　阿涌哇玛错

阿涌哇玛错经纬度位置为 98.19°E、34.80°N（图 5-89），面积约为 38 km²，海拔为 4212 m。

调查水深为 12.1～14.5 m［均值为（13.7±1.3）m］，调查期间湖泊水温为（14.3±0.3）℃，pH 为（6.9±0.1），电导率可达（1721±9）μS/cm，溶解氧浓度为（7.5±0.3）mg/L。湖泊总氮浓度为（1.4±0.1）mg/L，总磷浓度为（0.03±0.01）mg/L，叶绿素 a 浓度为（2.54±0.33）μg/L。由此可见，阿涌哇玛错整体营养水平偏低，属寡营养水平，湖泊溶解性有机碳浓度较高，均值为（12.7±0.2）mg/L，主要是由流域内经河流输入的有机碳在湖内长年累月累积，加之湖泊蒸发浓缩所致。透明度为（3.7±0.4）m，总悬浮颗粒物浓度为（2.6±0.3）mg/L。

湖水中主要离子组成：Na⁺ 浓度为 508.0 mg/L，K⁺ 浓度为 32.2 mg/L，Mg²⁺ 浓度为 216.0 mg/L，Ca²⁺ 浓度为 27.6 mg/L；SO_4^{2-} 浓度为 162.2 mg/L，HCO_3^- 浓度为 219.6 mg/L，CO_3^{2-} 浓度为 192.0 mg/L，Cl⁻浓度为 1034.0 mg/L，F⁻浓度为 1.8 mg/L。

显微镜鉴定结果发现，共鉴定出浮游植物 4 门 8 属，分别为：蓝藻门，微囊藻、浮丝藻；隐藻门，隐藻；硅藻门，小环藻；绿藻门，栅藻、纤维藻、卵囊藻、

图 5-89　阿涌哇玛错影像

小球藻。浮游植物平均生物量为 0.56 mg/L，优势种为卵囊藻。香农-维纳多样性指数为 1.64，辛普森指数为 0.75，均匀度指数为 0.79。

　　在同一断面不同水深的敞水区共采集定量标本 3 个，采样点水深变化范围为 12.1～14.5 m。根据定量标本，共见到 10 个种类，其中枝角类 1 种、桡足类 3 种和轮虫 6 种。浮游动物优势种为梳刺北镖水蚤（*Arctodiaptomus altissimus pectinatus*）和长刺溞（*Daphnia longispina*）。浮游动物密度变化范围为 16.7～43.3 ind./L。枝角类、桡足类和轮虫的密度变化范围分别为 1.6～11.5 ind./L、12.9～31.6 ind./L 和 0.3～2.3 ind./L。浮游动物优势种梳刺北镖水蚤和长刺溞密度分别为 4.3～16.8 ind./L 和 1.6～11.5 ind./L。浮游动物生物量变化范围为 0.284～1.169 mg/L。枝角类、桡足类和轮虫的生物量变化范围分别为 0.085～0.552 mg/L、0.198～0.617 mg/L 和 0～0.001 mg/L。浮游动物优势种梳刺北镖水蚤和长刺溞生物量分别为 0.142～0.504 mg/L 和 0.085～0.552 mg/L。

　　阿涌哇玛错底栖动物或水生昆虫未见报道。本次调查共获得底栖动物 77 头，均属于摇蚊科昆虫，共鉴定出 4 种，优势种为摇蚊属某种（*Chironomus* sp.），占比 78%，其次为拟长跗摇蚊（*Paratanytarsus* sp.），占比 13%。摇蚊密度达 231 ind./m^2。

　　阿涌哇玛错表层沉积物总磷含量为 542.7 mg/kg。阿涌哇玛错表层沉积物常量元素中，Ca 含量最高，达到 102.7 g/kg，其次分别为 Al（45.0 g/kg）、Fe（23.8 g/kg）、Mg（17.2 g/kg）、K（15.0 g/kg）和 Na（8.3 g/kg）。在主要潜在危害元素中，As、Cd、Cr、Cu、Ni、Pb 和 Zn 的含量分别为 16.0 mg/kg、0.2 mg/kg、46.6 mg/kg、18.8 mg/kg、23.9 mg/kg、16.9 mg/kg 和 58.8 mg/kg。阿涌哇玛错表层沉积物中 Cd、Cu、Pb 和 Zn 的含量均低于沉积物质量基准的阈值效应含量，As、Cr 和 Ni 含量介于阈值效应含量和可能效应含量之间。根据生态风险等级标准，这些微量元素对湖泊生物产生毒性效应的可能性很低。阿涌哇玛错表层沉积物的主要矿物组成：石英含量为 22.62%，长石含量为 28.99%，方解石含量为 18.48%，白云石含量为 4.02%，云母族矿物含量为 14.66%，高岭石族矿物含量为 1.90%，绿泥石族矿物含量为 7.87%，石盐含量为 0.51%，石膏含量为 0.95%。

5.90　岗纳格玛错

岗纳格玛错经纬度位置为 98.63°E、34.31°N（图 5-90），面积约为 30 km²，海拔为 4145 m。岗纳格玛错为黄河上游右岸淡水湖，湖水主要依赖黄河补给。

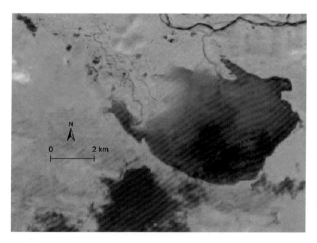

图 5-90　岗纳格玛错影像

调查水深为 0.55～0.8 m，透明度为（0.62±0.16）m，总悬浮颗粒物浓度为（5.4±5.3）μg/L。调查期间湖泊水温为（16.5±1.0）℃，pH 为（7.4±0.7），电导率为（459±101）μS/cm，溶解氧浓度为（9.5±0.4）mg/L。湖泊总氮浓度为（0.74±0.17）mg/L，总磷浓度为（0.04±0.02）mg/L，叶绿素 a 浓度为（1.05±0.48）μg/L。由此可见，岗纳格玛错整体营养水平偏低，属寡营养水平，湖泊溶解性有机碳浓度较低，均值为（5.1±2.0）mg/L，主要是流域内经河流输入的有机碳较少。

湖水中主要离子组成：Na^+浓度为 55.4 mg/L，K^+浓度为 3.0 mg/L，Mg^{2+}浓度为 30.3 mg/L，Ca^{2+}浓度为 43.7 mg/L；SO_4^{2-}浓度为 37.7 mg/L，HCO_3^-浓度为 195.2 mg/L， CO_3^{2-}浓度为 81.2 mg/L，Cl^-浓度为 81.2 mg/L，F^-浓度为 0.3 mg/L。

显微镜鉴定结果发现，共鉴定出浮游植物 3 门 8 属，分别为：蓝藻门，微囊藻；硅藻门，羽纹藻、小环藻、桥弯藻、针杆藻、舟形藻；绿藻门，纤维藻、小球藻。浮游植物平均生物量为 0.58 mg/L，优势种为桥弯藻。香农–维纳多样性指数为 1.31，辛普森指数为 0.58，均匀度指数为 0.63。

在同一断面不同水深的敞水区共采集定量标本 3 个，采样点水深变化范围为 0.55~0.8 m。根据定量标本，共见到 26 个种类，其中枝角类 5 种、桡足类 7 种和轮虫 14 种。浮游动物优势种为梳刺北镖水蚤（*Arctodiaptomus altissimus pectinatus*）和矩形龟甲轮虫（*Keratella quadrata*）。浮游动物密度变化范围为 6.8~50.4 ind./L。枝角类、桡足类和轮虫的密度变化范围分别为 0.1~2.3 ind./L、5.3~34.1 ind./L 和 0.2~14 ind./L。浮游动物优势种梳刺北镖水蚤和矩形龟甲轮虫密度分别为 0~5.75 ind./L 和 0.1~12.8 ind./L。浮游动物生物量变化范围为 0.040~0.326 mg/L。枝角类、桡足类和轮虫的生物量变化范围分别为 0.007~0.023 mg/L、0.025~0.319 mg/L 和 0~0.004 mg/L。浮游动物优势种梳刺北镖水蚤和矩形龟甲轮虫生物量分别为 0~0.246 mg/L 和 0~0.004 mg/L。

经查阅相关文献，岗纳格玛错底栖动物或水生昆虫未见报道。本次调查共获得底栖动物 100 头，均属于摇蚊科昆虫，共鉴定出 4 种，优势种为异环摇蚊（*Acricotopus* spp.），相对丰度为 84%，其次是拟长跗摇蚊（*Paratanytarsus* sp.）8%。摇蚊密度是 300 ind./m²。

岗纳格玛错表层沉积物总磷含量为 434.9 mg/kg。岗纳格玛错常量元素中，Ca 含量最高，达到 117.6 g/kg，其次分别为 Al（57.3 g/kg）、Fe（29.4 g/kg）、K（18.8 g/kg）、Mg（12.6 g/kg）和 Na（6.1 g/kg）。在主要潜在危害元素中，As、Cd、Cr、Cu、Ni、Pb 和 Zn 的含量分别为 14.8 mg/kg、0.2 mg/kg、60.8 mg/kg、25.9 mg/kg、30.1 mg/kg、22.0 mg/kg 和 78.6 mg/kg。岗纳格玛错表层沉积物中 Cd、Cu、Pb 和 Zn 的含量均低于沉积物质量基准的阈值效应含量，As、Cr 和 Ni 含量介于阈值效应含量和可能效应含量之间。根据生态风险等级标准，这些微量元素对湖泊生物产生毒性效应的可能性很低。岗纳格玛错表层沉积物的主要矿物组成：石英含量为 12.87%，长石含量为 20.97%，方解石含量为 31.48%，白云石含量为 0.24%，云母族矿物含量为 22.65%，高岭石族矿物含量为 2.74%，绿泥石族矿物含量为 8.75%，石盐含量为 0.30%。

5.91 寇 察 错

寇察错经纬度位置为 97.23°E、34.01°N（图 5-91），面积约为 17 km²，海拔为 4498 m。

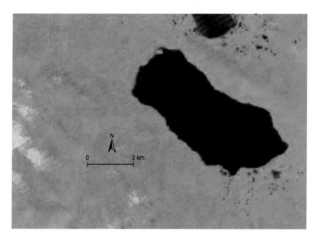

图 5-91　寇察错影像

调查水深为 7.1～7.4 m，透明度为（1.78±0.03）m，调查期间湖泊水温为（10.0±5.4）℃，pH 为（6.46±0.04），电导率可达（443±1）µS/cm，溶解氧浓度为（6.9±0.2）mg/L。湖泊总氮浓度为（1.1±0.1）mg/L，总磷浓度为 0.03 mg/L，叶绿素 a 浓度为（3.55±0.19）µg/L。由此可见，寇察错整体营养水平偏低，属寡营养水平，湖泊溶解性有机碳浓度较高，均值为（8.9±0.2）mg/L，主要是由流域内经河流输入的有机碳在湖内长年累月累积，加之湖泊蒸发浓缩所致。总悬浮颗粒物浓度为（3.8±0.4）mg/L。

湖水中主要离子组成：Na^+ 浓度为 33.8 mg/L，K^+ 浓度为 2.3 mg/L，Mg^{2+} 浓度为 27.8 mg/L，Ca^{2+} 浓度为 33.0 mg/L；SO_4^{2-} 浓度为 5.7 mg/L，HCO_3^- 浓度为 195.2 mg/L，Cl^- 浓度为 86.2 mg/L，F^- 浓度为 0.3 mg/L。

显微镜鉴定结果发现，共鉴定出浮游植物 5 门 10 属，分别为：蓝藻门，微囊藻；隐藻门，隐藻；硅藻门，小环藻、舟形藻；甲藻门，角甲藻；绿藻门，栅藻、十字藻、纤维藻、卵囊藻、小球藻。浮游植物平均生物量为 3.11 mg/L，优势种为飞燕角甲藻。香农-维纳多样性指数为 0.81，辛普森指数为 0.32，均匀度指数为 0.35。

前期工作未涉及寇察错的底栖动物或水生昆虫，本次调查获得的底栖动物均属于摇蚊科昆虫，共鉴定出 4 种，优势种为刀摇蚊（*Psectrocladius* sp.）和环足摇蚊（*Cricotopus* sp.），相对丰度分别为 40% 和 18%。摇蚊密度为 504 ind./m²。

寇察错表层沉积物总磷含量为 580.1 mg/kg。寇察错表层沉积物常量元素中，Ca 含量最高，达到 61.6 g/kg，其次分别为 Al（40.9 g/kg）、Fe（25.5 g/kg）、K（13.0 g/kg）、Mg（10.1 g/kg）和 Na（8.5 g/kg）。在主要潜在危害元素中，As、Cd、Cr、Cu、Ni、Pb 和 Zn 的含量分别为 20.0 mg/kg、0.1 mg/kg、42.7 mg/kg、17.0 mg/kg、25.4 mg/kg、18.1 mg/kg 和 57.3 mg/kg。寇察错表层沉积物中 Cd、Cr、Cu、Pb 和 Zn 的含量均低于沉积物质量基准的阈值效应含量，As 和 Ni 含量介于阈值效应含量和可能效应含量之间。根据生态风险等级标准，这些微量元素对湖泊生物产生毒性效应的可能性很低。寇察错表层沉积物的主要矿物组成：石英含量为 24.41%，长石含量为 29.39%，方解石含量为 19.94%，白云石含量为 2.50%，云母族矿物含量为 12.89%，高岭石族矿物含量为 2.00%，绿泥石族矿物含量为 8.87%。

5.92　苦　　海

苦海经纬度位置为 99.19°E、35.25°N（图 5-92），面积约为 49 km²，海拔为 4133 m。

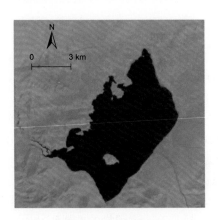

图 5-92　苦海影像

调查水深为 16.6~20.6 m，透明度为（4.4±0.6）m。苦海是青藏高原东北部的封闭咸水湖泊，调查期间湖泊水温为（35.3±0.1）℃，pH 为（6.8±0.1），电导率可达（19 830±115）μS/cm，溶解氧浓度为（6.1±0.7）mg/L。湖泊总氮浓度为（2.1±0.1）mg/L，总磷浓度为（0.06±0.01）mg/L，叶绿素 a 浓度为（2.2±0.1）μg/L。由此可见，苦海整体营养水平偏低，属寡营养水平，湖泊溶解性有机碳浓度较高，均值可达（16.9±2.9）mg/L，主要是由流域内经河流输入的有机碳在湖内长年累月累积，加之湖泊蒸发浓缩所致。总悬浮颗粒物浓度为（16.7±1.4）mg/L。

　　湖水中主要离子组成：Na^+浓度为 3480 mg/L，K^+浓度为 137.8 mg/L，Mg^{2+}浓度为 1582 mg/L，Ca^{2+}浓度为 72.8 mg/L；SO_4^{2-}浓度为 5220 mg/L，HCO_3^-浓度为 396.5 mg/L，CO_3^{2-}浓度为 270 mg/L，F^-浓度为 4.5 mg/L，Cl^-浓度为 9900 mg/L。

　　显微镜鉴定结果发现，共鉴定出浮游植物 4 门 5 属，分别为：蓝藻门，微囊藻；硅藻门，小环藻、舟形藻；裸藻门，陀螺藻；绿藻门，小球藻。浮游植物平均生物量为 0.25 mg/L，优势种为陀螺藻。香农-维纳多样性指数为 1.25，辛普森指数为 0.62，均匀度指数为 0.77。

　　在同一断面不同水深的敞水区共采集定量标本 3 个，采样点水深变化范围为 16.6～20.6 m。根据定量标本，共见到 4 个种类，其中枝角类 1 种、桡足类 1 种和轮虫 2 种。浮游动物优势种为咸水北镖水蚤（*Arctodiaptomus salinus*）和西藏溞（*Daphnia tibetana*）。浮游动物密度变化范围为 49.6～72.2 ind./L。枝角类、桡足类和轮虫的密度变化范围分别为 0～0.1 ind./L、49.6～71.9 ind./L 和 0～0.3 ind./L。浮游动物优势种咸水北镖水蚤和西藏溞密度分别为 27.9～38.5 ind./L 和 0～0.1 ind./L。浮游动物生物量变化范围为 0.783～1.138 mg/L。枝角类、桡足类和轮虫的生物量变化范围分别为 0～0.005 mg/L、0.783～1.134 mg/L 和 0～0.0001 mg/L。浮游动物优势种咸水北镖水蚤和西藏溞生物量分别为 0.697～1.009 mg/L 和 0～0.005 mg/L。

　　苦海底栖动物未见报道，本次调查揭示湖中主要底栖动物为湖沼钩虾，丰度可以达到 3000 ind./m^2，而摇蚊类群几乎没有，仅有极少数个体出现。

　　苦海表层沉积物总磷含量为 541.3 mg/kg。苦海表层沉积物常量元素中，Ca 含量最高，达到 110.8 g/kg，其次分别为 Al（54.9 g/kg）、Fe（25.6 g/kg）、Mg（19.9 g/kg）、K（17.6 g/kg）和 Na（15.0 g/kg）。在主要潜在危害元素中，As、Cd、Cr、Cu、Ni、Pb 和 Zn 的含量分别为 19.4 mg/kg、0.2 mg/kg、59.1 mg/kg、27.2 mg/kg、30.8 mg/kg、23.3 mg/kg 和 68.9 mg/kg。苦海表层沉积物中 Cd、Cu、Pb 和 Zn 的含量均低于沉积物质量基准的阈值效应含量，As、Cr 和 Ni 含量介于阈值效应含量和可能效应含量之间。根据生态风险等级标准，这些微量元素对湖泊生物产生毒性效应的可能性很低。苦海表层沉积物的主要矿物组成：石英含量为 11.32%，长石含量为 28.80%，方解石含量为 7.29%，白云石含量为 1.68%，云母族矿物含量为 24.92%，高岭石族矿物含量为 5.81%，绿泥石族矿物含量为 7.41%，石盐含量为 4.85%，芒硝含量为 5.50%，石膏含量为 2.42%。

5.93　冬给措纳

　　冬给措纳经纬度位置为 98.68°E、35.28°N（图 5-93），面积约为 450 km^2，海拔约为 4088 m。

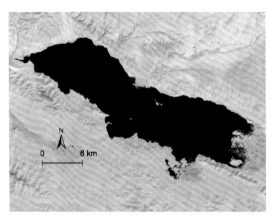

图 5-93　冬给措纳影像

调查水深 30 m，透明度为 3.2 m，总悬浮颗粒物浓度为 0.8 μg/L。调查期间湖泊水温为 12.8℃，pH 为 6.5，电导率为 641 μS/cm，溶解氧浓度为 8 mg/L。湖泊总氮浓度为 0.77 mg/L，总磷浓度为 0.01 mg/L，叶绿素 a 浓度为 0.58 μg/L。由此可见，冬给措纳整体营养水平偏低，属寡营养水平，湖泊溶解性有机碳浓度较低，为 2.53 mg/L，主要是因为流域内经河流输入的有机碳较少。

湖水中主要离子组成：Na^+ 浓度为 76.2 mg/L，K^+ 浓度为 5.4 mg/L，Mg^{2+} 浓度为 43.1 mg/L，Ca^{2+} 浓度为 34.7 mg/L；SO_4^{2-} 浓度为 70.2 mg/L，HCO_3^- 浓度为 237.9 mg/L，CO_3^{2-} 浓度为 24 mg/L，F^- 浓度为 0.4 mg/L，Cl^- 浓度为 101 mg/L。

显微镜鉴定结果发现，共鉴定出浮游植物 4 门 8 属，分别为：蓝藻门，微囊藻、浮丝藻；硅藻门，小环藻、舟形藻；甲藻门，角甲藻；绿藻门，新月藻、卵囊藻、小球藻。浮游植物平均生物量为 2.80 mg/L，优势种为飞燕角甲藻。香农-维纳多样性指数为 0.46，辛普森指数为 0.17，均匀度指数为 0.22。

在同一断面不同水深的敞水区共采集定量标本 1 个，采样点水深为 30 m。根据定量标本，共见到 8 个种类，其中枝角类 2 种、桡足类 2 种和轮虫 4 种。浮游动物优势种为梳刺北镖水蚤（*Arctodiaptomus altissimus pectinatus*）和矩形龟甲轮虫（*Keratella quadrata*）。浮游动物密度为 35.6 ind./L。枝角类、桡足类和轮虫的密度为 1.0 ind./L、4.4 ind./L 和 30.1 ind./L。浮游动物优势种梳刺北镖水蚤和矩形龟甲轮虫密度分别为 2.4 ind./L 和 13.3 ind./L。浮游动物生物量为 0.141 mg/L。枝角类、桡足类和轮虫的生物量分别为 0.063 mg/L、0.072 mg/L 和 0.006 mg/L。浮游动物优势种梳刺北镖水蚤和矩形龟甲轮虫生物量分别为 0.059 mg/L 和 0.004 mg/L。

冬给措纳底栖动物未见报道。本次调查仅在沿岸带进行，共获得 3 种底栖动物，其中拟长跗摇蚊（*Paratanytarsus* sp.）相对丰度为 85%，占据绝对优势。摇蚊密度为 300 ind./m^2。

冬给措纳表层沉积物总磷含量为 522.0 mg/kg。冬给措纳常量元素中，Ca 含量最高，达到 137.6 g/kg，其次分别为 Al（48.5 g/kg）、Fe（23.1 g/kg）、K（15.8 g/kg）、Mg（13.0 g/kg）和 Na（6.4 g/kg）。在主要潜在危害元素中，As、Cd、Cr、Cu、Ni、Pb 和 Zn 的含量分别为 16.1 mg/kg、0.2 mg/kg、52.5 mg/kg、21.0 mg/kg、24.1 mg/kg、18.3 mg/kg 和 59.7 mg/kg。冬给措纳表层沉积物中 Cd、Cu、Pb 和 Zn 的含量均低于沉积物质量基准的阈值效应含量，As、Cr 和 Ni 含量介于阈值效应含量和可能效应含量之间。根据生态风险等级标准，这些微量元素对湖泊生物产生毒性效应的可能性很低。冬给措纳表层沉积物的主要矿物组成：石英含量为 10.43%，长石含量为 28.90%，方解石含量为 33.53%，白云石含量为 1.75%，云母族矿物含量为 13.65%，高岭石族矿物含量为 4.78%，绿泥石族矿物含量为 6.96%。

5.94　阿拉克湖

阿拉克湖经纬度位置为 97.13°E、35.58°N（图 5-94），面积约为 47 km^2，海拔为 4112 m。阿拉克湖属南霍鲁逊湖水系柴达木河上游的内陆吞吐湖，湖水主要依赖地表径流补给，入湖河流 5 条，水量较丰；出流由东部注入乌兰乌苏河，尔后汇入柴达木河。

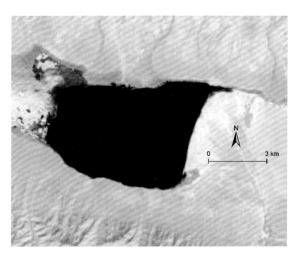

图 5-94　阿拉克湖影像

调查水深为 27.6～41.5 m，透明度为（5.2±0.2）m，调查期间湖泊水温为（16.2±0.4）℃，pH 为（7.0±0.1），电导率为（1852±9）μS/cm，溶解氧浓度为（6.8±0.1）mg/L。湖泊总氮浓度为（1.2±0.3）mg/L，总磷浓度为 0.01 mg/L，叶

绿素 a 浓度为（0.8±0.1）μg/L。由此可见，阿拉克湖整体营养水平偏低，属寡营养水平，湖泊溶解性有机碳浓度较低，均值为（3.5±0.4）mg/L，主要是因为流域内经河流输入的有机碳较少。总悬浮颗粒物浓度为（1.0±0.1）mg/L。

湖水中主要离子组成：Na^+ 浓度为 2622 mg/L，K^+ 浓度为 362 mg/L，Mg^{2+} 浓度为 624 mg/L，Ca^{2+} 浓度为 14.4 mg/L；SO_4^{2-} 浓度为 3850 mg/L，HCO_3^- 浓度为 256.2 mg/L，CO_3^{2-} 浓度为 24.0 mg/L，F^- 浓度为 4.8 mg/L，Cl^- 浓度为 3364 mg/L，NO_3^- 浓度为 9.1 mg/L。

显微镜鉴定结果发现，共鉴定出浮游植物 4 门 12 属，分别为：蓝藻门，微囊藻、拟鱼腥藻、浮丝藻、席藻；隐藻门，隐藻；硅藻门，小环藻、针杆藻、舟形藻；绿藻门，栅藻、纤维藻、卵囊藻、小球藻。浮游植物平均生物量为 0.46 mg/L，优势种为隐藻属中的卵形隐藻。香农-维纳多样性指数为 2.23，辛普森指数为 0.87，均匀度指数为 0.90。

在同一断面不同水深的敞水区共采集定量标本 3 个，采样点水深变化范围为 27.6~41.5 m。根据定量标本，共见到 12 个种类，其中枝角类 2 种、桡足类 4 种和轮虫 6 种。浮游动物优势种为梳刺北镖水蚤（*Arctodiaptomus altissimus pectinatus*）和草绿刺剑水蚤（*Acanthocyclops viridis*）。浮游动物密度变化范围为 5.3~12.1 ind./L。枝角类、桡足类和轮虫的密度变化范围分别为 0.6~2.2 ind./L、3.2~10.8 ind./L 和 0.2~0.8 ind./L。浮游动物优势种梳刺北镖水蚤和草绿刺剑水蚤密度分别为 1.3~5.5 ind./L 和 0.1~0.9 ind./L。浮游动物生物量变化范围为 0.150~0.312 mg/L。枝角类、桡足类和轮虫的生物量变化范围分别为 0.028~0.115 mg/L、0.043~0.209 mg/L 和 0~0.002 mg/L。浮游动物优势种梳刺北镖水蚤和草绿刺剑水蚤生物量分别为 0.032~0.154 mg/L 和 0.001~0.024 mg/L。

阿拉克湖底栖动物未见报道。本次调查共获得底栖动物 3 种，其中湖沼钩虾相对丰度为 92%，占据绝对优势，其次是 2 种摇蚊幼虫，占比分别为 0.05% 和 0.03%。湖沼钩虾密度为 720 ind./m²，摇蚊密度达 60 ind./m²。

阿拉克湖表层沉积物总磷含量为 748.3 mg/kg。阿拉克湖表层沉积物常量元素中，Al 含量最高，达到 80.8 g/kg，其次分别为 Ca（49.1 g/kg）、Fe（41.0 g/kg）、K（26.4 g/kg）、Mg（17.6 g/kg）和 Na（8.8 g/kg）。在主要潜在危害元素中，As、Cd、Cr、Cu、Ni、Pb 和 Zn 的含量分别为 22.3 mg/kg、0.2 mg/kg、83.7 mg/kg、38.0 mg/kg、43.0 mg/kg、33.0 mg/kg 和 109.9 mg/kg。阿拉克湖表层沉积物中 Cd、Pb 和 Zn 的含量均低于沉积物质量基准的阈值效应含量，As、Cr、Cu 和 Ni 含量介于阈值效应含量和可能效应含量之间。根据生态风险等级标准，这些微量元素对湖泊生物产生毒性效应的可能性很低。阿拉克湖表层沉积物的主要矿物组成：石英含量为 14.91%，长石含量为 22.47%，方解石含量为 14.52%，白云石含量为

2.03%，云母族矿物含量为 27.38%，高岭石族矿物含量为 6.69%，绿泥石族矿物含量为 12.00%。

5.95　阿其克库勒湖

阿其克库勒湖经纬度位置为 88.54°E、37.12°N（图 5-95），面积约为 520 km²，海拔为 4275 m。阿其克库勒湖为青藏高原最北端阿尔金山和昆仑山之间一个大型咸水湖，由发源于昆仑山南面和西面的几条小河和无数间歇河供水。

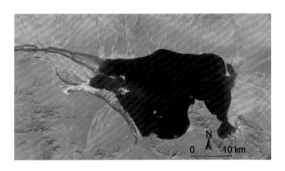

图 5-95　阿其克库勒湖影像

调查水深为 11.1～20.5 m，透明度为（3.17±0.03）m，调查期间湖泊水温为（13.2±0.5）℃，pH 为（6.70±0.03），电导率为（27 828±60）μS/cm，溶解氧浓度为（6.2±0.1）mg/L。湖泊总氮浓度为（1.52±0.10）mg/L，总磷浓度为 0.01 mg/L，叶绿素 a 浓度为（0.73±0.28）μg/L。由此可见，阿其克库勒湖整体营养水平偏低，属寡营养水平，湖泊溶解性有机碳浓度较低，均值为（5.4±0.4）mg/L，主要是因为流域内经河流输入的有机碳较少。总悬浮颗粒物浓度为（8.1±0.4）mg/L。

湖水中主要离子组成：Na^+ 浓度为 308 mg/L，K^+ 浓度为 18.8 mg/L，Mg^{2+} 浓度为 82.4 mg/L，Ca^{2+} 浓度为 44.0 mg/L；SO_4^{2-} 浓度为 270 mg/L，HCO_3^- 浓度为 414.8 mg/L，CO_3^{2-} 浓度为 384.0 mg/L，F^- 浓度为 4.7mg/L，Cl^- 浓度为 394 mg/L。

显微镜鉴定结果发现，共鉴定出浮游植物 3 门 5 属，分别为：蓝藻门，微囊藻、浮丝藻；硅藻门，小环藻、舟形藻；绿藻门，小球藻。浮游植物平均生物量为 0.13 mg/L，优势种为小环藻。香农-维纳多样性指数为 1.28，辛普森指数为 0.69，均匀度指数为 0.79。

在同一断面不同水深的敞水区共采集定量标本 3 个，采样点水深变化范围为 7.1～7.4 m。根据定量标本，共见到 14 个种类，其中枝角类 5 种、桡足类 2 种和轮虫 7 种。浮游动物优势种为梳刺北镖水蚤（*Arctodiaptomus altissimus pectinatus*）和长刺溞（*Daphnia longispina*）。浮游动物密度变化范围为 41.6～78.7 ind./L。枝角类、桡足类和轮虫的密度变化范围分别为 7.4～26.9 ind./L、22.9～38.5 ind./L 和 11.3～13.3 ind./L。浮游动物优势种梳刺北镖水蚤和长刺溞密度分别为 5.3～11.5 ind./L 和 6.7～25.7 ind./L。浮游动物生物量变化范围为 0.445～1.347 mg/L。枝角类和桡足类的生物量变化范围分别为 0.245～0.802 mg/L、0.198～0.543 mg/L，轮虫的生物量均为 0.003 mg/L。浮游动物优势种梳刺北镖水蚤和长刺溞生物量分别为 0.138～0.345 mg/L 和 0.234～0.781 mg/L。

阿其克库勒湖未采集底栖动物样品。

阿其克库勒湖表层沉积物总磷含量为 347.2 mg/kg。阿其克库勒湖表层沉积物常量元素中，Ca 含量最高，达到 114.4 g/kg，其次分别为 Na（44.7 g/kg）、Al（37.4 g/kg）、Mg（34.7 g/kg）、Fe（19.4 g/kg）和 K（15.1 g/kg）。在主要潜在危害元素中，As、Cd、Cr、Cu、Ni、Pb 和 Zn 的含量分别为 16.3 mg/kg、0.1 mg/kg、44.0 mg/kg、21.1 mg/kg、24.5 mg/kg、15.2 mg/kg 和 54.1 mg/kg。阿其克库勒湖表层沉积物中 Cd、Cu、Pb 和 Zn 的含量均低于沉积物质量基准的阈值效应含量，As、Cr 和 Ni 含量介于阈值效应含量和可能效应含量之间。根据生态风险等级标准，这些微量元素对湖泊生物产生毒性效应的可能性很低。阿其克库勒湖表层沉积物的主要矿物组成：石英含量为 8.48%，长石含量为 19.19%，文石含量为 23.28%，方解石含量为 8.72%，白云石含量为 5.04%，云母族矿物含量为 13.77%，高岭石族矿物含量为 4.27%，绿泥石族矿物含量为 6.54%。

5.96 鲸 鱼 湖

鲸鱼湖位置为 89.28°E、36.46°N（图 5-96），面积约为 340 km²，海拔为 4728 m。

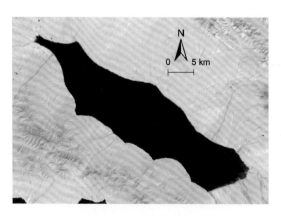

图 5-96 鲸鱼湖影像

调查水深为 20 m，透明度为 4.1 m，调查期间湖泊水温为（12.8±0.9）℃，pH 为（6.85±0.03），电导率可达（26 682±460）μS/cm，溶解氧浓度为（7.0±0.2）mg/L。湖泊总氮浓度为（0.7±0.2）mg/L，总磷浓度为 0.02 mg/L，叶绿素 a 浓度为（0.76±0.08）μg/L。由此可见，鲸鱼湖整体营养水平偏低，属寡营养水平，湖泊溶解性有机碳浓度较高，均值为（7.5±0.4）mg/L，主要是由流域内经河流输入的有机碳在湖内长年累月累积，加之湖泊蒸发浓缩所致。总悬浮颗粒物浓度为（10.4±1.8）mg/L。

湖水中主要离子组成：Na^+ 浓度为 6480 mg/L，K^+ 浓度为 312.0 mg/L，Mg^{2+} 浓度为 526.0 mg/L，Ca^{2+} 浓度为 78.2 mg/L；SO_4^{2-} 浓度为 524 mg/L，HCO_3^- 浓度为 91.5 mg/L，CO_3^{2-} 浓度为 306.0 mg/L，F^- 浓度为 6.3 mg/L，Cl^- 浓度为 1126.0 mg/L，NO_3^- 浓度为 1.5 mg/L。

显微镜鉴定结果发现，共鉴定出浮游植物 3 门 3 属，分别为：硅藻门，小环藻；甲藻门，薄甲藻；绿藻门，小球藻。浮游植物平均生物量为 0.27 mg/L，优势种为薄甲藻。香农-维纳多样性指数为 0.84，辛普森指数为 0.50，均匀度指数为 0.77。

参 考 文 献

蔡永久, 姜加虎, 张路, 等, 2010. 长江中下游湖泊大型底栖动物群落结构及多样性. 湖泊科学, 22(6): 811-819.

崔永德, 王宝强, 王洪铸, 2021. 西藏湖泊底栖动物研究. 北京: 科学出版社.

黄祥飞, 2000. 湖泊生态调查观测与分析. 北京: 中国标准出版社.

蒋燮治, 堵南山, 1979. 中国动物志. 节肢动物门 甲壳纲 淡水枝角类. 北京: 科学出版社.

刘旭东, 汪进生, 孙立娥, 等, 2021. 渤海山东近岸海域大型底栖动物的群落结构及多样性分析. 海洋环境科学, 40(6): 929-936, 946.

刘月英, 张文珍, 王跃先, 等, 1979. 中国经济动物志. 淡水软体动物. 北京: 科学出版社.

吕婷, 刘玉萍, 亢俊铧, 等, 2021. 德令哈-哈拉湖沿线不同生境下群落的物种组成及其多样性. 草地学报, 29: 146-155.

秦建光, 沈成钢, 王兆军, 等, 1986. 扎陵湖和鄂陵湖渔业生物学基础调查. 大连水产学院学报: 31-44.

唐红渠, 2006. 中国摇蚊科幼虫生物系统学研究(双翅目: 摇蚊科). 天津: 南开大学.

王宝强, 2019. 西藏湖泊底栖动物分布格局. 北京: 中国科学院大学.

王基琳, 叶沧江, 陈瑷, 1982. 可鲁克湖底栖动物群落结构及其渔业利用. 高原生物学集刊, 1: 169-176.

王家楫, 1961. 中国淡水轮虫志. 北京: 科学出版社.

王苏民, 窦鸿身, 1998. 中国湖泊志. 北京: 科学出版社.

杨洪志, 王基琳, 1997. 青海湖底栖生物及其生产力分析. 青海科技, 4(3): 36-39.

袁军, 高吉喜, 吕宪国, 等, 2002. 纳木错湿地资源评价及保护与合理利用对策. 资源科学, 24(4): 29-34.

张恩楼, 唐红渠, 张楚明, 等, 2019. 中国湖泊摇蚊幼虫亚化石. 北京: 科学出版社.

张闻松, 宋春桥, 2022. 中国湖泊分布与变化: 全国尺度遥感监测研究进展与新编目. 遥感学报, 26(1): 92-103.

郑绵平, 1989. 青藏高原盐湖. 北京: 北京科学技术出版社.

中国科学院动物研究所甲壳动物研究组, 1979. 中国动物志. 节肢动物门 甲壳纲 淡水桡足类. 北京: 科学出版社.

邹亮华, 邹伟, 张庆吉, 等, 2021. 鄱阳湖大型底栖动物时空演变特征及驱动因素. 中国环境科学, 41(6): 2881-2892.

Alderman A R, 1965. Dolomitic sediments and their enviroment in the South-East of South Australia. Geochimica et Cosmochimica Acta, 29(12): 1355-1365.

An Z S, Colman S M, Zhou W J, et al., 2012. Interplay between the Westerlies and Asian monsoon recorded in Lake Qinghai sediments since 32 ka. Scientific Reports, 2: 619.

Anderson N J, Heathcote A J, Engstrom D R, et al., 2020. Anthropogenic alteration of nutrient supply increases the global freshwater carbon sink. Science Advances, 6(16): eaaw2145.

Chagas A A P, Webb G E, Burne R V, et al., 2016. Modern lacustrine microbialites: Towards a synthesis of aqueous and carbonate geochemistry and mineralogy. Earth-Science Reviews, 162: 338-363.

Cole J J, Prairie Y T, Caraco N F, et al., 2007. Plumbing the global carbon cycle: Integrating inland waters into the terrestrial carbon budget. Ecosystems, 10(1): 172-185.

Coshell L, Rosen M R, McNamara K J, 1998. Hydromagnesite replacement of biomineralized aragonite in a new location of Holocene stromatolites, Lake Walyungup, Western Australia. Sedimentology, 45(6): 1005-1018.

Dong X H, Anderson N J, Yang X D, et al., 2012. Carbon burial by shallow lakes on the Yangtze floodplain and its relevance to regional carbon sequestration. Global Change Biology, 18(7): 2205-2217.

Feng L, Hou X J, Zheng Y, 2019. Monitoring and understanding the water transparency changes of fifty large lakes on the Yangtze Plain based on long-term MODIS observations. Remote Sensing of Environment, 221: 675-686.

Feng Y H, Zhang H, Tao S L, et al., 2022. Decadal lake volume changes (2003–2020) and driving forces at a global scale. Remote Sensing, 14(4): 1032.

Goto A, Arakawa H, Morinaga H, et al., 2003. The occurrence of hydromagnesite in bottom sediments from Lake Siling, central Tibet: implications for the correlation among δ^{18}O, δ^{13}C and particle density. Journal of Asian Earth Sciences, 21(9): 979-988.

Hammer U T, 1986. Saline Lake Ecosystems of the World. Dordrecht: Springer.

Hart B T, Bailey P, Edwards R, et al., 1991. A review of the salt sensitivity of the Australian freshwater biota. Hydrobiologia, 210(1): 105-144.

He Y, Lu Z, Wang W J, et al., 2022. Water clarity mapping of global lakes using a novel hybrid deep-learning-based recurrent model with Landsat OLI images. Water Research, 215: 118241.

Jia J J, Sun K, Lü S D, et al., 2022. Determining whether Qinghai-Tibet Plateau waterbodies have acted like carbon sinks or sources over the past 20 years. Science Bulletin, 67(22): 2345-2357.

Jiang X M, Xie Z C, Chen Y F, 2013. Longitudinal patterns of macroinvertebrate communities in relation to environmental factors in a Tibetan-Plateau River system. Quaternary International, 304: 107-114.

Lamberti G A, Gregory S V, Ashkenas L R, et al., 1989. Productive capacity of periphyton as a determinant of plant-herbivore interactions in streams. Ecology, 70(6): 1840-1856.

Lei Y B, Yao T D, Bird B W, et al., 2013. Coherent lake growth on the central Tibetan Plateau since the 1970s: Characterization and attribution. Journal of Hydrology, 483: 61-67.

Li N, Shi K, Zhang Y L, et al., 2019. Decline in transparency of Lake Hongze from long-term MODIS observations: Possible causes and potential significance. Remote Sensing, 11(2): 177.

Lin Q, Liu E F, Zhang E L, et al., 2021. Organic carbon burial in a large, deep alpine lake (southwest China) in response to changes in climate, land use and nutrient supply over the past～100 years. CATENA, 202: 105240.

Lin Y J, Zheng M P, Ye C Y, 2017. Hydromagnesite precipitation in the Alkaline Lake Dujiali, central Qinghai-Tibetan Plateau: Constraints on hydromagnesite precipitation from hydrochemistry and stable isotopes. Applied Geochemistry, 78: 139-148.

Luo S X, Song C Q, Zhan P F, et al., 2021. Refined estimation of lake water level and storage changes on the Tibetan Plateau from ICESat/ICESat-2. CATENA, 200: 105177.

Ma R H, Yang G S, Duan H T, et al., 2011. China's lakes at present: Number, area and spatial distribution. Science China Earth Sciences, 54(2): 283-289.

MacDonald D D, Ingersoll C G, Berger T A, 2000. Development and evaluation of consensus-based sediment quality guidelines for freshwater ecosystems. Archives of Environmental Contamination and Toxicology, 39(1): 20-31.

Malakar N K, Hulley G C, Hook S J, et al., 2018. An operational land surface temperature product for Landsat thermal data: Methodology and validation. IEEE Transactions on Geoscience and Remote Sensing, 56(10): 5717-5735.

Meng X L, Jiang X M, Xiong X, et al., 2016. Mediated spatio-temporal patterns of macroinvertebrate assemblage associated with key environmental factors in the Qinghai Lake area, China. Limnologica, 56: 14-22.

Meng X Q, Chen X, Lin Q, et al., 2023. Spatiotemporal patterns of organic carbon burial over the last century in Lake Qinghai, the largest lake on the Tibetan Plateau. Science of the Total Environment, 860: 160449.

Meyers P A, Lallier-Vergés E, 1999. Lacustrine sedimentary organic matter records of Late Quaternary paleoclimates. Journal of Paleolimnology, 21(3): 345-372.

Morse J C, Yang L F, Tian L X, 1994. Aquatic Insects of China Useful for Monitoring Water Quality. Nanjing: Hohai University Press.

Müller A, Mathesius U, 1999. The palaeoenvironments of coastal lagoons in the southern Baltic Sea, I. The application of sedimentary C_{org}/N ratios as source indicators of organic matter. Palaeogeography, Palaeoclimatology, Palaeoecology, 145(1-3): 1-16.

Pi X H, Luo Q Q, Feng L, et al., 2022. Mapping global lake dynamics reveals the emerging roles of small lakes. Nature Communications, 13: 5777.

Piccolroaz S, Toffolon M, Majone B, 2013. A simple lumped model to convert air temperature into surface water temperature in lakes. Hydrology and Earth System Sciences, 17(8): 3323-3338.

Piscart C, Moreteau J C, Beisel J N, 2005. Biodiversity and structure of macroinvertebrate communities along a small permanent salinity gradient (Meurthe River, France). Hydrobiologia, 551(1): 227-236.

Shi K, Zhang Y L, Zhu G W, et al., 2018. Deteriorating water clarity in shallow waters: Evidence from long term MODIS and in-situ observations. International Journal of Applied Earth

Observation and Geoinformation, 68: 287-297.

Simpson E H, 1949. Measurement of diversity. Nature, 163(4148): 688.

Smol J P, Birks H J B, Last W M, et al., 2001. Tracking Environmental Change Using Lake Sediments. Volume 3: Terrestrial, Algal, and Siliceous Indicators. Dordrecht: Springer.

Song C Q, Huang B, Ke L H, 2013. Modeling and analysis of lake water storage changes on the Tibetan Plateau using multi-mission satellite data. Remote Sensing of Environment, 135: 25-35.

ter Braak C J F, Šmilauer P, 2002. CANOCO Reference Manual and CanoDraw for Windows User's Guide: Software for Canonical Community Ordination (version 4.5). Ithaca: www.canoco.com.

Wan W, Long D, Hong Y, et al., 2016. A lake data set for the Tibetan Plateau from the 1960s, 2005, and 2014. Scientific Data, 3: 160039.

White J, Irvine K, 2003. The use of littoral mesohabitats and their macroinvertebrate assemblages in the ecological assessment of lakes. Aquatic Conservation: Marine and Freshwater Ecosystems, 13(4): 331-351.

Woolway R I, Kraemer B M, Lenters J D, et al., 2020. Global lake responses to climate change. Nature Reviews Earth & Environment, 1: 388-403.

Xu F L, Zhang G Q, Yi S, et al., 2022. Seasonal trends and cycles of lake-level variations over the Tibetan Plateau using multi-sensor altimetry data. Journal of Hydrology, 604: 127251.

Yao T D, Bolch T, Chen D L, et al., 2022. The imbalance of the Asian water tower. Nature Reviews Earth & Environment, 3: 618-632.

Zhang E L, Sun W W, Ji M, et al., 2015. Late Quaternary carbon cycling responses to environmental change revealed by multi-proxy analyses of a sediment core from an upland lake in southwest China. Quaternary Research, 84(3): 415-422.

Zhang G Q, Chen W F, Xie H J, 2019. Tibetan Plateau's Lake level and volume changes from NASA's ICESat/ICESat-2 and Landsat Missions. Geophysical Research Letters, 46(22): 13107-13118.

Zhang G Q, Yao T D, Xie H J, et al., 2014. Lakes' state and abundance across the Tibetan Plateau. Chinese Science Bulletin, 59(24): 3010-3021.